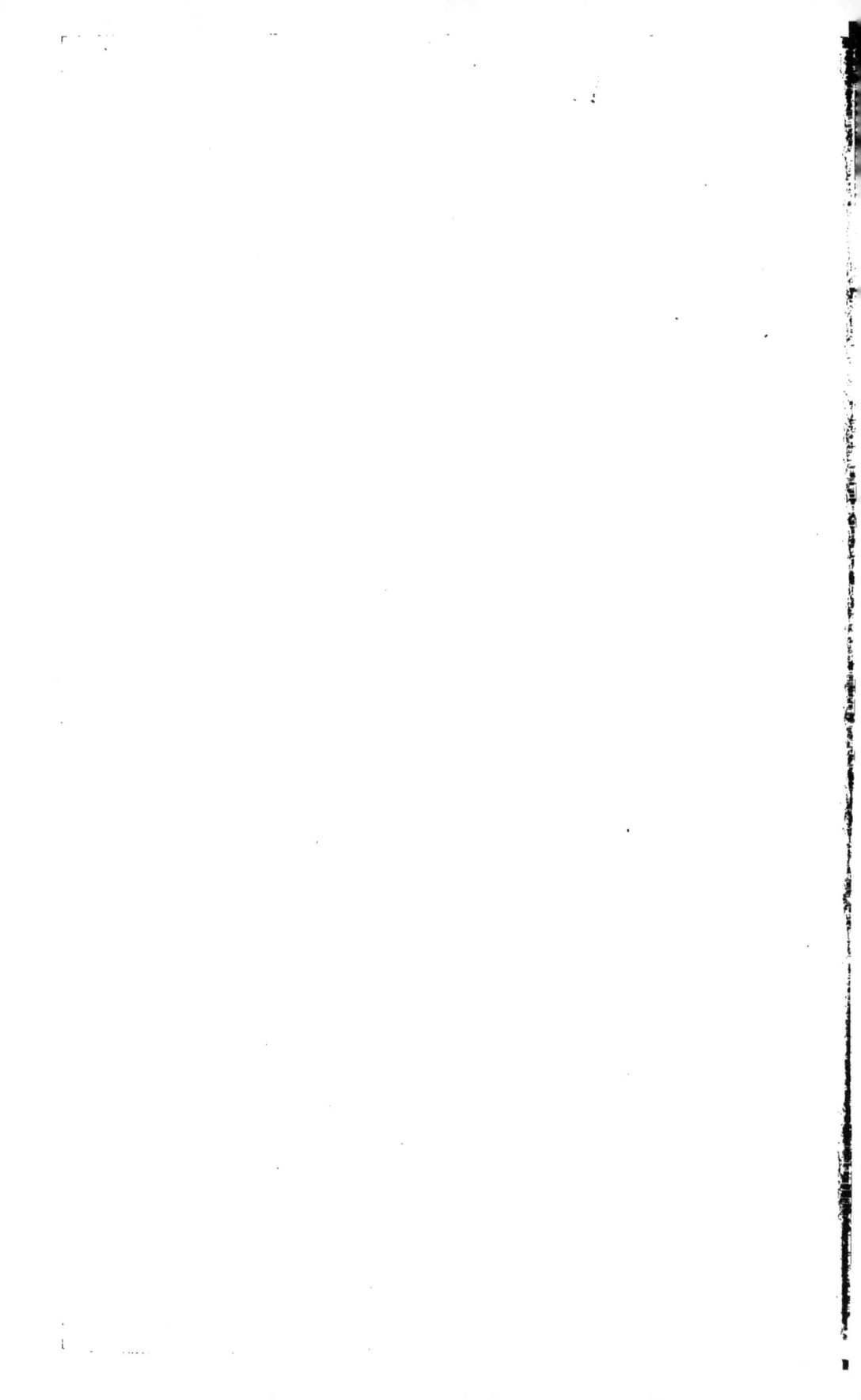

DANS LES BOIS.

—

SÉRIE IN-QUARTO.

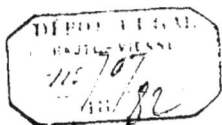

LA SCIENCE POPULAIRE

—➤◄—

DANS LES BOIS

NOTIONS POPULAIRES D'HISTOIRE NATURELLE

Par A. DUBOIS

Lauréat de la Société protectrice des animaux, de la Société d'apiculture
et d'insectologie, officier d'Académie, etc.

On interroge tout, parmi ces végétaux,
Les uns vous sont connus, d'autres vous sont nouveaux;
Vous voyez les premiers avec reconnaissance
Vous voyez les seconds des yeux de l'espérance.
                                        DELILLE.

LIMOGES

EUGÈNE ARDANT & Cie, EDITEURS.

DANS LES BOIS.

PREMIÈRE PARTIE

LES VÉGÉTAUX.

CHAPITRE PREMIER

Bois et forêts.

Tous ceux qui ont vécu à la campagne savent de quel attrait sont, pour les enfants, les longues et bonnes courses dans les bois. Ce plaisir tous les jours renouvelé, est, tous les jours, également apprécié, soit que les grands chênes livrent au froid de l'hiver leurs longs bras couverts de givre, et que les feuilles sèches crient sous les pieds, soit que les bourgeons s'épanouissent pour laisser échapper les jeunes tiges, et que la violette apparaisse à l'abri des talus couverts de ronces, soit que les fraises parfumées embaument les clairières et que les oiseaux construisent leurs nids dans la feuillée.

Mais quand les promenades deviennent des excursions, et qu'on abandonne ce qu'on est accoutumé d'appeler la région des bois pour entrer sous les sombres arceaux de la forêt, le cœur des plus hardis, enfants ou hommes, cède à un sentiment inconscient d'effroi indéfinissable. Les sifflements du merle se répercutent avec une intonation étrange ; et, par instant, éclatent comme le bruit d'une trompette guerrière ; les éclats de rire du geai, les notes stridentes du pic, le bourdonnement des insectes, le bruissement des herbes sous lesquelles les lézards fuient à votre approche, le craquement d'une branche, mille fois répété par les échos, ressemblent aux appels fantastiques de quelques génies mystérieux dont l'imagination peuple ces solitudes.

C'est qu'il n'en est pas un de nous qui n'ait entendu raconter quelques-unes de ces terribles légendes, dont la forêt fut le théâtre ; c'est que, de tout temps, le silence, l'ombre épaisse, l'obscurité profonde ont inspiré aux hommes une religieuse terreur, une horreur superstitieuse; c'est que les historiens et les poètes nous ont laissé d'effrayantes peintures de ces forêts antiques qui servaient de refuges à de nombreuses espèces d'animaux aujourd'hui disparues, et au fond desquelles étaient offerts des sacrifices sanglants à des divinités farouches.

« Non loin des tentes des chrétiens, dit l'auteur de *La Jérusalem délivrée*, au fond d'un vallon solitaire. s'élève une sombre et antique forêt ; des arbres aussi vieux que le monde y répandent un ombrage funeste. Là, quand le soleil darde ses feux les plus brûlants, à peine on voit luire une lumière incertaine, triste et décolorée. Tel paraît un faible crépuscule sous un ciel nébuleux, lorsque la nuit succède au jour ou le jour à la nuit.

» Mais quand le soleil est sur son déclin, ce n'est plus qu'une sombre horreur, d'épaisses ténèbres et une nuit aussi affreuse que celle des enfers. L'œil semble frappé de cécité, et les cœurs sont glacés d'effroi. Les troupeaux, les bergers, craignent d'errer sous ces ombrages; jamais le voyageur ne s'y repose, à moins d'être égaré ; il les fuit et les montre de loin comme un lieu à éviter.

» C'est là que, portés sur des nuages, les sorcières vont célébrer leurs orgies nocturnes : sous les formes les plus hideuses, soit d'un bouc, soit d'un dragon, elles y tiennent leur infernal conseil. »

Ce n'est pas seulement à l'imagination des peuples orientaux que nous devons ces tristes tableaux. Voici comment Lacépède décrit une forêt des régions glaciales :

« Sous un ciel toujours couvert d'épais nuages, où la clarté du jour pénètre avec peine, s'élèvent de vastes et antiques forêts. L'horreur, le silence et la nuit les habitent; des arbres, presque aussi vieux que la terre qui les porte, s'y élèvent et s'y amoncellent, pour ainsi dire, sans ordre, les uns contre les autres. Leurs branches touffues et entrelacées n'offrent qu'avec peine des routes tortueuses, que des ronces embarrassent encore : Là, des cimes énormes succombent sous le poids des années ou par la violence des vents; elles tombent avec effort sur des troncs antiques qui gisaient à leurs pieds, et recouvraient d'autres troncs à demi pourris. L'on n'entend dans ses affreuses solitudes, dans ce séjour rude et sauvage, que les cris rauques et funèbres d'oiseaux voraces, les hurlements des ours qui cherchent une proie, le fracas d'un torrent, qui se précipite d'une roche escarpée, rejaillit en vapeur, et fait gronder les échos sur ces lieux bruts et incultes, ou le bruit des rochers que la main du temps fait rouler au milieu de ces forêts retentissantes. »

Les Gaulois, nos aïeux, célébraient dans les bois sacrés leur culte barbare : c'est là que les Druides enseignaient leurs dogmes à la jeunesse et pratiquaient les rites homicides de leur mystérieuse religion.

« Il est, dit Lucain, un antique bois sacré qui jamais n'a été profané ; l'air est plein de ténèbres et l'ombre glaciale sous ses rameaux entrelacés que ne percent jamais les rayons du soleil. Ce n'est point la demeure des Pans champêtres, ni des Sylvains, ni des Nymphes qui règnent dans les forêts : Là on adore les Dieux par un culte barbare; là s'élèvent des autels sinistres, et chaque arbre est arrosé de sang humain. S'il faut en croire les dires des aïeux, l'oiseau n'ose s'arrêter sur ses branches, ni la bête fauve se coucher dans ses tanières. Jamais les vents, jamais la foudre chassée des sombres nuées ne l'ont frappé. L'horreur règne sous son feuillage que n'agite aucun zéphyr. C'est une onde noire que l'on voit couler des sources nombreuses qui le traversent. Des troncs grossièrement taillés offrent les terribles et informes images des Dieux, et la moisissure du chêne pourri remplit d'épouvante. Les divinités représentées sous des formes connues ne sont point aussi redoutables, tant est grande la terreur qu'inspirent les dieux inconnus ! Souvent, dit-on, des mugissements sortent de la profondeur des cavernes ébranlées par un tremblement de terre; les ifs se courbent et se relèvent ; des feux illuminent la forêt sans la brûler, et des dragons se glissent le long des chênes qu'ils entourent de leurs replis. Les peuples n'osent approcher de ces lieux sacrés qu'ils ont abandonnés aux Dieux. Que Phébus soit au milieu de sa course ou que la nuit obscure couvre le ciel, le prêtre lui-même n'y pénètre qu'avec effroi, et craint de surprendre le maître de ce séjour. »

Marchangy, dans La Gaule poétique, trace le tableau suivant des bois consacrés au culte des Druides :

« Les forêts, dont ils faisaient leurs temples, n'étaient éclairées que par des rayons vacillants et presque éteints, par des reflets aussi pâles que les lueurs d'une lampe sépulcrale; les chênes, les sapins, les ormes, que n'avaient jamais atteints la foudre ni la cognée, étendaient leurs branches touffues sur le sanctuaire que remplissaient les simulacres des Dieux, représentés par des pierres brutes et des troncs grossièrement façonnés. L'eau du ciel, filtrée à travers cent étages de rameaux, traçait d'humides couleurs sur ces images livides que la mousse et les lichens rongeaient comme une lèpre affreuse.

» C'est là que les Druides, vêtus de la robe blanche des Platon et des Pythagore, armés de faucilles d'or et portant un sceptre surmonté du croissant des prêtres de l'antique Héliopolis; c'est là que ces terribles semnotées, le front ceint de feuilles de chênes et des bandeaux étoilés, emblème de l'apothéose, viennent chercher avec des cérémonies mystérieuses le gui sacré, que nos ancêtres appelèrent longtemps le rameau des spectres, l'épouvantail de la mort, et le vainqueur des poisons.

» C'est là qu'attentif à leur signal, le sacrificateur immole les captifs en l'honneur d'Ésus et de Teutatès; c'est là qu'il brûle au milieu de la nuit les figures d'osier renfermant des victimes humaines; le sang rougit tous les autels et arrose le sol sur lequel les racines tortueuses des vieux arbres représentent d'énormes serpents.

» Le Gaulois, soumis par la terreur à ce culte formidable, craint de rencontrer les Dieux qu'il vient adorer dans ces vastes solitudes; il y pénètre les bras chargés de chaînes comme un esclave, afin de s'humilier encore plus devant ces divinités; il s'avance en tremblant, il frémit au seul bruit de ses pas. Effrayé de ce silence menaçant, son cœur bat avec force, sa vue se trouble, une sueur froide coule de tous ses membres; s'il tombe, ses dieux lui défendent de se relever; il se traîne hors de l'enceinte, il rampe comme un reptile parmi les bruyères sanglantes et les ossements des victimes.

» Souvent du milieu de ces forêts lugubres, où l'on n'entendit jamais ni le vol des oiseaux, ni le souffle des vents, de ces forêts muettes et dévorantes, où coulait sans murmure une onde infecte, sortaient tout à coup des hurlements affreux, des cris perçants, des voix inconnues, et soudain à l'horreur du tumulte succédait l'horreur du silence.

» D'autres fois, de ces solitudes impénétrables la nuit fuyait tout à coup, et, sans se consumer, les arbres devenaient autant de flambeaux dont les lueurs laissaient apercevoir des dragons ailés, de hideux scorpions, des cérastes impurs s'entrelacer, se suspendre aux rameaux éblouissants: des larves, des fantômes montraient leurs ombres sur un fond de lumière, comme des taches sur le soleil; mais bientôt tout s'éteignait, et une obscurité plus terrible ressaisissait la forêt mystérieuse. »

À l'époque de la conquête des Gaules par les Romains, le centre de l'Europe était couvert de forêts dont l'immensité nous étonne. Voici comment César décrit la forêt d'Hercynie, la plus remarquable par son étendue :

« Elle a, en largeur, neuf longues journées de marche. Elle commence aux frontières des Helvétiens, des Némètes et des Rauraques, et s'étend, le long du Danube, jusqu'aux frontières des Daces et des Anartes ; de là elle s'infléchit sur la gauche en s'éloignant du fleuve, et, à raison de son étendue, elle touche au territoire d'un grand nombre de peuplades ; il n'y a point d'habitants de la Germanie qui, après soixante jours de marche puisse dire où elle commence ni où elle finit. »

L'aspect de notre pays était, à cette époque, bien différent de ce qu'il est aujourd'hui :

« Si tout à coup, dit Guizot, on était transporté dans ce qui s'appelait alors la Gaule, on n'y reconnaîtrait pas la France. Les mêmes montagnes s'y élevaient; les mêmes plaines s'y étendaient; les mêmes fleuves y coulaient; rien n'est changé dans la structure du pays ; mais sa physionomie était bien différente : Au lieu de nos champs cultivés et couverts de productions si variées, on verrait des marais inabordables, de vastes forêts point exploitées, livrés au hasard de la végétation primitive, peuplées de loups, d'ours, d'aurochs même ou grands bœufs sauvages, et d'élans, animaux qui ne se rencontrent plus aujourd'hui que dans les froides régions du nord-est de l'Europe. D'immenses troupeaux de porcs erraient dans les campagnes, presque aussi féroces que les loups, dressés seulement à reconnaître le son du cor de leur gardien. Nos meilleurs fruits, nos meilleurs légumes étaient inconnus..... Une température froide et âpre régnait sur cette terre. Les rivières gelaient presque tous les hivers, assez fort pour être traversées par les chariots. »

Si, à tous ces effrayants tableaux on ajoute que de tous temps les bois et les forêts ont été le refuge des bandits, de tous ces hommes, plus féroces que des bêtes, que la société rejette de son sein ou qui se cachent pour se soustraire à l'expiation de quelques grands crimes, on comprendra la terreur bien naturelle qui s'empare de l'homme, lorsque, sous la demi obscurité des hautes futaies, il se sent éloigné de tout secours.

Empressons-nous de dire que toutes ces craintes, autrefois bien légitimes, seraient puériles aujourd'hui; car, la plupart de nos forêts sont aussi sûres que les rues les plus fréquentées d'une grande ville.

Au douzième siècle les bois qui couvraient le sol de la France étaient encore d'une étendue considérable : Jusque là, les chênes, n'avaient rendu que des oracles et reçu tous les honneurs d'un culte insensé ; on ne leur demandait que la production du gui sacré.

Vers cette époque, d'autres motifs religieux firent abandonner de grandes portions de forêts à des solitaires qui en firent leur retraite. Ils convertirent, peu à peu, en des terres d'un excellent revenu les endroits les moins apparents et les plus propres à leurs vues : Ils furent eux-mêmes les artisans de ces grandes fortunes qui, dans l'avenir, leur suscitèrent tant d'envieux.

Bien que leur étendue ait fort diminué depuis un siècle, les bois et les forêts constituent encore l'une des principales richesses du sol de la France. Il y a cent ans, on estimait à quinze millions d'hectares la superficie de notre sol forestier ; cette superficie est maintenant réduite à moins de neuf millions d'hectares. Si, malgré cet appauvrissement, nos bois et forêts produisent plus qu'autrefois, cela tient à ce qu'ils sont exploités avec beaucoup plus d'intelligence.

Néanmoins, cette diminution constante n'est pas sans causer de vives appréhensions. Le bois à brûler est à un prix excessif; le bois de charpente, de construction devient de plus en plus rare.

Réaumur en 1721, et Buffon en 1739 jetaient déjà le cri d'alarme. Qu'auraient-ils dit s'ils avaient été témoins de tous les défrichements qui ont eu lieu depuis cette époque?

En fait de grands bois, lorsqu'on s'aperçoit de la disette, elle est bientôt extrême; les réparations sont très longues : il faut cent cinquante ans pour former une poutre!

Toujours empressé de jouir, le cultivateur hésite malheureusement à remplacer ce qu'il vient de détruire quand il sait que ses arrières-neveux seuls pourront en profiter.

Depuis bien longtemps, cependant, on a compris l'importance de la conservation de forêts : Nous trouvons dès le treizième siècle des règlements forestiers qui, il faut l'avouer, ne furent presque jamais exécutés. Il faut arriver au règne de Louis XIV pour les voir appliquer dans toute leur rigueur.

C'est à l'ordonnance rendue par ce prince, en 1669, sur la proposition de Colbert, que la France est redevable de ce bienfait qui à entravé le mal sans le faire cesser.

Dès ce moment, le sol forestier fut mis en coupes réglées; les bestiaux ne furent admis à y pacager qu'après le temps nécessaire pour mettre les jeunes pousses à l'abri de leurs atteintes; l'aménagement fut fixé pour l'exploitation, et les défrichements ne purent avoir lieu qu'en vertu d'une autorisation expresse.

Après avoir été en vigueur pendant plus de cent cinquante ans, cette ordonnance a été remplacée, en 1827, par le *Code forestier* qui constituent la législation forestière actuelle.

Les bois rendent sans cesse à l'homme des services signalés : ils épurent l'air qu'il respire, tempèrent l'ardeur des étés et la rigueur des hivers, produisent l'humus végétal qui sert d'aliment à ses moissons, conservent les sources et les cours d'eau qui fertilisent les campagnes.

« A la révolution, dit Michelet, la population commença d'ensemble l'œuvre de destruction... Les arbres furent sacrifiés aux moindres usages : on abattait deux pins pour faire une paire de sabots. »

Mais les conséquences de ces désordres se firent bientôt sentir; des torrents formés par les orages entraînaient avec un fracas épouvantable, non seulement les terres, mais les rochers, les arbres, les maisons et portaient l'épouvante parmi les populations des vallées.

Ces considérations générales nous paraissaient nécessaires avant d'aborder notre sujet.

CHAPITRE II

Le Chêne. — Les plus grands Chênes connus. — Le Chêne Salon. — Le Chêne Chapelle. — Remarquable exemple de longévité. — Le Chêne dans l'antiquité. — Le Chêne Pédonculé. — Le Chêne Rouvre. — Le Chêne Tauzin. — Le Chêne Chevelu. — Le Chêne Blanc. — Le Chêne à gros fruits — Le Chêne Liège. — L'Yeuse ou Chêne vert. — Le Chêne au kermès. — Le Chêne à la noix de Galle.

Le CHÊNE *(Quercus)* appartient à la famille des CORYLACÉES. Cette famille appelée CUPULIFÈRES par Richard, QUERCINÉES par Jussieu, CASTANÉES par Adanson, comprend seulement huit genres, renfermant deux cent soixante-cinq espèces.

Le CHÊNE, dont la hauteur atteint quelquefois quarante mètres, est un des plus grands arbres de nos forêts. Répandu dans toute l'Europe, il s'élève, au nord, jusqu'en Scanie, et se rencontre, au sud, jusqu'aux côtes d'Afrique.

On le trouve sur l'Atlas, sur le Caucase, dans toute l'Asie-Mineure, en Chine, au Japon, sur l'Himalaya, dans les îles de la Sonde, au Mexique, aux Etats-Unis, sur les pentes des Cordillières où il croît à plus de trois mille mètres au-dessus du niveau de la mer; mais il paraît inconnu dans tout l'hémisphère austral.

Son accroissement se fait avec une excessive lenteur. D'après les calculs de Duhamel cet accroissement n'est que d'environ sept millimètres par années, ce qui fait une durée de 120 ans pour une circonférence de moins de trois mètres. En revanche, il vit très longtemps; son existence, est en général de 120 à 150 ans; mais il peut atteindre 400 ans, 500 ans et quelquefois plus. On cite, en effet, des chênes infiniment plus vieux.

Il en existe un à Cumfin, près de Châtillon-sur-Seine, qui, suivant les annales ecclésiastiques de Langres, aurait été planté en 1070; il à 7ᵐ 33 de tour au collet de la racine.

Près de Saintes, dans la cour d'un vieux château, se trouve un de ces doyens des chênes dont le diamètre est de huit à neuf mètres et la hauteur de vingt mètres. On a creusé dans le bois mort de l'intérieur de ce tronc énorme, un salon, et l'on y a ménagé un banc circulaire taillé en plein bois. Une table ronde, qu'on y apporte au besoin, peu recevoir douze convives; enfin, une porte et une fenêtre donnent du jour à cette salle à manger d'un nouveau genre, que décore une tapisserie vivante de fougères, de champignons, de lichens et de mousses. D'après le calcul fait au moyen des couches concentriques d'une lame enlevée à la porte, l'âge de ce vieux patriarche remonterait à plus de 2000 ans!...

Humboldt à consacré à cette curiosité végétale les lignes suivantes :

« Le chêne qu'on voit près de Saintes, dans le département de la Charente-Inférieure, sur la route de Cozes, est probablement le plus puissant parmi les troncs de chêne connus en Europe et le plus exactement mesuré. Cet arbre à vingt mètres de haut et une épaisseur de neuf mètres près du sol. A la naissance des principales branches, le diamètre du tronc est de deux mètres à peu près. Dans la partie desséchée du tronc, on a pratiqué une petite chambre de quatre mètres de large sur deux mètres de haut, avec un banc demi-circulaire taillé dans le bois vert. L'intérieur est éclairé par une fenêtre. Les parois de la petite chambre, fermée par une porte sont agréablement tapissées de fougères et de lichens. D'après la grosseur d'un morceau de bois coupé au-dessus de la porte, et dans lequel on compte deux cents couches ligneuses, l'âge du chêne de Saintes devrait être estimé à deux mille ans environ. »

Le Chêne Chapelle d'Allouville, en Normandie, ainsi nommé parce que, en 1696, on pratiqua une chapelle dans son intérieur, mesure onze mètres de circonférence au collet des racines, et huit mètres quarante-cinq centimètres à hauteur d'hommes.

« Le cimetière d'Allouville, dit M. Fabre, est ombragé par un des doyens des chênes de France. La poussière des morts où plongent ses racines, semble lui avoir communiqué une exceptionnelle vigueur. Son tronc mesure dix mètres de circuit au niveau du sol. Une chambre d'anachorète, que surmonte un petit clocher, s'élève au milieu de l'énorme branchage. Le bas du tronc, en partie creux, est, depuis 1696, disposé en chapelle dédiée à Notre-Dame de la Paix. Les plus grands personnages ont tenu à honneur d'aller prier dans le rustique sanctuaire et de méditer un instant sous l'ombrage de l'arbre millénaire, qui a vu tant de sépultures s'ouvrir et se fermer. D'après ses dimensions, on donne à ce chêne neuf cents ans d'âge environ. Le gland qui l'a produit a donc germé vers l'an 1000. Aujourd'hui, le vieux chêne porte sans effort ses monstrueuses branches; chaque printemps, il se couvre d'un feuillage vigoureux. Glorifié par les hommes et ravagé par la foudre, il poursuit impassible le cours des âges, ayant devant lui peut-être un avenir égal à son passé.

» On connaît en effet des chênes bien plus vieux. En 1824, un bûcheron des Ardennes abattit un chêne gigantesque dans le tronc duquel furent trouvés des débris de vases à sacrifice et des médailles antiques. D'après le calcul des botanistes les plus experts, ce géant remontait à l'époque de l'invasion des barbares, il avait pour le moins de quinze à seize siècles d'existence. »

Les exemples qui précèdent, et beaucoup d'autres qu'on pourrait y ajouter, démontrent qu'il existe encore vivants, sur notre globe, des arbres qui dépassent tout ce qu'on a coutume de croire sur leur durée habituelle.

« Jusque dans notre Europe, dit de Candolle, où l'homme a depuis si longtemps changé la face du sol, et détruit les vieux arbres pour ses besoins ou ses caprices, il en a échappé à la destruction quelques-uns qui semblent avoir atteint une durée de trois mille ans. Mais, hors de l'Europe, soit par l'effet d'un meilleur climat, soit parce qu'ils ont été mieux respectés, on trouve des arbres plus vieux encore et qui paraissent atteindre une durée de cinq mille à six mille ans.

» On peut même descendre jusqu'aux végétaux les plus humbles

pour chercher des exemples de longévité. Vaucher a suivi pendant
quarante ans un même lichen, sans l'avoir vu ni dépérir, ni beaucoup grandir. Que sais-je! peut-être parmi ces croûtes, ces taches
qui couvrent certaines rochers, il en est dont l'existence remonte
jusqu'au moment où ce rocher a été mis a nu, peut-être jusqu'à l'une
des révolutions qui ont soulevé nos montagnes!

» Qui sait si tel tapis de mousse, toujours inondé, qui décore le
fond de quelque rivière, n'est pas là, sans cesse renaissant de lui-
même, depuis que le lit de cette rivière est creusé. Ainsi partout dans
le règne végétal, nous trouvons des êtres dont la durée est inconnue
et défie les calculs de l'observateur. »

L'antique patriarche de nos forêts, majestueux emblème de la durée,
de la force et de la grandeur a, de tout temps, mérité l'estime des
peuples.

Les Grecs l'avaient consacré au plus grand et au plus puissant de
leurs dieux, à Jupiter; et, ils l'honoraient spécialement dans la
forêt de Dodone, toute plantée de chêne, dont chacun rendait des
oracles. La prêtresse interprétait tantôt le bruissement des branches,
tantôt le son rendu par des vases de cuivre suspendus à l'arbre sacré,
tantôt le chant des colombes cachées dans son feuillage ou le murmure
d'une source voisine.

Les Romains faisaient de son feuillage la couronne civique, la
plus précieuse de toutes, celles qu'on donnait à un citoyen qui
avait sauvé la vie à un homme ou rendu un service éminent à sa
patrie.

« Et, dit un auteur, chez nos pères les vieux Gaulois, quel culte
rendu au chêne! C'était de son nom qu'ils désignaient leurs druides;
c'était à l'ombre de ses forêts que leurs prêtres s'assemblaient pour
célébrer les mystères de Teutatès: c'est sur le chêne enfin que devait
être coupé avec une faucille d'or le gui fameux que distribuait une
fois l'an à l'assemblée le chef des druides, en criant d'une voix
solennelle : Au gui l'an neuf. »

Il est probable que ce culte voué au chêne fut, au commencement,
un tribut de gratitude et de reconnaissance. On sait que, pour nos
pères, les glands remplacèrent longtemps les céréales; en Écosse et
en Norwège, ils sont encore une nourriture.

En Italie on retire des glands une huile pour la table. C'est avec
la poudre de glands torréfiés que l'on prépare le café de glands
doux, le Racahout des Arabes, et autres produits d'une industrie
plus qu'équivoque.

Les glands sont surtout utilisés pour l'engraissements des porcs;
ceux du Bourbonnais si estimés par la blancheur et la fermeté de

leur lard, passent leur vie dans les grands bois de chêne que l'on y voit encore.

Malheureusement, ce bel arbre dont la France comptait autrefois tant de grandes forêts diminue tous les jours d'une façon inquiétante.

Le nom de ROBUR que les Latins lui avaient imposé et que les Français ont traduit par celui de ROUVRE, qu'il porte encore dans quelques provinces, signifie *force, consistance, solidité;* aussi, n'avons nous point de bois plus précieux pour la durée.

Le bois de toutes les espèces de Chênes est excellent pour le chauffage et les constructions : on l'emploie pour la grande charpente, les poutres, les planchers chargés, les pilotis indestructibles. L'eau qui pourrit les autres bois durcit le chêne.

On trouve dans le commerce, sous le nom de CHÊNE DE HOLLANDE, des bûches fort recherchées par les menuisirs et les facteurs de pianos. Il parait établi qu'elles ne sont autre chose que du chêne des Vosges qui a été transporté en Hollande, puis immergé pendant deux ou trois ans dans les canaux, où il acquiert les qualités qui le caractérisent.

L'écorce du chêne après avoir été concassée et réduite en poudre s'emploie, sous le nom de *tan* pour la préparation des cuirs; elle les fortifie et les assouplit par la quantité de tannin qu'elle contient.

On en fait aussi usage en médecine dans le pansement des ulcères, dans les maux de gorge et de gencives, les diarrhées, les hémorragies, etc.....

Les botanistes ont décrit plus de cent espèces de chênes, et plusieurs de ces espèces renferment un grand nombre de variétés.

On les distingue en CHÊNES A FEUILLES CADUQUES, et CHÊNES A FEUILLES PERSISTANTES, ou CHÊNES VERTS.

Parmi les espèces qui croissent en France, nous nommerons d'abord le CHÊNE PÉDONCULÉ *(Quercus pedunculata);* c'est l'espèce qui prend le développement le plus considérable et qui est la plus répandue. On la reconnaît à son tronc droit et bien proportionné, à ses feuilles d'un vert clair en dessus et un peu glauques en dessous, à ses racines fortement pivotantes, et à ses glands portés au nombre de deux à trois sur un pédoncule axillaire incliné vers la terre.

Le CHÊNE ROUVRE *(Quercus robur)* vulgairement CHÊNE MALE, par opposition à l'espèce précédente désignée sous le nom de CHÊNE FEMELLE, abonde dans les forêts des environs de Paris. Ses racines sont pivotantes comme celles du CHÊNE PÉDONCULÉ, mais son tronc est noueux, rarement droit, et son fruit, gros et court, n'est point porté sur un pédoncule.

Le CHÊNE ANGOUMOIS, CHÊNE BROSSE OU CHÊNE TAUZIN *(Quercus tauza)* se rencontre surtout dans les Basses-Pyrénées, l'Anjou, le Maine et les Landes de Bordeaux. Les racines sont traçantes, les feuilles hérissées en dessus et très cotonneuses en dessous. Son tronc noueux et souvent irrégulier s'élève à vingt ou vingt-cinq mètres. Il réussit bien dans les dunes, et il sert à les fixer.

Le Chêne Chevelu *(Quercus cerris)* se trouve en Bourgogne, en Provence, en Franche-Comté, dans le Poitou, etc... Ses glands sont enfermés jusqu'au tiers inférieur dans une cupule revêtue d'écailles étroites, pointues, subulées, diversement contournées, qui la font paraître comme chevelue. Ils offrent, comme ceux du Chêne Tauzin, cette particularité qu'ils restent deux ans sur l'arbre.

Il existe, en Amérique, deux variétés de chênes qui peuvent rivaliser avec les plus belles espèces de notre France :

Le Chêne Blanc *(Quercus alba)* dont l'écorce est très blanche et qui donne des glands bons à manger.

Le Chêne a gros fruits *(Quercus macrocarpa)* haut de vingt à trente mètres, avec un diamètre de deux à trois mètres. Il a le port majestueux, ses feuilles larges et longues sont profondément sinuées; ses gros glands ovoïdes sont contenus plus d'à moitié dans une cupule.

Ces deux beaux arbres sont très employés dans la grande charpente et les constructions navales.

Nous possédons, en France, trois espèces de chênes à feuilles persistantes :

Le plus intéressant est le Chêne Liège *(Quercus suber)* particulier au midi de la France, et surtout aux landes de la Gascogne. Il ne s'élève en général qu'à huit ou dix mètres de hauteur; mais il prospère sur des terrains presque toujours impropres à la culture, et sans nuire en rien aux produits du sol comme pâturage. Son principale mérite est dans la couche médullaire de son écorce épaisse, spongieuse et compacte. Il donne chaque année, outre son bois et son fruit, pour plusieurs millions de liège brut, et forme une des principales richesses des départements méridionaux où il abonde, et de la Corse et de l'Algérie.

La première récolte du liège se fait quand l'arbre à quinze ou vingt ans ; on peut ensuite, sans nuire à la végétation de l'arbre, en obtenir une nouvelle tous les sept, huit ou neuf ans. Un arbre séculaire et en pleine vigueur donnent souvent cent kilogrammes de liège brut à chaque récolte.

Le liège se compose d'un tissu spongieux et élastique contenant dans ses cavités des substances astringentes et résineuses ou grasses qui le rendent peu perméable à l'eau.

Les chimistes en ont extrait une matière analogue à la cire, la *subérine.*

Tout le monde sait que le liège sert à une foule d'usage : On en fait des bouchons de bouteilles, des semelles de chaussures, des ceintures de natation, des bouées pour les vaisseaux, des chapelets pour soutenir, à la surface de l'eau les filets des pêcheurs. Quand on le brûle dans des vases clos, on en obtient un charbon d'un noir bleuâtre qui s'emploie dans la peinture sous le nom de Noir d'Espagne, et dont on fait de l'encre de Chine.

Il paraît que les Espagnols apprécient fort les glands du chêne liège, cuits sous la cendre.

Le Chêne vert ou yeuse (*Quercus ilex*), souvent cité par Virgile, est très répandu dans le midi de la France. C'est un arbre tortueux, très branchu, touffu, moins beau que le houx avec lequel il a une certaine analogie; il ne prend un certain accroissement que lorsqu'il est déjà vieux. Son bois, très dur, est propre aux pièces d'engrenage. L'écorce est astringente et employée pour le tannage; ses glands servent de nourriture aux hommes et aux animaux. Il produit des noix de galle de médiocre qualité.

Le Chêne au Quermès (*Quercus coccifera*), vulgairement *arbre au vermillon*, est un arbrisseau dont le tronc se divise en un grand nombre de rameaux tortueux et diffus, formant un buisson toujours vert qui ne dépasse pas un mètre de hauteur; il croît dans les lieux arides et pierreux du midi de la France; ses glands mettent deux ans à mûrir. On recueille sur ses branches un insecte de l'ordre des hémiptères, le *coccus illicis*, employé dans la médecine sous le nom de *kermès animal*, et connu dans le commerce sous les dénominations de *cochenille du chêne vert, graine d'écarlate*. Cet insecte sert à teindre en rouge; et il était très employé avant qu'on eût découvert la cochenille d'Amérique.

Enfin nous dirons, pour terminer, un mot du *Chêne à la noix de Galle (Quercus infectoria)*, vulgairement *chêne des teinturiers*.

Ce précieux arbrisseau qui certainement pourrait être naturalisé dans le midi de la France, n'a que deux mètres de hauteur environ.

Il est diffus, rameux, et se couvre de protubérances ou excroissances globuleuses connues sous le nom de *galles*, qui ne viennent que sur les feuilles.

Elles sont produites par la piqûre d'un insecte, le *cinips gallæ tinctoriæ*, et ressemblent assez au galles, espèces de petites boules, très communes sur les vieilles feuilles de chêne; mais qui, malheureusement, n'ont aucune propriété.

Le chêne des teinturiers habite toutes les parties de l'Asie-Mineure, où il est très répandu.

CHAPITRE III

Les Parasites du chêne. — Le Gui, plante sacrée. — Remède universel. — Au
Gui, l'an neuf! — Récolte du Gui. — Description de cet arbuste. — La Glu.
— Les Polypores. — L'Amadouvier. — L'Amadou. — L'Agaric des médecins.
— Le Bolet (*boula*) garde feu. — La culture du chêne.

Le Chéne Rouvre était, de la part des Druides, l'objet d'un culte
particulier; et, ces prêtres n'accomplissaient aucune de leurs cérémonies religieuses sans la présence de son feuillage.

« Tout ce qui naît sur cet arbre, dit Pline, ils le regardent comme
un envoi du ciel et un signe que l'arbre a été choisi par la divinité
elle-même. »

L'une des cérémonies les plus importantes du culte druidique
était la récolte du *Gui du chêne*, dont ils regardaient la verdure
perpétuelle comme l'emblème de l'immortalité de l'âme et de l'éternité
du monde.

Cette cérémonie se pratiquait en hiver, époque où cette plante
fleurit, où ses longs rameaux verts enlacés à l'arbre dépouillé
présentent seuls l'image de la vie au milieu d'une nature stérile
et morte.

C'était le sixième jour ou plutôt la sixième nuit de la nouvelle lune
après le solstice d'hiver qu'elle avait lieu. Cette nuit que commençait
l'année Gauloise, était appelée la *nuit mère*.

Quand on avait découvert un chêne rouvre portant l'arbuste
mystérieux, ce qui était fort rare, tout était préparé pour cueillir,
en grand appareil, le *remède universel*.

On préparait selon les rites, des sacrifices et des festins, et l'on
amenait sous l'arbre deux taureaux blancs dont les cornes n'avaient
jamais porté le joug. A l'instant marqué, un druide, en vêtements
blancs, montait sur le rouvre, une faucille d'or à la main, et
tranchait la racine de la plante, que d'autres druides recevaient
dans une saie blanche, car il ne fallait pas qu'elle touchât la terre.
Puis, on immolait les victimes et le reste de la journée se passait en
festins et en réjouissances.

Comme le gui du chêne était, au yeux des Gaulois, une panacée universelle, on le mettait dans l'eau, et on distribuait cette eau lustrale à ceux qui en désiraient pour les préserver et les guérir de toutes sortes de maux.

Nous observerons en passant que cet usage druidique se perpétua sous diverses formes dans presque toutes les parties de la France. Plusieurs anciens textes de synodes ou de conciles nationaux attestent qu'au seizième et au dix-septième siècle on se livrait dans les campagnes à des fêtes qui rappelaient la cérémonie du Gui sacré, et qu'on nommait *Guilanleu* ou *Aguilanneuf* (gui de l'an neuf). Aujourd'hui encore, dans le peuple, on attache au gui du chêne, sans doute à cause de sa rareté, une sorte de vénération qui empêche de l'abattre.

On croit que Virgile a voulu faire allusion au Gui du chêne, quand il parle du rameau d'or qu'Enée devait couper avant sa descente aux enfers.

C'était particulièrement dans la forêt des Carnutes (pays de Chartres), qu'on entendait, chaque année, retentir le vieux refrain : « Au gui ! l'an neuf ! »

« Les Druides ou Mages des Gaulois, dit Pline, n'ont rien de plus sacrés que le Gui et l'arbre sur lequel il a pris naissance, si cet arbre est un chêne. Du reste, ils choisissent pour bois sacrés les forêts de chênes, et ils n'accomplissent aucune cérémonie religieuse sans le feuillage de cet arbre. Il est même probable que le nom de Druide a pour étymologie le mot grec *drus* (chêne).

» Le Gui est à leurs yeux, une manifestation céleste, et le chêne sur lequel croît cette plante est pour eux marqué du sceau de la divinité. Il est rare d'ailleurs de l'y rencontrer ; et, lorsqu'on l'a trouvé, on va le recueillir avec une grande pompe religieuse. Avant tout, cette cérémonie doit avoir lieu le sixième jour de la lune, jour qui commence leurs mois, leurs années et leurs siècles dont la durée est de trente ans.

» Le nom qu'ils donnent au Gui signifie, dans leur langue, remède universel. Les sacrifices et le repas étant préparés, selon les rites, sous le chêne, ils amènent deux taureaux blancs dont les cornes sont liées pour la première fois. Le prêtre, vêtu de blanc, monte alors sur l'arbre, et tranche le Gui avec une serpe d'or. On le reçoit sur un drap blanc. On immole ensuite les victimes, en priant la divinité de rendre son présent propre à tous ceux auxquels il sera distribué ! »

Ecoutons maintenant le récit poétique que Châteaubriand place dans la bouche de l'un de ses héros ; il s'agit de la récolte du gui sacré à l'époque où les Romains foulaient le sol de la vieille Gaule :

« Caché parmi les rochers, j'attendis quelque temps sans voir rien paraître. Tout à coup mon oreille est frappée des sons que le vent m'apporte du milieu du lac. J'écoute, et je distingue les accents d'une voix humaine ; en même temps, je découvre un esquif suspendu au sommet d'une vague. Il redescend, disparaît entre deux flots, puis se montre encore sur la cime d'une lame élevée ; il approche du rivage. Une femme le conduisait. Elle chantait en luttant contre la tempête, et semblait se jouer dans les vents ; on eût dit qu'ils étaient sous sa puissance tant elle paraissait les braver. Je la voyais jeter tour à tour en sacrifice dans le lac, des pièces de toile, des toisons de brebis, des pains de cires. et de petites meules d'or et d'argent.

» Bientôt elle touche à la rive, s'élance à terre, attache sa nacelle au tronc d'un saule, et s'enfonce dans le bois en s'appuyant sur la rame de peuplier qu'elle tenait à la main. Elle passa tout près de moi sans me voir. Sa taille était haute ; une tunique noire, courte et sans manches, servait à peine de voile à sa nudité. Elle portait une faucille d'or suspendue à une ceinture d'airain, et elle était couronnée d'une branche de chêne. La blancheur de ses bras et de son teint, ses yeux bleues, ses lèvres de rose, ses longs cheveux blonds, qui flottaient épars, annonçaient la fille des Gaulois, et constrastaient, par leur douceur, avec sa démarche fière et sauvage. Elle chantait d'une voix mélodieuse des paroles terribles.

» Je la suivis à quelque distance. Elle traversa d'abord une chàtaigneraie dont les arbres, vieux comme le temps, étaient presque tous desséchés par la cime. Nous marchâmes ensuite plus d'une heure sur une lande couverte de mousse et de fougère. Au bout de cette lande, nous trouvâmes un bois, et au milieu de ce bois une autre bruyère de plusieurs milles de tour. Jamais le sol n'en avait été défriché, et l'on y avait semé des pierres pour qu'il restât inaccessible à la faux et à la charrue. A l'extrémité de cette arène s'élevait une de ces roches isolées que les Gaulois appellent dolmen, et qui marquent le tombeau de quelque guerrier.

» La nuit était descendue. La jeune fille s'arrêta non loin de la pierre, frappa trois fois des mains, en prononçant à haute voix ce mot mystérieux : « *Au gui, l'an neuf!* »

» A l'instant, je vis briller dans la profondeur du bois mille lumières ; chaque chêne enfanta pour ainsi dire un Gaulois ; les barbares sortirent en foule de leur retraite. Les uns étaient complètement armées ; les autres portaient une branche de chêne dans la main droite, et un flambeau dans la gauche. A la faveur de mon déguisement, je me mêle à leur troupe... Au premier désordre de l'assemblée succèdent bientôt l'ordre et le recueillement, et l'on commence une procession solennelle.

» Des eubages marchaient à la tête, conduisant deux taureaux blancs qui devaient servir de victimes; les bardes suivaient, en chantant sur une espèce de guitare les louanges de Teutatès. Après eux venaient les disciples. Ils étaient accompagnés d'un héraut d'armes vêtu de blanc, couvert d'un chapeau surmonté de deux ailes, et tenant à sa main une branche de verveine entourée de deux serpents. Trois druides s'avançaient à la suite du héraut d'armes : l'un portait un pain, l'autre un vase plein d'eau, le troisième, une main d'ivoire. Enfin la druidesse (je reconnus alors sa profession) venait la dernière. Elle tenait la place de l'archidruide dont elle était descendue.

» On s'avança vers le chêne de trente ans, où l'on avait découvert le Gui sacré. On dressa au pied de l'arbre un autel de gazon. Les druides y brûlèrent un peu de pain et y répandirent quelques gouttes de vin pur. Ensuite un eubage vêtu de blanc monta sur le chêne, et coupa le gui avec la faucille d'or de la druidesse. Une saye blanche étendue sous l'arbre reçut la plante bénite. Les autres eubages frappèrent les victimes; et le Gui, divisé en égales parties fut distribué à l'assemblée.

» Cette cérémonie achevée, on retourna à la pierre du tombeau; on planta une épée nue pour indiquer le centre du conseil. Au pied du dolmen étaient appuyées deux autres pierres, qui en soutenaient une troisième couchée horizontalement. La druidesse monte à cette tribune. Les Gaulois debout et armés l'environnent, tandis que les druides et les eubages élèvent des flambeaux. Les cœurs étaient secrètement attendris par cette scène qui rappelait l'ancienne liberté. Quelques guerriers en cheveux blancs laissaient tomber de grosses larmes qui roulaient sur leurs boucliers. Tous penchés en avant et appuyés sur leurs lances, ils semblaient déjà prêter l'oreille aux paroles de la druidesse. »

Le Gui (*Viscum album*) qui vit en parasite sur les arbres, principalement sur le pommier, le poirier, le sorbier, le peuplier, etc... mais très rarement sur le chêne, appartient à la famille des *Loranthacées*.

C'est une plante vivace dont la racine peu apparente, d'abord verte, tendre et grenue, devient ligneuse dans son milieu. Cet arbrisseau croît à la hauteur d'environ soixante centimètres et forme une touffe à peu près sphérique. Ses tiges, grosses comme le petit doigt sont ligneuses, compactes, nerveuses, d'un vert-brun en dehors, d'un blan-jaunâtre en dedans et droites d'un nœud à l'autre. Les nœuds sont de vrais articulations, et les pousses de chaque

année se joignent les unes aux autres. La plante donne beaucoup de
rameaux, entrelacés les uns dans les autres, plus gros par les deux
bouts; les feuilles sont oblongues, obtuses, épaisses, dures et charnues,
d'une odeur faible et désagréable. Les deux surfaces des feuilles du
gui sont tellement semblables qu'on ne parvient à les distinguer
l'une de l'autre, qu'en faisant attention à l'insertion des feuilles
dans les tiges. Les fleurs naissent aux nœuds des branches; elles sont
petites, formées en cloche, à quatre échancrures, ramassées par
bouquets, quelquefois jusqu'au nombre de sept; les boutons à fruit
sont placés dans les aisselles des branches, et ne contiennent
ordinairement que trois ou quatre fleurs qui s'ouvrent en février et
en mars.

Les fruits sont de petites baies ovales, molles, blanches, unies,
luisantes, perlées comme de petites groseilles blanches, remplies
d'un suc visqueux dont on se servait autrefois pour faire de la glu.
Au milieu de ce fruit, on trouve une petite semence fort aplatie, et
ordinairement échancrée en cœur.

La glu qu'on retirait anciennement des baies du gui, se prépare
aujourd'hui avec l'écorce de cette plante. Pour cela, on la fait
macérer, fermenter et pourrir en la plaçant dans un lieu humide
pendant l'espace de huit ou dix jours. On la pile ensuite jusqu'à ce
qu'elle soit réduite en bouillie; puis on la met dans une terrine, où
l'on jette de temps à autre de l'eau de fontaine bien fraîche; on remue
avec une spatule ou un bâton jusqu'à ce que la glu s'y attache, et on
la lave dans l'eau, à plusieurs reprises, pour la bien nettoyer; plus
elle est nette, plus elle est tenace. On en fait ensuite une boule
que l'on conserve dans de l'eau claire qui doit être renouvelée fréquemment.

Cette glu ne sert pas seulement à la chasse aux petits oiseaux; on
peut en mettre au pied des arbres pour les préserver des fourmis,
chenilles et autres insectes.

Le Gui n'est pas le seul parasite qui croisse sur le chêne; nous
avons tous remarqué les jolies mousses, les élégants lichens et quelquefois les gracieuses petites fougères qui se fixent sur l'écorce de
l'arbre robuste. Nous y avons vu également, des champignons de
toutes les tailles dont les plus intéressants sont les POLYPORES
(*Polyporus*). Ces cryptogames comprennent toutes les espèces coriaces
et tubéreuses, garnies en dessous de mille petits trous, qui adhèrent
par le côté aux troncs et aux souches d'arbres sur lesquels ils se
développent. Quelques-uns vivent plusieurs années et acquièrent un
volume très considérable : On en a vu qui formaient des disques
presque aussi gros qu'un double décalitre. Ces champignons sont

communs sur les pommiers, les noyers, les chênes, et il n'est personne qui n'ait eu l'occasion de les remarquer. On les confond tous sous le nom de *bolet*.

L'AMADOUVIER (*Polyporus fomentarius*) *Agaric officinale*, est aussi nommé *Polyporus ungula* à cause de sa forme en sabot de cheval.

Il est très épais, d'un gris blanchâtre ; et, lorsqu'on en râcle le dessus, on arrive à une écorce noire et luisante, puis à une chair sèche et tendre comme le liège ; les petits tubes poreux sont au-dessous.

C'est ce Bolet qu'on emploie, dans sa jeunesse, à préparer l'*Amadou*, et l'*Agaric* des médecins.

Pour faire cette préparation, on enlève la couche corticale, afin de mettre à nu la substance spongieuse et veloutée qui constitue, pour ainsi dire, la chair du champignon. On coupe ensuite cette substance en tranches minces que l'on bat avec un maillet pour les assouplir.

Cette opération, répétée trois ou quatre fois, transforme chaque tranche en une lame aplatie ; puis, on fait bouillir ces lames dans une dissolution de nitrate ou de chlorate de potasse ; et on les bat encore à plusieurs reprises.

Quand on veut que l'amadou prenne feu encore plus facilement, on l'imbibe de poudre à canon ; mais alors, au lieu de conserver la couleur rousse qui lui est particulière, il acquiert une teinte noirâtre.

Pour faire l'*agaric* dont se servent les chirurgiens, on se contente de battre les tranches sans les mouiller. Dans ce dernier état, il est très fréquemment employé pour étancher, par sa nature spongieuse, le sang des petites plaies, telles que celles qui résultent des piqûres de sangsues.

En Franconie, les habitants on trouvé le moyen de préparer l'amadou comme une peau de chamois, et d'en faire des vêtements très chauds.

Le POLYPORUS IGNIARIUS (*Bolet obtus*, *Agaric du chêne*) assez semblable au précédent peut également servir à la préparation de l'amadou ; mais il est beaucoup moins employé.

On s'en sert dans quelques provinces, à la campagne, sous le nom de *Boula*, pour garder le feu toute la nuit et le transporter commodément.

Nous avons parlé du chêne, de ses usages, du culte qui lui a été rendu par les anciens, de tous ses titres de noblesse !

Nous avons décrit quelques-uns des végétaux qui s'implantent sur ses branches ou sur son tronc et vivent de substance.

« Mais, dit Hœfer, il ne suffit pas d'admirer ce qui est beau et de prôner ce qui est utile, il faut savoir le multiplier et le perpétuer. Et c'est de cette partie de la science que les botanistes s'occupent le moins. Ils croiraient déroger !

« Les terrains, frais et profonds, mêlés d'argile et de sable sont ceux où le chêne peut prendre tout son développement et vivre plusieurs siècles. Comme sa racine est pivotante et s'enfonce profondément dans le sol, il faut que les couches inférieures soient assez perméables pour lui livrer passage; dans le cas contraire, l'arbre languit et n'acquiert pas de fortes dimensions. Il lui faut un mètre au moins de bonne terre pour s'élever en futaie, et soixante centimètres pour fournir de bons taillis. Autrefois on croyait le favoriser en le plantant seul : C'était une erreur. Le chêne aime la société; pour ne point le voir languir, il faut lui associer d'autres arbres, tels que le hêtre et le charme.

» Le moyen le plus sûr d'avoir de belles forêts de chênes, c'est de semer les glands. Par le couchage et par les marcottes, on peut bien repeupler un bois taillis de peu d'étendue; mais pour avoir de belles plantations; il faut semer et employer pour les semis des glands de choix et bien conservés. Il faut faire la récolte des glands vers le mois d'octobre, par un temps sec, et lorsqu'ils commencent à tomber d'eux-mêmes.

» Au lieu de semer à demeure, beaucoup de personnes préfèrent les semer d'abord en pépinières, pour les planter ensuite. Il faut éviter de remuer les terres ensemencées, avant que les jeunes plants se soient affermis par des racines suffisamment développées; aussi ne donne-t-on aucune culture la première année. Dans la seconde, on fait un petit binage au printemps pour détruire les herbes. La troisième année, on donne un bon binage au mois de mars, et, si l'on veut hâter la croissance du plant, on en donne un autre au mois de septembre. Dans certains terrains où le chêne ne pousse pas d'abord avec vigueur, où il a été gelé ou brouté par les bestiaux, le recepage est indispensable. Cette amputation se fait la troisième ou la quatrième année, obliquement et au nord, ce qui est facile à l'ouvrier qui tourne le dos au midi : Quelques forestiers allemands ne veulent pas cependant que l'on recèpe les arbres destinés à vivre en futaie; ils pensent, non sans quelque raison, qu'en supprimant les tiges secondaires pour ne conserver que la plus belle, on aura des futaies très élancées. »

CHAPITRE IV

Le Châtaigniers. — Les Châtaigniers géants. — Le plus gros arbre du monde.
— Cent cavaliers sous un seul arbre. — Préparation des châtaignes. —
Description du Châtaignier. — Son bois. — Marrons et châtaignes. — Culture
du Châtaignier. — Le Châtaignier d'Amérique ou Chincopin.

Le CHATAIGNIER occupe un des premiers rangs parmi les arbres
de nos forêts ; il a un port majestueux et imposant, et parvient
quelquefois à une grosseur prodigieuse que le chêne ne saurait
atteindre.

Colosse des monts arides et pierreux, c'est de tous les arbres
d'Europe celui qui acquiert le plus de grosseur ; mais de tous, aussi,
c'est celui qui affecte les formes les moins régulières. C'est surtout
aux habitants des montagnes et au pauvre peuple de la Savoie, de la
Lozère, de l'Auvergne, du Vivarais, du Limousin, qu'il appartient d'apprécier l'importance et les bienfaits de cet arbre gigantesque.

Parmi les châtaigniers de taille extraordinaire, on cite celui de
Sancerre, dans le département du Cher, dont le tronc à environ dix
mètres de circonférence. Les naturalistes lui donnent plus de mille
ans ; et, malgré son grand âge, il continue à porter des fruits.

Le châtaignier de Neuve-Celle, aux bords du lac de Genève, à
treize mètres de circonférence à la base. L'histoire rapporte que dès
l'année quatorze cent huit, il abritait un ermitage. Depuis cette
époque, quatre siècles se sont ajoutés à son âge, souvent la foudre
l'a frappé ; mais le géant, toujours vigoureux et richement feuillé,
donne chaque année une abondante récolte.

Celui d'Esaü, près de Montélimart, est une ruine majestueuse ; ses
hautes branches sont ravagées, son tronc, de onze mètres de tour,
porte les rides respectables de la vieillesse ; il est labouré de crevasses
profondes. Peut-être faudrait-il compter par mille ans, pour déterminer son âge.

Cependant, malgré les dimensions monstrueuses de ces arbres, il
en existe un sur le mont Etna, en Sicile, auprès duquel ces colosses
ne seraient que des nains.

C'est le Châtaignier aux cents chevaux (*Castagno de centon Cavalli*) qui abrita sous son feuillage immense, la reine Jeanne d'Aragon, surprise par un orage, et son escorte de cent cavaliers. Sous sa forêt de feuillage, gens et montures trouvèrent largement un abri.

Cet arbre a été décrit par un grand nombre des voyageur et particulièrement par Houel, dans son *Voyage aux îles de Sicles, de Malte et de Lipari*, fait en 1776.

« Nous partîmes, dit-il, d'Aci-Reale pour aller voir le châtaignier qu'on appelle des cents chevaux. Nous passâmes par Saint-Alfio et Piraino, où l'on trouve de superbes futaies de châtaigniers. Ces arbres viennent très bien dans cette partie de l'Etna, et on les y cultive avec soin. Avec leurs jeunes pousses, on fabrique des cercles de tonneaux, dont on fait un commerce assez considérable. Nous allâmes voir, tout d'abord, le fameux châtaignier objet de notre voyage. Sa grosseur est si fort au-dessus de celle des autres arbres, qu'on ne peut exprimer l'impression qu'on éprouve en le voyant. Je me fis raconter l'histoire de cet arbre par les savants du hameau. Ils me dirent que Jeanne d'Aragon, allant d'Espagne à Naples, s'arrêta en Sicile, et vint visiter l'Etna, accompagnée de toute la noblesse de Catane; elle était à cheval, ainsi que toute sa suite. Un orage survint; elle se mit sous cet arbre, dont le vaste feuillage suffit pour mettre à couvert de la pluie la reine et tous ses cavaliers. C'est de cette mémorable aventure que l'arbre prit le nom de châtaignier aux cents chevaux.

» Le tronc à cent soixante pieds (*cinquante-deux mètres*) de circonférence. Il est entièrement creux, car le châtaignier est comme le saule, il subsiste de son écorce; il perd en vieillissant ses parties intérieures, et ne s'en couvre pas moins de verdure. La cavité de celui-ci est immense. Des gens du pays y ont construit une maison et un four pour faire sécher des châtaignes, des noisettes, des amandes, et autres fruits que l'on veut conserver, comme il est d'usage en Sicile. Souvent, quand ils ont besoin de bois, ils prennent une hache et taillent des fagots aux dépens de l'arbre même qui entoure leur maison. Aussi ce châtaignier est-il dans un grand état de destruction. »

Sous le rapport du volume, le châtaignier de l'Etna est moins une tige d'arbre qu'une forteresse. Une ouverture assez large pour permettre à deux voitures d'y passer de front, le traverse de part en part, et donne accès dans la cavité du tronc disposé, comme nous l'avons dit, en habitation.

Le vieux colosse à toujours la sève jeune et active, et rarement il manque de fructifier. Il est impossible d'évaluer son âge; car, il est formé de sept tiges implantées les unes dans les autres et faisant autant de gros arbres. C'est ainsi qu'il arrive souvent que de vieux châtaignier sont renouvelés par les branches qui, poussant sans cesse dans leur centre, leur donnent une vigueur toujours nouvelle, et une éternelle durée.

« Dans plusieurs parties de la France, dit Loiseleur, les habitants des campagnes et la classe indigente font presque leur unique nourriture de châtaignes. Il en est de même dans les montagnes des Asturies, en Espagne, dans quelques cantons de la Sicile, et dans les Apennins, en Italie.

» Dans les Cévennes, on fait dessécher les châtaignes pour les conserver toute l'année. On les expose, par centaines de quintaux, sur de grandes claies disposées à l'intérieur de bâtiments construits exprès. On allume sous ces claies un feu produisant beaucoup de fumée, qui, en traversant la couche de châtaignes, leur communique sa chaleur et en opère la dessication. Pendant les premiers jours, on entretient un feu doux; on l'augmente ensuite par degrès jusqu'au neuvième ou dixième jour. On retourne alors les châtaignes avec une pelle. On continue ensuite à gouverner le feu de la même manière jusqu'à ce que les châtaignes soient bien sèches. Lorsqu'elles sont parvenues à l'état convenable, on les retire de dessus les claies, et on les bat, pour les dépouiller de leurs enveloppes. C'est dans de grands sacs que se fait cette opération; deux hommes, avec un bâton chacun, frappent le sac suffisamment de coups pour briser l'écorce extérieure et détacher en même temps la peau intérieure. Le battage terminé, on vanne les châtaignes pour en séparer les débris des enveloppes.

» En Corse, les châtaignes desséchées sont réduites en farine au moulin. Cette farine, cuite à l'eau, constitue ce qu'on nomme la *Polenta*. »

Les Romains tirèrent, dit-on, leurs premières châtaignes de *Castane*, ville de la Pouille, ce qui leur fit donner le nom de *Noix de Castane* (*Castanea nuces*). Le châtaignier était déjà très répandu dans les Gaules.

Suivant Théophraste, on en trouvait beaucoup en Thessalie, particulièrement sur le mont Olympe.

Jacques Belon, célèbre voyageur naturaliste du seizième siècle, a vu des châtaigniers sur les montagnes de la Macédoine; et un autre naturaliste en a rencontré toute une forêt sur les bords de la mer Noire.

D'anciens auteurs nous apprennent que les meilleures châtaignes portaient le nom de BALANOI (*glands*) et que celles qu'on recueillait sur le mont Ida étaient particulièrement recherchées.

Le CHATAIGNIER appartient, comme le chêne, à la famille des *Corylacées*. L'espèce la plus importante du genre et la seule que l'on trouve en France et même en Europe est le CHATAIGNIER COMMUN (*Castanea vulgaris*). C'est, comme nous l'avons dit, un grand et bel arbre, à branches longues et étalées, à feuilles lancéolées, larges, dentées, luisantes et fortement veinées.

Les chatons mâles sont allongés, formés de groupes irréguliers de fleurs, et exhalent, au temps de la fécondation, une odeur toute particulière. Le fruit consiste en une sorte de capsule formée d'un involucre coriace, appelé vulgairement *hérisson*, à cause des piquants qui couvrent sa surface extérieure. Il renferme quelquefois une seule, mais le plus souvent deux ou trois nucules nommées *châtaignes*. Les racines du châtaignier sont fortes, nombreuses, ont une tendance à pivoter et s'enfoncent profondément dans le sol.

Le bois du châtaignier à une certaine analogie avec celui du chêne, mais sa couleur est un peu plus claire. Il est dur, élastique, susceptible d'un beau poli; il est tenace et très durable; les insectes l'attaquent rarement; l'eau et l'air l'altèrent difficilement. On utilise les jeunes branches pour les échalas, les cerceaux et les treillages; les grosses pièces sont employées dans les constructions, mais on a beaucoup exagéré ses avantages sous ce rapport. Il est aujourd'hui bien établi que les charpentes de nos vieilles cathédrales, que l'on a crues pendant longtemps faites en bois de châtaignier sont réellement en chêne.

Comme bois de chauffage, il est inférieur aux essences généralement en usage; il brûle bien, il est vrai, mais il pétille énormément, et lance des étincelles qui peuvent occasionner des incendies.

Le fruit du châtaignier renferme beaucoup d'Amidon, un peu de gluten, et une assez grande quantité de matière sucrée.

Dans le commerce, on distingue les *châtaignes* proprement dites et les *marrons*. La forme des marrons est plus arrondie, leur saveur est en général plus agréable; leur ombilic est moins large que celui de la châtaigne.

Il serait difficile de donner une nomenclature exacte des nombreuses variétés que présentent ces deux races, parce qu'elles n'ont point reçu de noms scientifiques, et parce que la même variété porte souvent des noms différents suivants les localités.

Les plus estimées sont, le *Marron de Lyon*, le *Marron du Luc et de Saint-Tropez*, le *marron du Périgord*, et les châtaignes appelées, *Exalade*, *Châtaigne verte*, *Châtaigne printanière* et *Pourtalonne*. Toutes ces variétés se récoltent en octobre ou en novembre.

Les châtaignes se gâtent facilement, et on est obligé de prendre certaines précautions pour assurer leur conservation.

On peut les conserver fraîches pendant six ou sept mois en les rangeant par couches dans du sable. D'autres fois on les fait sécher et on les dispose en tas peu épais dans des greniers.

Les *Marrons glacés* sont des châtaignes confites au sucre.

Le CHATAIGNIER veut un terrain siliceux ; il aime le granit, le grès et surtout les cendres volcaniques.

Les grandes plantations de châtaigniers ou *châtaigneraies* doivent être exposées au levant et au nord.

Pour en faire un semis, on met stratifier les châtaignes qu'on plante en pépinière, au printemps, à un demi mètre de distance. Quand le plant est assez fort, on le met en place, en ayant bien soin de conserver le pivot de la racine ; il faut ensuite buter le pied et le couvrir de fougère pour en entretenir l'humidité. La seconde année, on greffe en flûte ou en écusson à œil poussant ; il ne s'agit plus ensuite que de retrancher quelques branches.

Les semis se font également en automne ; dans tous les cas, les châtaignes semées doivent être recouvertes de trois à sept centimètres de terre.

Les châtaigniers d'Amérique appartiennent à des espèces différentes de celle qui est cultivée en Europe. Parmi ces espèces, nous ne citerons que le *chincopin* (*Castanea pumila*) dont le fruit d'une saveur très douce, n'est pas plus gros qu'une noisette. Son bois dur, luisant et compacte, est recherché pour les poteaux, dont on fait un si grand usage aux Etats-Unis pour les clôtures rurales.

Nous avons dit tout à l'heure qu'avant de semer les châtaignes, il fallait les mettre stratifier. Disons en quelques mots en quoi consiste cette opération qui a pour but de faciliter la germination de quelques graines et de tous les noyaux.

Elle consiste à placer, graines ou noyaux dans un vase, par couches que l'on sépare au moyen de quatre ou cinq centimètres d'épaisseur de sable ou de terre. On ferme ces vases, ou on les enterre à trente centimètres de profondeur, à l'exposition du midi ; on les arrose légèrement. A la fin de février, ou au plus tard en mars, on retire les graines et on les met en place.

CHAPITRE V

Moins commun que le chêne avec lequel il rivalise en beauté, le
HÊTRE (*Fagus sylvaticus*) est un arbre magnifique, aimé des bergers,
et souvent chanté par Virgile : C'est sous un épais feuillage que
Corydon vient gémir de l'indifférence d'Alexis ; c'est sur son écorce
que Mopsus trace les vers qu'il à composé sur la mort de Daphnis.

On se plaît encore aujourd'hui à graver des noms sur son écorce.
Les lettres, en se dilatant, prouvent d'une manière évidente la for-
mation de couches nouvelles entre le bois qu'elles recouvre et l'écorce
qu'elle fendillent et qui ne croît pas.

Le hêtre qui s'élève jusqu'à trente mètres de hauteur, et qui,
comme le chêne et le châtaignier appartient à la famille des *Corylacées*,
se distingue, entre tous les arbres forestiers par son feuillage épais
et luisant, son tronc droit et élancé', son écorce blanche et lisse. Dès
qu'ils se trouvent massés, ces arbres forment, sur les flancs des
montagnes, les plus belles forêts qu'on puisse imaginer. Leur
feuillage luisant, d'un beau vert clair, produit un effet de lumière
magique, quand leurs branches, disposées en vastes cimes arrondies
sont frappées par les rayons obliques du soleil levant ou du soleil
couchant.

En automne, ce feuillage prend une teinte rouge qui leur donne
une physionomie très pittoresque.

Les fleurs paraissent peu de temps après les feuilles ; les rameaux
portent au sommet des chatons femelles, ou fleurs à pistils ; et plus
bas, des chatons mâles ou fleurs à étamines.

Les fleurs mâles forment par leur assemblage un chaton globuleux
attaché par un pédicule long et velu ; les fleurs femelles sont composées d'un calice dans l'intérieur duquel est un pistil ; l'ovaire,
ordinairement triangulaire a trois loges ; le fruit est une noix
épineuse et coriace, relevée par quatre côtés ; et qui contient une

ou deux graines triangulaires, huileuses, d'un goût de noisette. Ce sont les *faînes* ou *fouesnes*. Ce fruit tombe naturellement de l'arbre vers la fin de septembre et dans le courant d'octobre.

Les faînes sont la providence des animaux de la forêt : Les sangliers, les écureuils, les loirs, les oiseaux, notamment les pigeons ramiers, en sont avides. Les bergers en sont également friands ; mais on ne doit en manger que modéré ment : Prises en trop grande quantité, elles produisent une espèce de vertige, une sorte d'ivresse. Elles donnent une huile excellente qui ne le cède qu'à l'huile d'olive, se prête aux mêmes usages, mais est plus siccative et se conserve mieux ; non seulement cette huile se conserve bien, mais elle s'améliore en vieillissant. On en fait un grand usage dans les montagnes, où elle remplace les huiles de noix et de colza. Les anciens faisaient entrer les faînes dans leur nourriture ; et, c'est probablement de là que vient le nom de *faîne* (*fagus*) mot latin dérivé du grec *phago* (je mange).

Tous les terrains, surtout les versants des montagnes, conviennent au hêtre ou *fayard*. Avec le pivot de sa racine moins long que celui du chêne, et avec son chevelu très étendu, il trouve sa nourriture dans les couches supérieures du sol, tandis que le chêne plonge ses racines à une plus grande profondeur : C'est ce qui explique pourquoi l'association des deux arbres est très avantageuse. Le hêtre s'élève dans les montagnes à peu près à la même hauteur que le sapin, avec cette différence que celui-ci croît au nord, tandis que l'autre préfère le midi.

Cet arbre se multiplie par les semis de faînes qu'on fait généralement en automne, à l'époque où elles tombent d'elles-mêmes. Si on ne veut les semer qu'au printemps, il faut les étendre dans une grange et les remuer au moins une fois par jour pour les empêcher de s'échauffer.

Parmi les variétés les plus curieuses du hêtre, on cite celle dont le feuillage se présente sous la forme d'une crête de coq, et qui n'est peut-être qu'une simple monstruosité ; celle dont les feuilles sont lobées à peu près comme celles du chêne, et enfin le hêtre dont les feuilles terminales sont découpées et lancéolées, comme celles de certaines fougères.

L'Amérique paraît être plus riche en hêtres que l'Ancien Continent. Nous mentionnerons parmi les espèces américaines le *hêtre rouge* (*fagus ferrugina*) dont le tronc fort gros ne dépasse jamais la hauteur d'environ trente mètres.

Le bois du hêtre est sujet à se retirer par la dessication ; et, comme il a peu d'élasticité, on ne l'emploie guère à la construction.

Il sert au contraire beaucoup pour les menus ouvrages, tels que tables, meubles, pelles, soufflets, jantes de roues, affûts de canons, etc. On en utilise de grandes quantité pour la fabrication des sabots. Il se durcit dans l'eau et y devient presqueindestructible; aussi on l'emploie à Saint-Jean-Pied-de-Port et dans la vallée des Basses-Pyrénées, à faire des rames que l'on expédie dans tous les ports de l'Océan.

Il est réputé comme un des meilleurs bois de chauffage; il donne un charbon propre à la fabrication de la poudre. Ses copeaux servent à clarifier le vin; son écorce est propre au tannage aussi bien que ses feuilles.

C'est encore avec le bois du hêtre qu'on fait les manches de couteaux connus, dans certaines campagnes, sous le nom de *jambettes*. Quand le manche est dégrossi, on le met sous une presse dans un moule de fer poli, qu'on à fait chauffer, et que l'on à frotté d'huile. Ce bois entre dans une espèce de fusion ou de ramollissement. Une portion s'étend entre les deux plaques de fer qui forment le moule, comme le ferait un métal, et le manche sort de son enveloppe, bien formée, très poli, après y avoir acquis beaucoup de dureté, et y avoir pris à l'extérieur une couleur assez agréable. En cet état, la transformation est complète, et il n'est plus guère possible de reconnaître dans ce bois d'un brun noirâtre, le grain du fayard.

Le CHARME (*Carpinus betulus*) de la famille des *Corylacées* forme une grande partie de l'essence de nos forêts, où, abandonnée à sa belle nature, il atteint la hauteur de douze à quinze mètres. Il se plait dans les terrains calcaires et résiste également bien aux froids les plus intenses et aux plus fortes chaleurs. Son écorce unie et grisâtre et parsemée de taches produites par les lichens qui s'y attache; ses feuilles ovales ridées ont leur pétiole pourvus de stipules latérales qui tombent presqu'aussitôt après l'épanouissement du bourgeon. Les fleurs en chatons paraissent en avril, un peu avant les feuilles; les chatons mâles sont cylindriques, pendants et portés sur les rameaux de l'année précédente; les fleurs femelles sont disposées en grappes; et le fruit est une petite noix osseuse, indéhiscente, c'est-à-dire qu'elle ne s'ouvre pas spontanément.

Les jardins se sont emparés de cet arbre, et là, sous le nom de *charmille*, il se prête à toutes les formes qu'on veut lui donner, et compose ces magnifiques allées de verdure, ces labyrinthes, ces pavillons frais, taillés au ciseau, qu'on admirait autrefois dans les parcs des châteaux, mais dont la simple nature, si recherchée dans les jardins anglais, à maintenant pris la place.

Le bois de charme est blanc, fort dur, très lourd, d'un grain uni, fin et serré. Les menuisiers, les tourneurs, les charrons en font un usage fréquent. Ils en fabriquent des manches d'outils, des maillets, des essieux, des leviers, des poulies, des roues de moulin, etc... Il est excellent comme bois de chauffage; il dure beaucoup au feu, donne un charbon qui conserve longtemps un feu vif et brillant, et que l'on peut employer pour la poudre à canon. Les animaux mangent avec plaisir ses feuilles vertes ou sèches.

Le charme se multiplie par semis et encore par greffes, drageons et couchages. Comme la graine est longtemps à germer, on lui préfère les jeunes plants enlevés dans les bois.

On cultive dans les jardins des charmes à feuilles panachées, à petites feuilles, ou à feuilles profondément découpées. Toutes ces variétés se greffent sur le charme commun.

Le Bouleau blanc (*Betula alba*) est remarquable au printemps, par la délicatesse de son feuillage d'un vert tendre qui apparaît quand les autres arbres sont encore dépouillés de leurs feuilles. C'est un arbre qui peut s'élever jusqu'à vingt mètres de hauteur, et qui, dans les terrains montagneux, rocailleux et arides, n'est plus qu'un arbrisseau.

« La stérilité d'un sol couvert de neige, dit un naturaliste, a appris aux malheureux Lapons tout le prix de cet arbre que la Providence leur a donné pour remplacer tous les autres. Le bouleau fait avec les rennes leur plus grande richesse.

» Son écorce sert de toiture à leurs cabanes; la résine qu'elle transsudes la rend propre à faire des torches pour éclairer leurs longues nuits; ils s'en font des chaussures imperméables, des vases, des bouteilles, des paniers. Cette même écorce, enlevée verte et hachée très menue, fait des galettes qui nourrissent les kanstchadales pendant l'hiver. Au printemps, à la suite d'incisions faites au tronc de leur bouleau noir, s'écoule la sève en eau limpide et sucrée, qui donne du sirop, de l'alcool et une boisson vineuse très agréable. La sève du bouleau blanc également abondante, est moins sucrée.

» Cet arbre si précieux en Laponie, serait peu remarqué au milieu de nos richesses végétales, sans l'éclat de sa couleur et surtout la grâce qui lui est propre; il faut le voir, sur le flanc escarpé des montagnes, contrastant avec le vert sombre des antiques sapins, et apparaissant çà et là comme un grand fantôme blanc secouant au moindre vent sa longue chevelure. Ce même arbre, petit et rabougri dans le nord, atteint chez nous vingt à vingt-cinq mètres d'élévation, il croit sans culture, se ressème de lui-même, convient à tous les terrains et peut s'élever en taillis. »

Dans les bois. 3

L'écorce du bouleau est composée de plusieurs couches : l'extérieure est épaisse, raboteuse, très blanche; la seconde est mince, lisse, luisante, satinée, blanchâtre. Quelques auteurs ont pensé que les anciens, avant le siècle d'Alexandre-le-Grand, et même depuis l'époque gauloise, se servaient de cette fine écorce comme de papier, sur lequel ils écrivaient ou gravaient leurs pensées au moyen d'un poinçon.

Le bois du tronc est blanc, et ce tronc est nu dans les trois quarts de sa longueur; il soutient une cime ovale dont les rameaux sont souples, pendants et effilés. Les feuilles sont alternes, un peu triangulaires, pointues, finement dentelées à leur contour, assez épaisses, d'un vert clair en dessus et blanchâtres en dessous. Les fleurs mâles ou à étamines sont disposées en forme de chaton assez long, cylindrique, grêle et pendant; les fleurs femelles, plus grosses, sont oblongues et se présentent sous la forme d'un cône écailleux : Les jeunes fruits paraissent en même temps que les chatons, sur les mêmes branches, mais dans des endroits séparés. Chaque fruit, dans sa maturité, contient des semences aplaties ou bordées de deux petites ailes membraneuses.

Cet arbre, le dernier que l'on trouve vers le pôle arctique, est le seul que produise le Groënland.

Linné parle du Bouleau nain (*Betula nana*) qu'il considère comme une simple variété du bouleau commun, se plaît sur les montagnes les plus arides de la Laponie, et n'exige presque aucun fond de terre. Il ne dépasse pas un mètre de hauteur et supporte le froid des hivers les plus rigoureux. Après avoir dit à combien d'usages il est employé par les habitants de ces régions désolées, le célèbre naturaliste s'exprime ainsi : « Heureux Lapons, toi qui vis caché dans le dernier coin du monde, tu ne crains pas la disette, tu n'entends point le tumulte de ces guerres qui désolent les florissantes provinces de l'Europe. Tu dors sur tes peaux, exempt de soucis et de querelles, libre de haine et d'envie. Tu ne connais que les foudres de Jupiter tonnant. Tu coules des jours d'innocence, sain et content, facilement jusqu'au delà de la centième année. Tu ne connais point ces innombrables maladies qui affligent nous autres Européens. Tu n'es visité ni par les écrouelles, ni par le scorbut, ni par les fièvres intermittentes, ni par l'obésité, ni par la podagre. Comme l'oiseau, tu passes ta vie dans les bois; tu ne sèmes pas, tu ne récoltes pas, et cependant notre père à tous te nourrit. O sainte innocence! est-ce que tu ne trônes que dans les bois, parmi les Faunes de l'extrême septentrion, dans la dernière des terres habitées? Préfères-tu donc ces couchettes de bouleau au doux lit de plumes ? Les anciens le croyaient, et ils avaient raison. »

Les Canadiens font un grand usage du bois de bouleau : L'Amérique septentrionale en produit plusieurs belles espèces parmi lesquelles nous mentionnerons le Bouleau a canot dont le nom scientifique est *Betula papyracea*. Cet arbre qui atteint plus de vingt-cinq mètres de hauteur a les branches déliées et flexibles ; ses grandes feuilles d'un vert foncé lui donnent un très bel aspect. Son bois très fort, à un grain brillant ; on lui donne facilement l'apparence de l'acajou et on en fait des meubles, des incrustations d'ébénisterie et des ornements de menuiserie ; on fabrique avec son écorce des paniers, des boîtes, des portefeuilles ; et, lorsqu'elle est divisée en feuilles minces, elle peut suppléer au papier.

Son nom de Bouleau à canot lui vient de ce que l'écoce est surtout employée à la construction des canots assez solides pour servir à de longs voyages. Ces pirogues sont assez légères pour être facilement transportées, sur les épaules, d'un lac à un autre ; et, elles sont assez fortes pour porter jusqu'à une quinzaine de passagers. Une embarcation de ce genre, capable de porter quatre personnes et leurs bagages, ne pèse pas plus de vingt à vingt-cinq kilogrammes.

La construction de ces pirogues Canadiennes se fait avec de grands morceaux d'écorce cousus ensemble avec les longues racines fibreuses du sapin blanc.

En France, lorsque le bouleau est à la hauteur des taillis, on en fait des paniers, des corbeilles, des cercles pour les tonneaux et pour les cuves ; son bois est employé par les menuisiers, les tourneurs, les charrons, surtout par les sabotiers ; les nœuds, formés d'une substance rougeâtre, marbrée, non fibreuse, servent à faire des cuillers, des assiettes, des écuelles et autres ustensiles ; tout le monde sait qu'avec les menus branches on fabrique des balais d'un bon usage.

De jeunes bouleaux courbés de bonne heure, servent, en Suède et en Russie, à faire des jantes de roues qui sont, dit-on, fort bonnes. L'écorce intérieure sert à tanner les peaux et à faire des filets et des voiles pour les barques.

Les feuilles qui sont un bon aliment pour les bestiaux peuvent servir à teindre en jaune ; on les dit vermifuges et diurétiques.

Le bouleau se multiplie par semis ou par jeunes plants, et sa culture doit être recommandée à tous les sylviculteurs, parce que cet arbre brave également les plus grands froids et la chaleur. Ses racines qui courent presque à la surface du sol ne peuvent nuire aux autres végétaux ; enfin, il réussit partout, donne des produits peu de temps après sa plantation, et contribue à améliorer les plus mauvaises terres.

CHAPITRE VI

L'Aulne. — L'Aulne chez les Anciens. — Description. — Usages et produits. — Les Saules. — Le Saule Marceau. — Le Saule blanc. — Le Saule des vanniers. — Le Saule à longues feuilles. — Le Saule pleureur. — Usages et produits. — Le Kalaf. — Le Peuplier. — Le Peuplier de Hollande. — Le Peuplier d'Italie. — Le Peuplier noir. — Le Peuplier de Virginie. — Le Peuplier tremble. — Usages et produits. —

L'AULNE (*Betula alnus* ou *alnus glutinosa*) est proche parent du bouleau dont il diffère peu. Ce n'est pas à proprement parler un arbre forestier ; il s'éloigne des grands bois pour se rapprocher de nos habitations et ombrager les bords de nos rivières. Cependant lorsqu'un ruisseau traverse la forêt, on le rencontre presque toujours en compagnie du saule et du peuplier dont le feuillage tranche agréablement sur celui des chênes, des hêtres et des sapins.

Cet arbre important, ainsi que l'usage de ses diverses parties, était connue chez les anciens. Déjà, du temps de Théophraste, l'écorce de l'aulne était employée à la teinture des cuirs. Pline et Vitruve assurent que les pilotis d'aulne sont d'une très longue durée et peuvent supporter des poids énormes; plusieurs ponts, sur la Tamise, et le fameux pont du Rialto, à Venise, sont bâtis sur l'aulne.

Virgile le cite comme ami des eaux et il dit combien il aime à s'associer au saule ; il peint le développement rapide de l'aulne au retour du printemps, et il compare cet accroissement à son amitié pour Gallus. Peut-être eut il trouvé une comparaison plus exacte dans le peuplier et le saule dont la croissance est plus rapide.

Les sœurs de Phaéton, disent les poètes furent changées en aulne, et l'arbre, toujours chéri des Naïdes, ombrage de ses longs rameaux, les fontaines. les ruisseaux et les rivières, pendant que sa racine rameuse garantit les bords, protège les talus, soutient le terrain et le préserve des éboulements.

L'aulne s'élève bien moins que le bouleau ; il forme une large tête, et ses branches redressées lui donnent une forme pyramidal. Sa racine, nous l'avons vu, est rameuse ; son bois et rougeâtre, mou, léger, facile à travailler ; son écorce est grise en dehors et jaunâtre en dedans. Ses feuilles sont glabres, presque rondes, alternes, dentées dans leur contour, un peu large, visqueuses d'où le nom de *alnus glutinosa*, aulne glutineux, donné à l'arbre. On l'appelle encore *verne, vergne* et *averno* chez les Provençaux. Ses rameaux sont triangulaires vers leur sommet. Les fleurs mâles sont des petits chatons portés sur des pédoncules rameux, et les fleurs femelles sont des cônes écailleux semblables à de petites pommes de pin. Les graines sont rougeâtres, aplaties, d'une saveur astringente et un peu amère.

L'aulne rend de grands services dans une ferme. Il se plait dans les lieux humides, marécageux, sujets aux inondations ; aussi le plante-t-on en file le long des rivières et des ruisseaux dont il orne les sinuosités. Il se multiplie très facilement ; une souche éclatée en cinq ou six morceaux fournit autant de pieds qui réussissent très bien. Il se multiplie aussi de marcottes : Une souche couverte de terre fournit, au bout de deux ou trois ans, beaucoup de plants enracinés. En général, cet arbre exige peu de culture, et produit des jets qu'on peut couper tous les quatre ans ; on en peut faire des échalas, des perchoirs de poulailiers, des perches pour les blanchisseuses et les teinturiers. Comme il verdit de bonne heure, il sert à former de belles allées dans les endroits frais des parcs, et des palissades élevées qui peuvent être coupées au croissant et qui sont d'un grand effet.

Tout est utile dans le Verne, racine, écorce, bois, feuilles, fruits : Les feuilles sèches nourrissent les chèvres pendant l'hiver et fournissent un bon engrais ; les fruits donnent une encre bleue ; les gens de la campagne font un grand usage de l'écorce pour teindre, aux jours de deuil, leurs vêtements en noir ; cette même écorce remplace parfaitement la noix de galle dans la fabrication de l'encre. Le bois qui se pourrit très promptement à l'air est incorruptible dans l'eau. Son élasticité et la finesse de son grain le font rechercher des ébénistes, des tourneurs et des sabotiers. On en fabrique des corps de pompe, des ustensiles divers et des tuyaux de conduite pour les eaux.

Le SAULE (*Salix*) de la famille des *Salicinées* croît, de même que

les aulnes « Sur les humides bords des royaumes du vent : » Les
saul es sont aussi flexibles que les roseaux, et comme eux,

> « Le moindre vent qui d'aventure
> » Fait rider la f ce de l'eau.
> » Les oblige à baisser la tête. »

Tantôt arbres, tantôt arbrisseaux, ils forment un genre nombreux
d'espèces qui toutes ont une végétation rapide et se propagent aisément de boutures. Il n'y a guère que le SAULE MARCEAU (*Salix capræa*)
vulgairement *verdre* ou *boursault*, qui se trouve associé aux arbres
de nos bois, et encore sa présence suppose le voisinage d'un
ruisseau, d'un étang ou de quelque ancienne mare desséchée.

Souvent on étête les saules et on en fait des coupes réglées tous les
trois ou quatre ans; mais lorsqu'on les laisse croître naturellement,
ils deviennent très grands et très beaux.

Le marceau qui ne dépasse pas communément les dimensions d'un
arbrisseau peut atteindre, grâce à certaines conditions locales,
jusqu'à quinze mètres de hauteur; il fait les délices des chèvres, et
c'est probablement celui que Virgile a chanté. Il est l'un des premiers
arbres qui donnent des fleurs; elles sont en gros chatons dorés très
recherchés des abeilles.

Les étamines des fleurs mâles des saules forment par leur assemblage des chatons écailleux; les pistils des fleurs femelles sont
également disposés en chatons : Aux pistils succèdent des capsules
renfermant un grand nombre de semences munies d'aigrettes, ce
qui fait paraître les chatons comme chargés d'un coton court et
très fin.

Le SAULE BLANC (*Salix alba*), *osier blanc* ou *Saule commun* vient vite
et s'en va de même. Dans sa vieillesse, il offre un tronc caverneux
dont le centre vermoulu nourrit souvent des plantes étrangères,
tandis qu'à l'extérieur l'écorce pousse des branches en abondance et
conserve toute la vigueur de la jeunesse. Ses feuilles sont velues,
allongées, étroites, lancéolées, aiguës, soyeuses et argentées en
dessous; son écorce est verdâtre et lisse.

Le SAULE DES VANNIERS (*Salix vitellina*) nommé encore *ambrier*,
osier blanc, *amarin er*, *verd ison*, *verdelle* est regardé comme une
variété du saule blanc; il s'élève peu et on ne le rencontre guère à
l'état d'arbre; mais il est précieux par ses rameaux flexibles que les
jardiniers et les tonneliers emploient comme liens. Il est très commun;
ses branches, d'un jaune éclatant; produisent un joli effet, et contribuent à orner les prairies humides en même temps qu'elles constituent

un excellent revenu pour les propriétaires. On le plante aussi dans les vignes où on l'élève ordinairement en petit cerceau qui se couvre tout à l'entour de branches flexibles.

Le SAULE A LONGUES FEUILLES (*Salix viminalis*), *vulgairement moulard*, *luzette*, *osier vert*, forme, à l'état d'arbrisseau, la bordure des rivières et l'ornement des petites îles : C'est cette espèce qui, en compagnie du *saule fragile* et du *saule pourpre* ou *osier rouge*, constitue des oseraies d'un grand produit.

Disons un mot du SAULE PLEUREUR (*Salix babylonica*), *Paradis des jardiniers*, *Parasol du grand seigneur*, dont j'ai vu la tête échevelée s'agiter tristement à la lisière d'un grand bois, au-dessus de l'eau clapotante d'une rivière. Cet arbre est originaire de l'Asie ; il a été apporté des rives de l'Euphrate, près de l'emplacement où florissait autrefois l'antique Babylone C'est celui auquel les Israélites exilés suspendaient leurs lyres, lorsqu'assis à son ombre, ils pleuraient au souvenir de leur chère Sion. Il remplace quelquefois dans les cimetières le sombre cyprès. Entre ses branches que balance le moindre souffle et d'où l'on peut entrevoir le ciel, la lumière du soleil jette ses rayons d'espérance.

Le bois du saule est peu estimé ; cependant il est fort léger ; on en construit des cuves faciles à transporter et on en obtient du charbon pour la fabrication de la poudre.

Les vanniers écorcent les osiers avant de les employer ; à cet effet, il les déposent dans des endroits humides, dans des caves, par exemple : Lorsqu'ils poussent, et qu'ils sont en pleine sève, ils emportent facilement l'écorce en les passant dans une mâchoire de bois, ils les assujettissent ensuite par bottes, afin qu'ils ne se contournent pas. Lorsqu'ils veulent s'en servir, ils les mettent tremper dans l'eau afin de les rendre plus souples. L'écorce de ces osiers est employée par les jardiniers pour lier les écussons lorsqu'ils greffent.

Les feuilles et les chatons du saule sont estimées astringentes et rafraîchissantes ; il est avantageux d'en mêler au fourrage des chevaux qui manquent d'appétit. De l'écorce, on extrait la salicine, produit amer et tonique, dont les propriétés . voisines de celle du quinquina, sont cependant très inférieures.

Les fleurs de plusieurs saules ont une odeur agréable, on en prépare une eau médicinale, appelée *kalaf*, qui jouit en Orient d'une grande réputation. Kœmpfer vantait singulièrement la délicieuse odeur de l'eau distillée d'une espèce de saule particulière à la Perse.

« Le KALAF, dit un vieux naturaliste, est une espèce de saule nain qui croît en Egypte, en Syrie, dans les lieux humides et qui a été désigné par d'anciens auteurs sous les noms de *ban*, de *safsaf* et de *zarneb*. La fleur naît avant la feuille : Cette fleur est longuette, blanche, lanugineuse et odorante. Ses feuilles, grasses au toucher et de couleur perlée, sont beaucoup plus grandes que celles du saule ordinaire. Les Égyptiens distillent les fleurs et en retirent une fameuse eau cordiale qu'ils appellent *macahalef*. On prépare aussi à Damas de cette eau dont l'odeur est si agréable et si pénétrante qu'elle suffit pour dissiper les défaillances. Les Maures s'en servent, tant intérieurement, qu'extérieurement dans les fièvres ardentes et pestilentielles. »

Lémery a prétendu que notre saule marceau est tellement semblable au kalaf des pays orientaux, qu'un ambassadeur de Perse, venu à Paris en 1715, en fit soigneusement ramasser les fleurs pour les distiller. Il buvait cette eau qu'il considérait comme puissamment rafraîchissante.

C'est ainsi que chaque plante a son utilité, et que parfois les végétaux les plus humbles sont ceux qui devraient le plus attirer notre attention.

Les peuples les moins civilisées ont toujours su tirer parti des richesses végétales qui, depuis l'équateur jusqu'aux pôles forment à notre globe une parure si belle et si variée !

Le PEUPLIER (*populus*) n'appartient guère plus aux forêts que le saule et l'aulne ; cependant, nous ne pouvons guère nous dispenser de le décrire. Cet arbre, appelé à la campagne *peuple* ou *pouple*, était célèbre dans l'antiquité. Suivant quelques auteurs, les Romains avaient donné au peuplier le nom de *populus*, parce que son feuillage est, comme le peuple, dans une agitation continuelle. Suivant d'autres, ce nom signifiait *l'arbre du peuple*, parce que, dans l'ancienne Rome, il servait à la décoration et à l'ornement des places publiques.

Les poètes racontent qu'Hercule descendit aux enfers couronné de branches de peuplier : Les feuilles qui touchèrent son front devinrent blanches en dessous, tandis que le dessus fut noirci par les vapeurs du ténébreux empire, et prit une teinte plus sombre. Les feuilles du *peuplier blanc* ou *peuplier de Hollande* (*Populus alba*) sont assez remarquables pour avoir donné lieu à cette fable.

Cet arbre est assez élevé ; ses jeunes rameaux sont revêtus d'un duvet blanc qui se rencontre également à la face inférieure des feuilles, et qui lui a valu le nom de *peuplier cotonneux*, on l'appelle encore *ypréau*. Il fait très bon effet dans les parcs où la blancheur de la face inférieure de ses feuilles à trois lobes, agitées par la plus légère brise contraste agréablement avec le vert sombre des autres arbres. Ce peuplier, de même que le *peuplier grisâtre* ou *Franc-Picard* (*Populus canescens*) servait, chez les anciens à couronner les athlètes.

Chez les modernes, la croissance rapide du peuplier cotonneux avait donnée lieu à une singulière coutume : « En Belgique, et surtout aux environs d'Ypres, dit Hœffer, il était d'usage, à la naissance d'une fille, que le père lui assurât sa dot en plantant un millier d'*ypréaux*, en sorte que cette fille se trouvait, à l'âge de vingt ans, en possession d'une vingtaine de mille francs, qui servaient à son établissement. »

On a essayé de substituer au coton les poils soyeux qui entourent la graine du peuplier blanc ; mais on n'a pas donné suite à ces expériences. Ce fin duvet est employé par les petits oiseaux pour tapisser l'intérieur de leurs nids.

Les peupliers ont la même organisation florale que les saules : Les fleurs, mâles et femelles sont disposées en chatons ; elles ne diffèrent de celles du saule que par le disque qui entoure l'ovaire et qui à la forme d'une cupule, tandis que dans le saule ; il affecte la forme d'un gland.

Les rameaux droits et élancés du *peuplier d'Italie* (*Populus fastigiata*) ont fourni à Ovide l'idée de la métamorphose des Héliades, sœurs de Phaéton. Inconsolables de la mort de leur frère, et les mains incessamment levées vers le ciel, elles sentirent leurs pieds s'attacher au sol et leurs bras se convertir en longs rameaux de peupliers. Cet arbre poétique est élégant, noble et majestueux : Connu sous les noms de *peuplier pyramidale*, *peuplier de Constantinople*, *peuplier de Lombardie*, *peuplier Turc*, il ne fut introduit en France que vers le commencement du dix-huitième siècle ; on le croit originaire de l'Asie-Mineure.

Dès qu'il fut connu dans notre pays, il y fit sensation ; on voulut le planter partout. On ne pouvait se lasser d'admirer son port élancé, sa verte pyramide, immobile par un temps calme, mais se balançant lentement au gré des vents et produisant des ondulations d'un admirable effet. On l'employa pour borner des paysages, limiter des contours, border des avenues ; sa croissance rapide ne contribua pas peu à sa grande multiplication.

Le PEUPLIER NOIR (*Populus nigra*) est un arbre indigène qui, avec l'aulne et le saule, ombrage le bord des eaux. Il est de première grandeur ; sa végétation vigoureuse et rapide fournit abondamment des branches feuillées, que l'on coupe tous les cinq ou six ans pour faire des fagots et nourrir les moutons et les chèvres pendant l'hiver. Ses bourgeons sont enduits au printemps d'un suc résineux dont l'odeur embaume l'air ; ils entrent dans la composition de l'onguent *populeum*. L'écorce sert aux Russes à tanner les cuirs ; elle teint en jaune; on en fait des nattes, des chapeaux, des corbeilles, du papier, etc.

Le Peuplier de Virginie (*Populus Virginiana*) et le Peuplier de la Caroline (*Populus Angulata*) sont remarquables par leurs grandes feuilles en cœur. Ces arbres magnifiques qui s'élèvent rapidement jusqu'à trente mètres de hauteur ont les branches étalées, cassantes et sensibles au froid. Ils veulent un terrain humide; mais, comme ils prennent difficilement, on les greffe sur le peuplier d'Italie.

Celui de tous les peupliers qui se rencontre le plus souvent dans l'intérieur de nos forêts où il aime à s'associer au chêne et au hêtre, surtout dans le voisinage des lieux humides, est le Peuplier Tremble (*Populus tremula*). Quelquefois, au milieu du silence des bois, quand les feuilles de tous les autres arbres sont immobiles, le promeneur entend un frémissement mystérieux : ce sont les feuilles du tremble qui, soutenues par des pétioles longs et minces, s'agitent presque constamment. Ce feuillage tremblotant anime les lieux solitaires qu'il ombrage, et porte à une douce rêverie. En frémissant doucement, il forme un brisement de couleurs, un mélange de reflets impossible à rendre, mais plein d'images, de grandeur et de poésie.

Le tronc du peuplier noir fournit des planches estimées pour leur légèreté, propres à la toiture et à tout ce qui est à l'abri de l'humidité. Le bois du peuplier blanc, d'une qualité supérieure, est employé par les menuisiers, les tourneurs et les ébénistes; les anciens s'en fabriquaient des boucliers. Celui du tremble est recherché pour les voliges; ses cendres constituent, en Sibérie, un remède contre les affections scorbutiques; et, dans le nord, on emploie son écorce comme fébrifuge et vermifuge.

Avec les copeaux du tremble on fait la sparterie; lorsque ces copeaux sont très minces, on en obtient des tissus assez délicats que les marchandes de modes emploient pour la fabrication des carcasses de chapeaux de dames.

Ajoutons que les habitants du Kamtschatka réduisent en une sorte de farine l'écorce du peuplier noir, et qu'ils font entrer cette farine dans la fabrication de leur pain.

CHAPITRE VII

De même que les arbres dont nous avons parlé dans le précédent chapitre, L'ORME CHAMPÊTRE (*Ulmus campestris*) n'entre qu'accessoirement dans la composition de nos forêts, sa racine traçante est grosse et dure; son tronc fort rameux est assez droit, couvert d'une écorce crevassée, rude, de couleur cendrée, rougeàtre en dehors, blanchâtre et souple en dedans. Son bois est robuste, dur, jaunâtre, tirant un peu sur le rouge; ses branches s'étalent et s'étendent beaucoup; ses feuilles sont alternes, pétiolées, très glabres, assez larges, ridées, veineuses, oblongues, dentelées sur les bords, pointues, verdâtres et nerveuses. Les fleurs, ramassées en petits paquets au sommet des rameaux, naissent avant les feuilles. Chaque fleur, considérée isolément se compose d'un calice à cinq lobes, dans lequel se voient cinq étamines d'un pourpre foncé; au milieu se trouve l'ovaire surmonté de deux styles. A la fleur succède un fruit membraneux qui contient une semence blanche, douce au goût, appelée *samare*. La réunion des petits paquets de ces fruits donne à l'arbre un aspect tout particulier. C'est en mars et avril que paraissent les fleurs.

L'orme champêtre est un arbre de première grandeur, répandu dans toute l'Europe, et dont nos aïeux aimaient à border les routes et les avenues. Chacun voulait avoir une *ormaie* derrière sa maison pour servir d'abri, de perspective, de promenade, et pour fournir du bois de chauffage et de charronnage.

Henri IV rendit une ordonnance à la suite de laquelle son fidèle ministre, Sully, fit planter des ormes à la porte de toutes les églises du royaume; de là le nom de Sully donné encore aujourd'hui à ceux de ces arbres qui ont échappé aux outrages du temps. Dans le Midi et en Italie, comme du temps de Virgile et d'Ovide, l'ormeau sert de support à la vigne. C'est ce que les Latins appelaient *Ulmus marita*. Ils mariaient la vigne à l'ormeau.

L'Orme, *ormeau, ormille, umeau* fournit un exemple merveilleux de fécondité. Cet arbre qui peut aisément vivre cent ans et plus, peut donner, dans une année moyenne, au moins 33,000 graines, ce qui fait, pour cent années de sa vie, 3,300,000 graines ; provenant d'une seule et pouvant donner naissance à autant d'arbres.

Il existe peu d'arbres forestiers souffrant aussi facilement la transplantation ; on le peut déplacer avec succès même quand il a plus de vingt ans. Il reprend de sa nature, si facilement, que des personnes ayant semé des copeaux d'orme dans une pièce de terre labourée, il en est provenu une grande quantité de ces arbres. Il y a du reste de nombreux exemples de bourgeons, de fragments, de racines, de feuilles, végétant et produisant des arbres.

Des faits irrécusables attestent la longévité de l'orme. En 1796, on voyait encore près d'un couvent de Bénédictins, à Saint-Pons, en Languedoc, un de ces arbre sous lequel, en 1583, avait été dressé l'acte de cession du territoire de Nice à Amédée le Vert, comte de Savoie. Il est donc probable que, dès cette époque, cet orme était déjà de dimensions fort respectables.

Ray dit avoir vu, en Angleterre, plusieurs ormes de trois pieds de diamètre : Ce botaniste rapporte qu'un orme à feuilles lises, de dix-sept pieds de diamètres au tronc, sur cent vingt pieds de diamètre à la tête, ayant été débité, la tête seule fournit quarante-huit chariots de bois à brûler. Son tronc, outre seize billots, produisit huit mille six cent soixante pieds de planches : Toute sa masse fut évaluée à quatre-vingt-dix-sept tonnes.

On a vu, dit-il, dans le même pays, un orme creux, à peu près de même taille, qui servit longtemps d'habitation à une pauvre femme qui s'y retira, pendant une maladie assez grave.

Les longues racines de l'orme le rendent propre à garnir les terrains en pente sur le flanc des montagnes et le bord des ruisseaux. On a tiré partie de cette tendances qu'ont ces robustes racines à se diriger horizontalement pour jeter de véritable ponts végétaux sur des torrents ; mais, elles sont un voisinage redoutable pour les autres plantes dans les terres cultivées.

On trouve fréquemment dans les haies qui bordent les forêts et les bois, une variété d'orme très commune : C'est L'ORME LIÈGE (*Ulmus suberosa*) facile à reconnaître à son écorce fendillée et boursouflée comme celle du chêne liège. On distingue des ormes à feuilles larges et rudes, d'autres à feuilles étroites ou *ormilles*, on en voit encore à feuilles glabres, presque noires ou panachées. Toutes ces variétés se ressemblent par un caractère assez singulier : Elles ont toujours une moitié de feuille plus petite que l'autre.

L'Ormille qui se prête admirablement à la taille peut remplacer la charmille. Les nombreux usages de l'orme en font un arbre très important : Les branches feuillées nourrissent les moutons pendant l'hiver ; l'écorce teint en jaune ; on en fait des nattes, des cordes, du papier et on l'emploie pour le tannage des cuirs. Son bois fin, ferme et dur est précieux pour l'artillerie, la confection des vis de pressoirs, des presses d'imprimerie, des corps de pompes, des conduits d'eau. Ce bois est un des meilleurs pour le charronnage. On préfère pour les coffres et les meubles, celui de l'orme tortillard qui est plein de nœuds. Les excroissances ou sortes de loupes qu'il présente sont employées avec avantage, à cause de l'entrecroisement et de la coloration de leurs fibres pour faire des meubles de luxe et de jolis ouvrages de tour.

Le FRÊNE ÉLEVÉ (*Fraxinus excelsior*) est un arbre de première grandeur que Virgile appelait « l'honneur de nos forêts. » Cet arbre de futaie se plaît mieux à la lisière que dans l'intérieur des bois ; il aime les lieux frais et humides et affectionne particulièrement le bord des rivières. Ses racines fort longues s'étendent de tous côtés à la surface de la terre ; son tronc fort élevé, droit et lise, couvert d'une écorce assez unie et cendrée, supporte une cime ample et élégante, mais peu touffue. Ses branches sont opposées ; les plus jeunes, un peu noueuses, contiennent une moëlle blanche ; les plus vieilles sont ligneuses. Les folioles de ses feuilles pennées, au nombre de onze ou treize, sont oblongues, rangées par paires le long d'une côte qui est terminée par une seule foliole plus grande et dentelée. Les fleurs paraissent en avril ou en mai, avant les feuilles ; il leur succède une espèce de follicule membraneuse, oblongue, formée en langue d'oiseau, plate et fort déliée vers la pointe, renfermant à sa base une semence presque ovale, blanche, moëlleuse et d'un goût amer.

De tous les arbres de nos contrées, le frêne est le plus employé du charron. On en fabrique des essieux, des moyeux, des jantes, des brancards, des charrues, des maillets, des manches d'outils. Il est également propre aux ouvrages de tour et de menuiserie ; ses nœuds, joliment accidentés et nuancés sont recherchés des ébénistes. C'est encore un bon bois de chauffage qui a l'avantage de bien brûler sans être très sec. Sa végétation rapide permet de l'émonder souvent ; et, ses branches sont propres à une foule d'usages. Son feuillage est excellent pour la nourriture des bœufs, des chèvres et des moutons ; tous ces animaux en sont très friands, surtout pendant l'hiver.

On prétend que les racines du frêne sont alimentaires ; les Anglais en mangent les jeunes feuilles, et ils s'en servent aussi pour falsifier le thé ; ils en confisent le fruit, avant sa maturité, dans le sel et le vinaigre et en font le même usage que des Câpres. L'écorce, appelée quinine d'Europe, est sudorifique et fébrifuge. C'est sur les feuilles de frêne qu'on recueille les mouches cantharides ; elles s'y abattent quelquefois en si grand nombre que l'arbre est promptement dépouillé et qu'elles répandent au loin une odeur insupportable. C'est cet inconvénient qui fait qu'on l'éloigne des parcs et des jardins anglais.

Les anciens prétendaient que le suc des feuilles ou la décoction de l'écorce du frêne étaient un contre-poison qui guérissait la morsure des serpents venimeux. Cette idée leur était venues, sans doute, de ce que Pline avait écrit que les serpents se jetteraient dans le feu, plutôt que de rester à l'ombre d'un frêne. On a malheureusement éprouvé plus d'une fois la fausseté de cette antipathie.

On a planté dans quelques bois, notamment vers le Midi, le FRÊNE A FLEURS (*Fraxinus ornus* ou *Ornus Europœa*). Cet arbre se distingue de notre frêne commun par ses fleurs odorantes, blanchâtres, pourvues d'un calice et d'une corolle à quatre divisions.

Il découle de la plupart des frênes un suc particulier connu sous le nom de *manne*. C'est surtout le FRÊNE A MANNE (*Fraxinus rotundifolia*) qui fournit à la médecine ce purgatif si recherché. Cet arbre, plus souvent appelé *frêne de Calabre* à de huit à dix mètres d'élévation : Son tronc, ses branches, ses rameaux et ses feuilles secrètent un suc abondant, depuis midi jusqu'au coucher du soleil, pendant les mois de juin et de juillet : C'est la manne, qui s'épaissit peu à peu et devient jaunâtre ; elle a l'odeur de miel et une saveur sucrée. Fraîche, elle n'est pas purgative, et les habitants de la partie de l'Italie où on la récolte s'en servent pour remplacer le miel et le sucre. A mesure qu'elle vieillit, elle acquiert ses propriétés purgatives ; et elle fournit un excellent remède pour les enfants et les personnes d'une constitution délicate. On la nomme *manne en larmes*, ou *manne grasse*, selon l'état où elle a été recueillie ; la première est la plus estimée.

C'est seulement en 1754 que le PLATANE D'ORIENT (*Platanus orientalis*) du grec *Platos* (*ample* ou *large*) fut importé en France par ordre de Louis XIV ; il y avait, à cette époque, environ deux siècles qu'il était cultivé en Angleterre. Ce grand et bel arbre tend à s'introduire dans nos forêts où il forme de splendides futaies. On le reconnaît facilement aux larges plaques de l'épiderme qui se détachent de l'écorce lisse, d'un vert blanchâtre, fixées au tronc et à ses feuilles d'un vert clair dont la forme rappelle celle de la feuille de l'érable.

La feuille du platane présente une particularité remarquable : son pétiole se creuse à la base et sert d'abri au bourgeon naissant. Les fleurs n'ont rien de particulier ; les fleurs mâles et les fleurs femelles, portées sur des rameaux différents, sont disposées en chatons et dépourvues d'involucres et de calice ; le fruit est globuleux, pendant, coriace, couvert de poils.

Si on en excepte le cèdre de Liban, le platane est l'arbre le plus célèbre de l'antiquité. L'Ecriture-Sainte compare l'homme de bien qui se nourrit de la véritable sagesse, au platane qui croît sur le bord des eaux. Lorsque cet arbre a pris son développement, on ne peut l'observer sans être frappé de sa grandeur puissante, de sa force majestueuse. Son ample cime, son large feuillage forment un abri aussi impénétrable à la pluie qu'aux rayons du soleil. Aussi a-t-on employé le platane pour limiter les avenues, border les boulevards, décorer les places publiques et les cours des grandes habitations.

Les peuples d'Orient, chez lesquels le platane est né, en ombragent leurs édifices. Il était déjà célèbre du temps de la guerre de Troie, et il fut, selon Pline, apporté dans l'île de Diomède, comme le plus beau des arbres connus, pour être planté sur le tombeau de ce roi. De là il passa en Sicile où Denys l'ancien en fit planter autour de son palais, puis en Italie et enfin dans les Gaules. Les jardins de Salluste en étaient remplis. Il était consacré au génie tutélaire qu'on couronnait de ses feuilles et de ses fruits. On faisait à ces beaux arbres des libations de vin pour les mieux faire prospérer.

Quelquefois il pousse autour de la souche d'un platane mort de vétusté des rejetons qui forment autour de nouvelles tiges. C'est sans doute, ce qui s'est produit pour le platane de Buyakdéré, près de Constantinople. Sept à huit troncs de proportions gigantesques, adhèrent à leur base et s'élèvent perpendiculairement en laissant au centre un espace considérable.

Le fameux platane de Lycie, dont Pline nous a conservé l'histoire, était d'une grosseur prodigieuse et formait une cavité nommé *la maison* ou la *grotte végétante*. Cette cavité avait vingt sept mètres de circonférence, et la cime qui la couronnait ressemblait à une petite forêt. Le consul Licinius Mutianus, gouverneur de la province, y donna un festin, et y passa une nuit avec dix-huit de ses amis. Les feuilles du platane formaient un dais immense au-dessus de la

tête des convives tandis que d'autres feuilles tombées leur servaient
de tapis.

Le platane croît rapidement partout où il rencontre une terre
franche, profonde et légère ; il est rarement attaqué par les insectes.
On le multiplie de boutures avec le bois de l'année et un petit talon
de l'année précédente.

Son bois ressemble à celui du hêtre ; mais le grain en est plus
fin. Lorsqu'il est bien sec et bien poli, on en fait de beaux ouvrages ;
et, lorsqu'il a été frotté à l'huile, il a l'éclat et la beauté du noyer.
Les habitants de l'Atlas en fabriquent des barques d'une seule pièce.

On rencontre fréquemment dans nos bois un arbrisseau rameux
dont les feuilles découpées plus ou moins profondément rappellent
la forme de celle du platane : C'est l'ÉRABLE (*Acer*) remarquable par
la dureté et la ténacité de son bois. Il y a un grand nombre d'espèces
d'érables dont cinq ou six seulement sont indigènes ; quelques-unes
appartiennent au Levant, et le plus grand nombre à l'Amérique
septentrionale. Tous ces arbres conviennent aux avenues des jardins
et des parcs qu'ils embellissent de la riante verdure de leur feuillage,
nuancé de mille manières. Il en est peu qui croissent avec plus de
vitesse et d'uniformité, qui s'accommodent mieux des plus mauvaises
expositions, qui exigent moins de soins et de culture, qui résistent
mieux à toutes les intempéries et que l'on puisse multiplier avec
plus de facilité.

Les érables fleurissent en avril ; ils portent des fleurs en rose,
de peu d'éclat, à cinq pétales et huit étamines, auxquelles succèdent
des fruits composés de deux ou trois capsules terminées chacune
par un feuillet membraneux ; on trouve dans chaque capsule une
semence ovale. Les feuilles des érables, nous l'avons dit, sont
plus ou moins découpées, plus ou moins grandes, mais toujours
placées deux à deux sur les branches ; il existe aussi des variétés
à feuilles ovales.

Notre climat semble convenir à toutes les espèces d'érables connues ;
elles y réussissent à souhait et s'y soutiennent contre de nombreux
obstacles qui entravent la culture de beaucoup d'autres arbres.

On peut distinguer les érables en grands et petits : Les grands
érables forment de belles tiges, bien droites ; ils ont l'écorce unie
et la feuille fort grande. Les petits érables ont le bois plus menu,
la feuille plus petite, et conviennent surtout pour former des
palissades ; ils sont d'autant plus propres à cet usage qu'ils peuvent, sans difficulté croître à l'ombre et sous les autres arbres.

Nous parlerons avec quelques détails, dans le chapitre suivant,
des espèces les plus intéressantes.

CHAPITRE VIII

Le Sycomore. — Le Plane ou faux Sycomore. — La manne d'Érable. — Le Sycomore panaché. — L'Érable à sucre. — Usages et produits. — L'Acacia ou Robinier. — Phénomènes curieux. — Le Tilleul. — Le Tilleul à petites feuilles. — Le Tilleul de Hollande. — Volumes que ces arbres peuvent acquérir. — Les plus gros Tilleuls connus. — Usages et produits.

Le Sycomore (*acer pseudo-platanus*) *faux platane*, *erable blanc des montagnes*, devient, en peu de temps, un grand et bel arbre. Il était, dès la plus haute antiquité, connu en Orient; on sait que Zachée monta sur un sycomore pour voir passer Jésus-Christ. Cet arbre a la tête garnie d'un feuillage épais, ample, étalé, qui donne beaucoup d'ombre et de fraîcheur; sa tige s'élève droite; son écorce d'un brun-roussâtre est unie; sa feuille large et lisse est découpée en cinq parties principales, inégalement dentelées, d'un vert-brun en dessus et blanchâtres en dessous; le pétiole rougeâtre est creusé en forme de gouttière; ses fleurs sont petites, verdâtres, disposées en grappes longues et pendantes.

Le sycomore, qui était autrefois fort à la mode dans les parcs, a été presque abandonné parce qu'il se dépouille de bonne heure et que ses feuilles sont sujettes à être dévorés par les insectes; un autre de ses défauts est d'avoir une verdure trop foncée, un peu triste, surtout lorsque l'arbre commence à pousser. Mais il a des qualités qui rachètent amplement ces légers défauts : Il se multiplie avec la plus grande facilité; il est d'un tempérament si robuste qu'il s'acclimate dans toutes sortes de terrains; il résiste aux grandes chaleurs et aux longues sécheresses, même dans le Midi, où l'on a souvent recours à lui pour remplacer d'autres espèces d'arbres qui ne peuvent réussir. Il soutient, sans en souffrir, la violence et la continuité des vents, et doit être employé de préférence pour garantir contre leur impétuosité des bâtiments ou des plantations.

Son bois est recherché des menuisiers, des tourneurs, des luthiers qui en fabriquent des bassons, des violons, des violoncelles; son écorce donne une belle teinture noire, employée avec le sulfate de fer; et sa sève comme celle des autres érables, renferme un principe sucré.

Dans les Bois.   **4**

Le Plane (*Acer platanoïdes*), *faux sycomore, érable à feuilles de platane*, produit une belle tige droite, mais se distingue du sycomore par sa taille plus petite, ses fleurs redressées et précoces, ses feuilles plus luisantes à lobes plus dentés et à angles moins aigus, par son écorce qui est blanchâtre sur le vieux bois. Le plane n'a point les légers défauts qu'on reproche au sycomore : Sa verdure tendre et agréable se soutient pendant toute la saison ; ses feuilles sont rarement attaquées des insectes ; il se couvre, en avril d'une quantité prodigieuse de grappes de fleurs d'un aspect très gracieux ; il prend ses feuilles de bonne heure, donne un ombrage plus épais, et croît plus vite que le sycomore.

Les Anglais l'appellent Érable de Norwège, parce que, vraisemblablement, il leur est venu de ce pays où il est très commun ; mais il croît naturellement au Mont-d'Or, dans le Languedoc, en Dauphiné, en Suisse, etc. Les feuilles du plane, comme celles du sycomore, se couvrent d'un suc en petits grumeaux blancs, sucrés, nommé Manne d'Érable, dont les abeilles sont très friandes. On les voit, par troupes nombreuses, bourdonner autour de ces arbres où elles viennent recueillir la précieuse liqueur dont elles composent leur miel.

L'Érable sycomore panaché n'est qu'une vanité de l'érable sycomore des montagnes ; il n'en diffère que par ses feuilles bigarrées de jaune citron et de vert, quelquefois de rose ; ces couleurs s'harmonisent admirablement ; et, rien n'est plus riant que la cime de ces arbres vu en dessous : La lumière joue mieux à travers le tissus transparent des panachures qu'elle ne le fait dans les feuilles uniformes ; et on jouit sous cet ombrage de l'éclat adouci des rayons du soleil dont on ne ressent pas la chaleur. Cet érable doit trouver une place distinguée dans les jardins d'agréments et dans les parcs où il remplace les fleurs des arbres dont on aime à orner les bosquets.

L'érable plane a aussi, comme variété, l'*érable plane panaché* dont les feuilles sont mêlées de jaune de diverses nuances.

L'Érable a sucre (*Acer saccharium*) est de tous les érables celui dont la sève contient le plus de matière sucrée. Cet arbre, de moyenne grandeur, croit naturellement dans la Pensylvanie et le Canada où il est fort commun. Sa feuille ressemble assez à celle de l'érable-plane ordinaire. Il est très robuste, supporte les grandes chaleurs et la sécheresse, et prend plus d'accroissement dans les terrains secs et élevés que dans les bonnes terres des vallées.

On retire, par incision, dans la Virginie, la Pensylvanie et le Canada, du petit érable plane, du sycomore et particulièrement de l'érable à sucre, une liqueur fluide, limpide comme l'eau la mieux filtrée, laissant dans la bouche un petit goût sucré fort agréable. L'eau d'érable est plus sucrée que celle de plane; mais le sucre que l'on retire de l'eau de plane, en la concentrant par évaporation, est plus agréable que celui d'érable.

On retire cette eau, en faisant une incision ovale vers le bas de l'arbre; il faut que cette entaille pénètre assez profondément, parce que ce sont les fibres ligneuses, et non pas les fibres corticales qui fournissent la liqueur sucrée.

Dès que les arbres entrent en sève, que leur écorce commence à se détacher du bois, c'est-à-dire vers le mois de mai, la liqueur ne coule presque plus; celle qu'on parvient à recueillir a un goût d'herbe désagréable, et on ne peut parvenir à l'amener à l'état de sucre. C'est depuis le milieu du mois de mars, jusqu'au milieu du mois de mai, surtout lorsque l'air est sec et calme et le ciel serein, que les érables donnent la liqueur sucrée en plus grande abondance. On place au-dessous de la plaie un tuyau de bois mince qui conduit la sève dans un vase placé au pied de l'arbre; et, lorsque les circonstances sont favorables, le liquide coule en si grande quantité qu'il forme un filet de la grosseur d'un tuyau de plume et peut remplir un vase de la capacité d'un litre en moins d'une heure.

On le fait évaporer par l'action du feu, jusqu'à ce qu'il ait acquis la consistance d'un sirop très épais; on le verse ensuite dans des moules de terre ou d'écorce de bouleau. En se refroidissant, le sirop se durcit, et l'on obtient des pains ou des tablettes d'un sucre roux, presque transparent et assez agréable.

Cent kilogrammes de liqueur sucrée produisent ordinairement cinq kilogrammes de sucre.

Les Peaux-Rouges savaient ainsi se procurer du sucre longtemps avant l'arrivée des Européens dans le Nouveau-Monde. Ils joignaient au sucre d'érable un peu de farine de maïs et formaient des espèces de gâteaux dont ils faisaient provision pour les grands voyages.

Tous nos érables indigènes ont quelque peu les propriétés des érables du Canada.

L'Acacia commun, Robinier ou faux acacia (*Robinia pseudo acacia*) originaire de l'Amérique septentrionale doit son nom de Robinier au célèbre botaniste, Vespacien Robin, qui l'introduisit en France en 1635, et celui d'acacia aux épines qui lui servent de stipules. Le père de tous les robiniers d'Europe se voit encore au jardin des plantes, à Paris, où on le conserve religieusement. C'est maintenant un vieil invalide plaqué de tôle et recouvert de mastic, mais qui végète encore grâce aux soins dont il est entouré.

Le robinier est un très bel arbre dont la tige s'élève rapidement, dont les longues branches se parent d'un léger et délicieux feuillage d'une teinte délicate qui a donné son nom au vert acacia. Les feuilles sont composées de folioles oblongues entières, rangées symétriquement par paires sur un pédicule commun, avec une foliole unique à l'extrémité.

Ses fleurs blanches sont papillonnées comme celle du haricot : Disposées en épis ou en belles grappes pendantes, elles paraissent au mois de mai, embaument l'atmosphère et exhalent au loin une suave odeur qui rappelle l'arome des fleurs de l'oranger. La parfumerie en a retiré des essences, la teinture une couleur jaune, et la cuisine en fait des beignets. A ces fleurs succèdent des gousses aplaties renfermant des semences qui deviennent noirâtres en mûrissant.

Cet arbre, originaire de la Virginie et du Canada s'est tellement accoutumé au climat de la France et s'est tellement multiplié qu'on le rencontre, aujourd'hui, à peu près partout.

Le mouvement des feuilles de l'acacia est un des phénomènes botaniques les plus curieux à observer. Pendant le jour, lorsque le temps est frais et couvert, la direction des folioles est parfaitement horizontale. Dès que le soleil vient à donner directement sur une partie de l'arbre, toutes les feuilles comprises dans cette partie se plient en forme de gouttière, dont la profondeur augmente à proportion de la chaleur. Au moment le plus chaud, les folioles de chaque côté se rapprochent tellement les unes des autres qu'elles parviennent à se toucher. Celle qui est placée à l'extrémité du pédicule s'élève alors perpendiculairement et ferme la gouttière.

A mesure que le soleil se retire ou que la chaleur diminue, la gouttière s'élargit, les folioles s'abaissent et reprennent peu à peu leur première position. Néanmoins, elles ne la conservent pas pendant la nuit. Après le coucher du soleil, surtout lorsque la rosée est abondante, on les voit se renverser et se fermer en sens contraire à celui dans lequel elles s'étaient fermées pendant le jour : C'était alors la surface supérieure des folioles qui composait l'intérieur de la gouttière; maintenant, c'est la surface inférieure. La même gradation observée dans l'effet que produit la chaleur sur les feuilles, se répète dans celui que produit la rosée. On a remarqué que les plus basses se ferment avant les plus élevés. En même temps que les feuilles de l'acacia revêtent la forme d'une gouttière, chaque foliole l'affecte aussi, mais d'une manière moins sensible. Linné a le premier décrit le phénomène qui s'observe dans plusieurs végétaux, sous le nom de *sommeil des plantes*.

L'acacia se multiplie de greffe, de rejetons et de graines qu'on sème au printemps ; il s'accommode des plus mauvais terrains.

Les fibres des racines, fortes et flexibles, fournissent de bonnes cordes ; avec les branches on fait des échalas et des cerceaux ; le bois dur du tronc, d'un beau jaune marbré est employé par les tourneurs et par les menuisiers qui en fabriquent de jolis meubles.

Le TILLEUL (*Tilia*) mieux encore que l'orme, l'acacia ou le platane, fait l'ornement des promenades, des jardins publics, des parcs, des bosquets, par son port gracieux, par la docilité avec laquelle ses rameaux se prêtent à toutes sortes de formes, par son odeur si douce qui parfume l'air lorsqu'il est en fleurs, et par l'ombre épaisse et la belle verdure de son feuillage ; en même temps, il n'y a aucune de ses parties qui n'ait une utilité bien reconnue.

Linné avait désignés tous les tilleuls sous le nom de *Tilleuls d'Europe ;* et, il en avait distingué deux variétés, l'une à petites feuilles, assez commune dans les bois où elle croit naturellement, et que les paysans nomment *tillau* ou *tillot ;* l'autre à grandes feuilles, connue sous le nom de *tilleul de Hollande.*

Le tilleul pousse vite et devient promptement un grand et bel arbre : Ses feuilles à peu près rondes ou cordiformes sont dentelées sur les bords et terminées en pointe ; elles sont soutenues par de longs pétioles et posées alternativement sur les branches ; trop souvent, elles sont chargées de petites galles, qui servent de berceau à des insectes, et qui leur enlèvent de leur beauté. Des aisselles des feuilles sortent des bractées, espèces de petites feuilles membraneuses, allongées en forme de languettes, d'un blanc jaunâtre, soudée dans une certaine étendue au pédoncule ; le pédoncule se divise en quatre ou cinq petites branches dont chacune contient, au mois de mai, une fleur complète, garnie d'un nombre prodigieux d'étamines. A ces corymbes odorants succèdent au mois de juillet des coques anguleuses, de la grosseur d'un pois, divisées intérieurement en cinq loges qui contiennent les semences dont la maturité est complète au mois d'août.

Le TILLEUL A PETITES FEUILLES (*Tilia mycrophylla*) très commun dans certaines forêts, notamment dans celles du département de l'Oise, peut s'élever à quinze ou vingt mètres de hauteur. Il se distingue par ses feuilles un peu arrondies, très petites, ferme au toucher, à face inférieure glabre, ne présentant des poils qu'à l'angle de ramification des nervures ; ses fleurs embaument dès le mois de mai.

Le TILLEUL DE HOLLANDE (*Tilia platyphylla*) se distingue des précédents par son large et magnifique feuillage, un des premiers qui vienne nous annoncer le retour du printemps, mais que les premiers vents d'automne nous enlève. Les feuilles sont mollement pubescentes à la face inférieure, et les fleurs, moins fournies paraissent plus tard.

Le tronc du tilleul acquiert quelquefois une grosseur colossale, et il vit fort longtemps, malgré sa croissance rapide. Ray parle, d'après Evelin, d'un tilleul mesuré en Angleterre, et dont la tige de trente pieds de hauteur avait quarante-huit pieds de circonférence; il dépassait de beaucoup le fameux tilleul de Neustaldt, dans le Wurtemberg, dont la ramée entière couvre une étendue de cent trente mètres de circuit, et qui est déjà appelé le gros tilleul dans des documents datés de l'année 1229. L'âge probable de ce géant est de huit cents ans. Miller dit avoir vu un tilleul de trente pieds de tour à deux pieds au-dessus du sol. Thomas Brown mentionna un de ces arbres qui avait quarante-huit pieds de tour à un pied et demi au-dessus de la terre. Donndorf, en Bavière, possède un tilleul auquel quelques auteurs attribuent une existence de plus de douze siècles; cet arbre était indiqué comme très vieux dans une charte de 1390. Il n'en reste plus, aujourd'hui, que le tronc; la dernière des branches principales est tombée le 10 juillet 1849. On cite encore le tilleul du château de Chaillé, près de Melle, dans le département des Deux-Sèvres. Son tronc, creux en dedans, a quinze mètres de tour. Il se couronna de six branches horizontales ayant à leur base plus de un mètre de diamètre, et qui, depuis longtemps, sont soutenues par des étais. Des différents points de ces branches horizontales, s'en élèvent verticalement seize autres de dix mètres de hauteur. Chacune d'elles représente un grand arbre, et ce tilleul, dont la hauteur totale est de vingt mètres, offre à lui seul l'image d'une forêt.

« Non moins utile qu'agréable, dit un botaniste, le tilleul n'a rien qui ne puisse être employé à nos besoins. Son bois, blanc, tendre et léger, se prête, par sa souplesse aux ouvrages les plus délicats. Les statuaires, les tourneurs, les selliers en font usage. L'intérieur des pianos est de bois de tilleul, et les jolis balais de Strasbourg, en cordelettes et rubans frisés, prouvent tout ce qu'on peut faire de charmant en ce genre.

» L'écorce de tilleul composée de fibres fortes et déliées, fait, après son rouissage, des cordages qui se conservent dans l'eau. On en fait des cordes de puits, des traits de voiture, des liens pour attacher les greffes, des nattes, des tresses, des paniers, des chaussures et même du papier; on en calfate les bateaux. La seconde écorce qui est très mucilagineuse est, cuite à l'eau, un remède pour la brûlure. Les jeunes branches servent aux ouvrages de vannerie.

» La feuille et les bractées de la fleur sont également douces et mucilagineuses ; elles se couvrent d'une sécrétion sucrée que les abeilles recueillent pour le miel, qu'elle rend excellent. Tous les animaux mangent ses feuilles. Les fleurs sont d'un usage journalier en médecine, on en fait des infusions, des bains, et des lotions calmantes et antispasmodiques. On peut retirer du tronc des tilleuls, par incision, une sève sucrée qui fait une boisson agréable après qu'elle à fermenté. On est aussi parvenu à faire avec les fruits une espèce de chocolat. »

Le tilleul se multiplie de graines ; mais, comme ils sont très longs à venir de semis, on les propage en coupant tout près de terre un de ces arbres ; la souche pousse quantité de jets vigoureux qu'on recouvre de terre ; ils prennent racine et fournissent d'excellents plants. Cet arbre se prête facilement à la transplantation, quand même il aurait de trente à trente-cinq centimètre de diamètre ; l'automne est le temps le plus favorable à cette opération.

CHAPITRE IX

Les Conifères. — Les forêts de Pins. — Le Pin sylvestre. — Le Pin maritime. — Usages et produits. — Fixation des Dunes. — Brémontier. — Le Pin rouge d'Ecosse. — Le Pin pignon. — Le Pin de Wemouth. — Le Pin Laricio. — Le Pin Ceimbrot. — Pins gigantesques. — Les résines. — Le galipot. — La poix. — La thérébentine. — La colophane. — Le goudron.

Les Conifères méritent d'être placés, avec le chêne, au premier rang de nos arbres forestiers. Les végétaux de cette famille atteignent souvent une taille colossale ; ils présentent le plus noble aspect, et sont tous doués d'une constitution robuste, malgré la rapidité avec laquelle ils croissent. Ils forment dans les pays civilisés, une portion notable des plantations forestières, et leur nombre est considérable dans les forêts vierges des pays où la nature conserve encore son état sauvage. Ces arbres croissent spontanément dans des régions très diverses du globe, depuis la limite des neiges éternelles et les climats rigoureux de l'Amérique septentrionale jusqu'aux contrées les plus chaudes de l'Archipel Indien; la plupart se rencontrent dans les pays tempérés.

Les vieux pins des montagnes, anciens comme le monde, étaient consacrés à Cybèle, dont les prêtres portaient des thyrses ornés de cônes entrelacés. Le pin, dédié aux divinités champêtres Pan et Sylvain, l'était encore à Bacchus; on lui offrait ses fruits, et dans les orgies on se couronnait de son feuillage.

De tous les arbres verts, le genre pin est le plus nombreux et aussi le plus important par les produits qu'on en retire. Les fameux mâts de Riga, qui nous viennent par la mer Baltique sont dus à une variété de Pin sylvestre qui croît en Russie. Avec le cyprès et le mélèze, c'est le meilleur bois pour les conduits d'eau, les corps de pompe, les charpentes des mines; on en fait des sabots et des planches estimées. La seconde écorce renferme un principe mucilagineux, assez nutritif que les Lapons font entrer dans leur alimentation; l'écorce extérieure est employée par les tanneurs. Avec les jeunes pins on fait des échalas et de très bons piquets; mais c'est surtout par la résine, produit immédiat de la plus haute importance, que le pin est précieux. Cette substance qui transsude du tronc et des branches, et dont nous reparlerons plus loin, permet d'en faire des torches usitées dans beaucoup de pays, notamment en Provence. Le bois de cet arbre brûle bien et exhale une odeur agréable; son charbon est recherché pour les fonderies. Les feuilles peuvent nourrir les moutons pendant l'hiver, et produire un assez bon engrais quand elles ont séjourné sous les troupeaux et dans les basses-cours. Dans le nord, on emploie les rameaux feuillés pour allumer et aviver le feu. Les pommes de pin sèches fournissent aussi un bon combustible.

Les forêts de pins sont une richesse pour nos montagnes, et nous devons regretter qu'elles s'en dépouillent sensiblement par l'immense consommation qu'on en fait. Elles ont, dans le tableau varié de la nature, une teinte sombre et majestueuse; et, cette note grave et sévère fait mieux ressortir les nuances harmonieuses des autres couleurs. Quand elles sont agitées par le vent, elles ont un sourd mugissement d'une harmonie grave et sauvage. Les plus grands poëtes, Ossian, Young, lord Byron y allèrent souvent puiser des inspirations.

Le pin est facile à reconnaître en ce que, de tous les arbres résineux, c'est lui qui a les aiguilles les plus longues et les plus piquantes.

Les fleurs mâles ou à étamines sont des mamelons, des chatons couleur de feuille morte, espèces d'épis composés d'écailles rangées comme des tuiles autour d'un axe commun; chacune de ces écailles protège une étamine dont il n'y a d'apparent que l'anthère. Ces fleurs à étamines donnent une poussière si abondante, que ce pollen forme quelquefois des nuages entiers. Ces nuages, emportés par le vent dans des contrées privées de pins ont donné lieu à ces prétendues pluies de soufre dont parlent les vieilles chroniques.

Le chaton femelle se développe à l'extrémité d'une jeune pousse ; il est d'abord dressé ; puis, après la floraison, il se penche sur un pédoncule recourbé ; quand il a acquis tout son développement, il forme un cône, véritable fruit composé d'écailles dures, ligneuses, persistantes qui ne s'écartent qu'à la troisième année pour répandre leurs graines.

Tous les caractères qui précèdent s'applique au PIN SYLVESTRE (*Pinus sylvestris*) *pin des forêts* ou *pinéastre*, espèce la plus importante et la plus répandue. Ses feuilles circulaires, groupées par deux dans une gaine membraneuse courte, ont un reflet bleuâtre qui donne à une forêt de ces arbres sa teinte physionomique.

Le PIN MARITIME (*Pinus maritima*) vulgairement PIN DE BORDEAUX a de longues feuilles d'un vert jaunâtres et des cônes très gros ; il croît plus vite, mais est moins droit et moins haut que le précédent : C'est l'arbre des Landes et de tout le littoral de l'Océan. Les vents de la mer, mortels aux autres arbres, paraissent nécessaires au pin maritime. Il ne vient bien que dans ces régions, autrefois désolées, résiste à la fureur des orages, et protège contre eux les campagnes confiées à sa garde ; c'est son pollen abondant qui a pu, quelquefois, faire croire à des pluies de soufre. Aujourd'hui cet arbre fournit la plus grande partie de la térébenthine et des résines communes employées en France.

Entre Bordeaux et Bayonne s'étend une côte basse et aride que bat sans cesse une mer irritée ; les vagues ne cessent d'y apporter du sable qui forme des collines plus ou moins hautes ; ces collines se déplacent chassées par d'autres ; et, les nouveaux sables qu'apportent les vagues de l'immense Océan poussent devant eux les anciens monceaux qui envahissent le sol. Ainsi le sable s'avance lentement et progressivement à la conquête de cette malheureuse contrée. Chaque année, on constatait les progrès du fléau, et déjà les savants calculaient avec épouvante le moment où l'opulente cité de Bordeaux serait engloutie.

Brémontier, ingénieur des ponts-et-chaussées à Bordeaux, conçut le projet d'arrêter la marche progressive des sables, et de sauver, d'une perte certaine, cette partie de la France. Couvrir ces collines mouvantes de forêts dont les racines s'enfonçant profondément dans les sables, en empêcheraient le déplacement, et dont les massifs s'étendant en un épais rideaux le long de la mer, arrêteraient l'impétuosité des vents et des vagues, et s'opposeraient à l'invasion de nouvelles montagnes sableuses, telle fut la pensée qu'il réalisa à force d'énergie et de persévérance.

« Les *Dunes*, dit M. Kleine, forment le long du rivage une bordure de collines de sable que les vents ont accumulées ; elles empêchent ainsi l'écoulement des eaux de l'intérieur dans la mer, et forcent ces eaux à croupir dans de vastes marais : Ce sont elles en partie qui ont amené l'état de stérilité des Landes. Ces montagnes de sable, produit de l'action de la mer sur les falaises voisines, ont cela de remarquable et de dangereux, c'est qu'elles sont mobiles et qu'elles s'avancent dans l'intérieur des terres : Des ports mentionnés par les anciens historiens n'existent plus ; une ancienne île, l'île de la Motte n'existe plus ; le bourg de Bias et son église ont disparu sous les sables. Bordeaux même serait menacé si on n'arrêtait cette invasion d'un nouveau genre, et on calculait que dans deux mille ans il serait englouti sous les sables. Aussi cette question des dunes a-t-elle préoccupé les savants et les divers gouvernements de la France. Un savant et persévérant ingénieur, Brémontier, trouva à la fin du siècle dernier (1786) le moyen de fixer ces collines mouvantes par des plantations de *pins maritimes*; depuis 1857 surtout, les plantations se sont multipliées, et nous donneront, au lieu de deux cent quarante kilomètres de dunes, une magnifique forêt, source de richesse pour notre marine et notre industrie. »

L'existence de ces dunes se perd dans la nuit des temps ; et, depuis plus de douze siècles on cherchait le moyen de lutter contre leur invasion.

Au huitième siècle, Charlemagne revenant de son expédition contre les Sarrasins d'Espagne, s'arrêta quelque temps dans les Landes. Frappé du danger que couraient plusieurs villes de la côte, il employa beaucoup d'hommes et d'argent pour les protéger ; mais ces généreux efforts furent impuissants.

« L'homme, dit Edouard Perris, ne devait pas demeurer éternellement impuissant et désarmé contre un ennemi aussi redoutable ; et les moyens dont il dispose pour le combattre victorieusement sont si simples et étaient depuis si longtemps à sa portée, qu'on doit s'étonner de leur tardive utilisation. Ils consistent tout simplement à semer sur les dunes de la graine de pin mélangée de graine de genêt et de gourbet (*Psamma arenaria*). Ces moyens sont tellement efficaces qu'une dune, menaçant l'église actuelle de Mimizan et sur le point de l'ensevelir, a été fixée à deux mètres de cet édifice, et porte en ce moment une forêt de pins, sauvegarde éternelle de ce bourg qui, sans cela, n'existerait plus en ce moment. »

Nous ne devons pas séparer du nom de Brémontier celui de Desbiey, de Bordeaux, qui est le véritable inventeur du procédé pour la fixation des dunes. Ce fut lui qui, le 25 août 1774, rendit compte à l'Académie de cette ville des heureux essais qu'il avait faits. Ce fut Brémontier, il est vrai, qui appliqua, en l'améliorant, le procédé sur de grandes étendues; et c'est à lui qu'est due l'immense forêt de la Teste qui fait la principale richesse de ce pays. Il semble que chacun ait voulu payer un tribut d'hommage au pin maritime; et voici comment s'exprime M. Taine, dans son voyage aux Pyrénées : « Les rives (de la Gironde) bordées de verdure glissent à droite et à gauche, bien loin, au bord du ciel; à cette distance on croirait voir deux haies; les arbres indistincts dressent leur taille fine dans une robe de gaze bleuâtre; çà et là de grands pins lèvent leurs parasols sur l'horizon vaporeux, où tout se confond et s'efface; l'eau du fleuve s'étale joyeuse et splendide, le soleil qui monte verse sur sa poitrine un long ruisseau d'or; la brise le hérisse d'écailles; ses remous s'allongent et tressaillent comme un serpent qui s'éveille, et, quand la vague le soulève, on croit voir les flancs rayés, la cuirasse fauve d'un Léviathan. A Royan, voici déjà la mer et les dunes; la droite du village est noyée sous un amas de sable; là sont des collines croulantes, de petites vallées mornes, où l'on est perdu comme dans un désert : Nul bruit, nul mouvement, nulle vie; de pauvres herbes sans feuilles parsèment le sol mouvant, et leurs filaments tombent comme des cheveux malades; de petits coquillages blancs et vides s'y collent en chapelets, et craquent avec un grésillement partout où le pied se pose : ce lieu est l'ossuaire de quelques misérables tribu maritime. Un seul arbre peut y vivre, le pin, être sauvage, habitant des forêts et des côtes infécondes : il y en a ici toute une colonie; ils se serrent fraternellement, et couvrent le sables de leur lamelles brunes; la brise monotone qui les traverse éveille éternellement leur murmure; ils chantent aussi d'une façon plaintive, mais avec une voix bien plus douce et bien plus harmonieuse que les autres arbres; cette voix ressemble au bruissement des cigales, lorsqu'en août elles chantent de tout leur cœur entre les tiges des blés mûrs. »

Le PIN ROUGE ou PIN D'ECOSSE (*Pinus rubra*) n'est qu'une variété du pin sylvestre; il se reconnaît à ses jeunes pousses rougeâtres, à ses feuilles plus courtes et plus glauques, à ses cônes plus petits et réunis plusieurs ensemble.

Le PIN PIGNON (*Pinus pinea*) vulgairement *pinier*, est un grand et bel arbre dont les branches forment une cime arrondie ornée d'un feuillage d'un vert un peu glauque. Les rameaux sont verticillés et ses feuilles longues, étroites pointues, presque planes, sont réunies deux à deux dans une gaine membraneuse ; ses cônes gros, un peu arrondis, très obtus, renferment de grosses amandes de couleur brune, surmontées d'une aile ovale.

Cet arbre, propre au midi de la France, est cultivé en Italie et en Espagne moins pour son bois, qui cependant à toutes les qualités des arbres de sa famille, que pour l'amande que contiennent ses cônes, qui est longue, blanche, savoureuse, d'un goût de noisette, et qui se mange sèche et fraîche. On en fait des pralines et des dragées, et on en retire environ le tiers de son poids d'une huile douce et fine.

Le PIN DE WEMOUTH (*Pinus strobus*) nous vient de l'Amérique où il habite la partie orientale des États-Unis, particulièrement les montagnes rocheuses.

C'est le WITHE PINE (*Pin blanc*) des Américains; son tronc peut acquérir plus de cinquante mètres de hauteur. Ce bel arbre est cultivé dans les jardins anglais, où il se distingue par sa haute stature, la netteté de son écorce, le vert sombre de ses longues feuilles disposées en faisceaux, terminant des rameaux flexibles et en verticilles très bien marqués.

Le PIN LARICIO (*Pinus laricio*), *Pin torche* ou *Pin de Corse* est, après le pin de Riga, celui qu'on préfère pour la mâture. Il forme encore, malgré la hache du bûcheron, de magnifiques forêts sur les montagnes de cette île.

Le PIN MUGHO (*Pinus pumilio*), *Pin de montagne*, ne dépasse guère cinq mètres de hauteur; ses branches inférieures sont aussi longues que le tronc. C'est avec son bois que les Lapons font leurs arcs et les longues semelles qui leurs servent pour courir sur la neige.

Le PIN CEIMBROT (*Pinus cimbra*) *Alviez* ou *Airolle, Combrot des Alpes*, se distingue facilement de toutes les espèces européennes par ses faisceaux de cinq feuilles. Cet arbre est bas, tortueux, mais précieux par la qualité de son amande bonne à manger et dont on fait de l'huile. C'est avec son bois, facile à travailler, que les pâtres du Tyrol et de la Suisse fabriquent des figures d'animaux et différents petits objets qu'ils vont vendre dans les villes.

Nous pourrions citer encore beaucoup d'autres espèces de pins, toutes fort remarquables ; mentionnons en passant le *Deodwara* qui fait l'ornement des montagnes de l'Hymalaya ; le *Pin de Douglas*, qui habite les montagnes rocheuses et les bords de la rivière Columbia, ou son tronc peut atteindre plus de vingt mètres de circonférence; le *Wellingtonia gigantesque* de la Nouvelle-Californie, qui s'élève à plus de cent mètres de hauteur.

Les *résines*, en général, sont des substances végétales qui, comme les baumes et les gommes, découlent naturellement du tronc et des branches de certains arbres ou en sont extraites artificiellement. Elles exsudent ordinairement de l'écorce du végétal sous forme de suc plus ou moins visqueux ou fluide ; mais, en général, elles ne tardent pas à se solidifier au contact de l'air.

La *résine* des conifères est un produit immédiat de ces arbres qui contient une grande quantité d'hydrogène, ce qui le rend excessivement inflammable. Ce produit prend feu à l'approche d'un corps en ignition et brûle avec une flamme forte et jaunâtre, donnant beaucoup de fumée, et produisant une odeur agréable. L'insolubilité de la résine dans l'eau rend les arbres verts qu'elle imprègne plus propres que les autres aux ouvrages destinés aux lieux humides.

Une foule de produits importants, employé dans la médecine et dans les arts, dérivent de la résine. Quand la secrétion des pins s'est réunie d'elle-même et solidifiée sur l'arbre, on l'appelle *galipot, faux encens, encens de village;* lorsque le galipot a été fondu et purifié en traversant un lit de paille, il produit la *poix de Bourgogne, poix blanche ou jaune*, selon sa qualité, si usitée en emplâtre dans les affections rhumatismales et autres douleurs.

La résine du pin qu'on force à couler par des incisions faites aux troncs et aux branches, se nomme *térébenthine*. On la reçoit dans des vases ou dans des creux pratiqués au pied des arbres, et on la purifie au feu en la laissant filtrer à travers de la paille; on l'utilise pour les toiles et les taffetas cirés, les bâtons de cire à cacheter, les vernis, etc... La médecine y trouve un excitant puissant, et en fait usage dans les maladies de poitrine, la goutte, le rhumatisme.

On obtient *l'essence de térébenthine* en distillant la térébenthine à l'alambic. Cette essence sert à enlever les taches, vernir les tableaux à l'huile, tuer les insectes, maintenir intactes les collections ; elle a, mais à un plus haut degré, toutes les propriétés médicinales de de la térébentine. Le résidu de la distillation donne la *colophane* ou *brai sec* qui entre dans certains vernis et sert à enduire l'archet des violons. La colophane réduite en poudre sert à sécher les plaies saignantes.

En faisant fondre ensemble trois parties de brai sec et une de galipot, on obtient la *poix-résine* employée pour la soudure, les plateaux électriques, la fabrication de certains onguents.

On prépare la *poix noire* dont se servent les cordonniers pour enduire leur fil, en brûlant lentement ensemble des éclats de bois résineux et la paille qui a servi à filtrer la térébenthine et la poix de Bourgogne.

Le Goudron, mélange impur de térébenthine, de galipot d'huile empyreumatique et d'acide acétique s'obtient par la combustion des troncs résineux qui ne fournissent plus de térébenthine. Ce produit sert à calfater les vaisseaux, à boucher plus hermétiquement les bouteilles, à faire des ciments de bitume imperméables à l'eau. On le prescrit en médecine dans les maladies de poitrine, les catarrhes chroniques, les asthmes, les maladies de la peau; c'est aussi un antiscorbutique. Les goudrons les plus estimés sont ceux de Norwège et de Russie.

La suie abondante qui provient de la combustion de toutes les préparations résineuses forme en grande partie le noir de fumée qu'on trouve dans le commerce; c'est un carbone assez pur qui sert pour l'encre d'imprimerie, le cirage, la peinture des bâtiments, etc.

CHAPITRE X

Le Sapin commun. — Les plus anciennes forêts de sapins. — Développement des Sapins. — Usages et produits. — L'Épicéa. — Récolte de la térébenthine. — La Sapinette blanche. — La Sapinette noire. — Boisson de Sapinette. — Le Mélèze. — La manne de Briançon. — Le Cèdre. — Les Cèdres du Liban. — Le Genévrier. — Liqueur de ménage. — Huile de Cade.

Le Sapin commun (*Abies pectinata*), *Sapin à feuilles d'if*, *sapin d'Auvergne*, *sapin de Strasbourg*, est, comme le pin, un superbe géant de nos montagnes; il dresse fièrement sa majestueuse pyramide dont la flèche élancée semble vouloir s'élever jusqu'aux nues, pendant que ses longues branches s'étendent presque horizontalement au-dessus du sol. Cet arbre magnifique couronne les cimes élevées, laissant au-dessous de lui les chênes, les hêtres et les ormeaux. Son tronc est aussi droit et presque aussi haut que le stipe des grands palmiers; il est plus précieux par sa force, sa durée et sa rusticité. De tout temps, son bois a été employé pour la construction des navires, pour les grandes charpentes, les poutres de longue portée; il est excellent comme bois à brûler et fournit de très bon charbon. C'est avec du bois de sapin qu'était construit le fameux cheval de Troie ; les digues de Hollande en sont faites. Pline parle d'un sapin d'une hauteur remarquable et de sept pieds de diamètre qui servit de mât au plus grand vaisseau que les Romains eussent encore vu en mer, et qui avait été construit tous exprès pour transporter d'Egypte l'obélisque destiné au cirque du Vatican.

Les anciens naturalistes parlent d'un sapin qui se voyait autrefois sur le mont Pilat, dans le canton de Lucerne, en Suisse : De sa tige de plus de huit pieds de circonférence sortaient, à quinze pieds du sol, neuf branches d'environ un pied de diamètre et de six pieds de long ; de l'extrémité de chacune d'elle s'élevait comme un nouveau sapin, fort gros ; de sorte que cet arbre curieux ressemblait à un lustre énorme muni de ses bougies.

C'est sur le Wurzelberg, dans la Thuringe, que se trouve l'une des plus anciennes forêts de sapins. « Des sapins primitifs, dit un auteur, dominent toute cette forêt ; leur tronc est dégarni de branches jusqu'à une hauteur de dix-huit à trente mètres. Trois hommes en peuvent à peine embrasser les troncs à leur base ; leur cime s'étale comme les ailes déployées d'un oiseau gigantesque ; leur écorce blanche et lacérée est presque partout respectée par les mousses et les lichens, alors qu'aux branches des épicéas voisins, qui paraissent des nains à côté de ces géants, se voient suspendus de longs festons de lichens. »

Les feuilles des sapins sont longues, planes, émoussées, échancrées par le bout, assez souples, blanchâtres en dessous et rangées a peu près sur un même plan des deux cotés d'un filet ligneux, ainsi que les dents d'un peigne (*pinus pectinatus*) ; les petits rameaux paraissent ainsi ailés. Ces arbres portent, comme les pins, des fleurs mâles et des fleurs femelles sur des branches différentes. L'assemblage des fleurs mâles, groupées sur un filet ligneux forme un chaton écailleux. Les fleurs femelles paraissent également sous la forme d'un cône composé d'écailles ; lorsque le fruit est dans sa maturité, on trouve sous chaque écaille deux semences ovales, munies chacune d'une aile membraneuse ; la pointe des cônes des sapins est toujours tournée vers le ciel, et c'est par la position de ces fruits et par les feuilles que les sapins se distinguent des épicéas.

Les sapins croissent d'abord lentement ; un semis de ces arbres ne se distingue des herbes que vers la cinquième ou la sixième année ; mais après cette période laborieuse ils s'élancent et croissent rapidement. Quand les sapins sont debout, on compte leurs années par les anneaux de leurs branches : Le tronc, en effet, se forme par le développement successif du *turion*, ou bourgeon terminal.

Lorsque les sapins sont coupés, les années se comptent par les cercles concentriques de leur tronc.

Si le bourgeon terminal périt, l'arbre cesse de grandir et quelquefois meurt. Aussi, la nature le conserve-t-elle d'une manière admirable : il ne se développe qu'après les bourgeons latéraux qui le défendent, et ses feuilles naissantes sont réunies et protégées sous une calotte coriace, résineuse et imperméable.

Quand les arbres d'une forêt commencent à se couronner, c'est-à-dire à mourir par la cime, il est temps de les abattre; mais il est essentiel d'entamer l'exploitation du côté où le vent est le moins violent, afin que les lisières qui subsistent du côté opposé continuent de protéger la futaie qui, sans cette précaution courrait souvent le risque d'être renversée.

Comme les forêts de sapins sont souvent dans les pays de montagnes, elles se trouvent exposées à de terribles ouragans qui rompent, déracinent, couchent de grandes étendues de bois. On enlève ces arbres pour les différents usages auxquels ils sont propres; et, si on a soin de ne pas laisser aller les bestiaux dans cette partie dénudée, on la voit, au bout de trois ou quatre ans, se repeupler de jeunes sapins qui croissent à l'abri des herbes et des ronces. Les sapins poussent rapidement dans les montagnes de la Suisse. Parvenus à l'âge de vingt ans, ces arbres peuvent déjà être employés en bois de charpente, pour des chevrons; à trente ans, ils sont assez forts pour faire des poutres. Les planches de sapins, extrêmement communes, sont propres aux toitures par leur légèreté : C'est pour leur exploitation, difficile dans les montagnes, qu'on a inventé les scies à eau remarquables par la simplicité et la rapidité de leur jeu.

Les bourgeons de sapins se prennent en décoction dans les affections scorbutiques, rhumatismales et autres maladies ; la térébenthine de sapin jouit des mêmes propriétés que celle du pin.

Les Lapons emploient le tronc de cet arbre pour faire leurs pirogues; ils font avec les racines, des cordes et des paniers. Ils mangent les excroissances que forme sur l'écorce, la piqûre des insectes.

Le SAPIN ÉPICÉA (*Abies excelsa*), *Pesse; sapin de Norwège, sapin à poix, sapin élevé* est celui qui couronne les Vosges, le Jura, les Alpes, les Pyrennées; il est aussi grand et aussi beau que le sapin commun. Les feuilles de cet arbre sont étroites, assez courtes, roides, piquantes, rangées autour d'un filet commun, de sorte qu'elles forment, toutes ensemble, par leur pointe, une espèce de cylindre. L'épicéa diffère encore du sapin, en ce que ses cônes ont la pointe tournée en bas, et aussi, parce que les amandes, bien qu'un peu amères, sont pourtant comestibles; il produit la poix blanche ou de Bourgogne, mais il ne donne pas de térébenthine. Les anciens retiraient, dit-on, de ses fruits verts, une eau de beauté à laquelle ils attribuaient la vertu de rajeunir.

Voici, d'après Duhamel, la manière dont on procédait autrefois, pour retirer la térébenthine des sapins et la résine des épicéas : Tous les ans, vers le mois d'août, les paysans Italiens, voisins des Alpes, faisaient une tournée dans les cantons de la Suisse où les sapins abondent, pour y ramasser la térébentine. Ils étaient pourvus de cornets de ferblanc terminés en pointe aiguë et d'une bouteille de la même matière, pendue à leur côté. C'était un spectacle plaisant de les voir monter jusqu'à la cime des plus hauts sapins, au moyen de leurs souliers armés de crampons : Ils embrassaient le tronc avec les deux jambes et un de leurs bras, pendant que de l'autre ils se servaient de leur cornet pour crever les petites tumeurs que l'on voit souvent sur l'écorce des sapins. Lorsque le cornet était rempli de la térébenthine, claire et fluide, contenue dans les petites tumeurs ou vessies, ils la versaient dans la bouteille attachée à leur ceinture, qui à son tour était vidée dans une outre, ou peau de bouc, destinée à la transporter dans les localités où ils savaient en avoir le débit le plus avantageux.

Comme cette térébenthine était quelquefois mêlée à des fragments d'écorces ou à d'autres matières impures, ils la purifiaient par une filtration bien simple : ils roulaient un morceau d'écorce d'épicéa en forme d'entonnoir, en garnissaient le bout le plus étroit avec des pousses du même arbre, et filtraient ainsi la précieuse liqueur.

C'est par incision qu'on retirait la résine des épicéas ; cette subtance s'épaissit rapidement et devient opaque comme de l'encens ; on avait soin de rafraichir tous les quinze jours les entailles déjà faites à l'écorce. Ces arbres fournissent de la poix tant qu'ils subsistent ; on en voit de plus d'un mètre de diamètre qui en donnent encore : Il découle naturellement de leur écorce des larmes de résine. Pour l'avoir plus abondante, on enlève dans le temps de la sève, c'est-à-dire au mois d'avril, une lanière d'écorce, dans toute la longueur du tronc, du côté du midi, en veillant bien à ne pas entamer le bois. Lorsque le terrain est bon et l'arbre vigoureux, on fait la récolte tous les quinze jours, en detachant la poix avec une sorte de spatule. Un arbre placé dans de bonnes conditions peut donner, chaque année, de quinze à seize kilogrammes de poix.

La SAPINETTE BLANCHE (*Abies alba*) qui a pour patrie les plus froides contrées de l'Amérique du Nord, doit son nom à ses feuilles d'un beau vert pâle bleuâtre; elle peut élever son élégante pyramide jusqu'à une hauteur de quinze à vingt mètres. Ce sont les fibres de cet arbre qui, devenues très flexibles par leur macération dans l'eau, servent aux Canadiens pour relier entre elles les écorces de bouleau dont ils construisent leurs canots.

La SAPINETTE NOIRE (*Albies nigra*), *Sapin noir du Canada*, croît en abondance dans l'Amérique septentrionale. C'est cet arbre, dont les jeunes branches servent à fabriquer une sorte de bière qui, dans les longs voyages en mer est un excellent préservatif contre le scorbut. Cette boisson, très saine, paraît assez désagréable quand on commence à en boire; mais, il paraît qu'on s'habitue promptement à son usage.

Voici comment les Canadiens procèdent pour sa fabrication : Ils mettent de l'eau dans de grandes chaudières et y jettent des branches de sapinette rompues par morceaux; ils entretiennent l'eau en état d'ébullition jusqu'à ce que l'écorce se détache. Ils font rôtir de l'avoine dans une poêle et la mêlent au liquide dans lequel ils mettent également une certaine quantité de pain grillé, coupé par tranches. Ils laissent encore bouillir quelques instants; puis ils décantent et ajoutent de la mélasse ou du sucre brut. Ils délayent dans cette liqueur une petite quantité de levure de bière et laissent fermenter.

Il est un arbre qui croît dans les régions supérieures des montagnes où il s'élève plus haut que le sapin et forme le dernier cercle des forêts qui couronnent ces sommités majestueuses : C'est le MÉLÈZE (*Larix europœa*). Il se distingue facilement des autres conifères par ses feuilles caduques qui sortent par houppes d'une espèce de tubercule; elles ressemblent aux feuilles du sapin, mais elles sont moins dures au toucher et d'un vert tendre très agréable à l'œil. Les fleurs mâles et les fleurs femelles se trouvent sur la même branche, dans des endroits différents : Les premières sont de petits chatons écailleux; les secondes paraissent sous la forme de petites pommes de pin, toujours dressées, plus ovales que pointues, écailleuses, et d'une belle couleur d'un pourpre violet. Le cône qui contient les semences sous ses écailles, reste sur l'arbre après que la graine s'est envolée, souvent jusqu'à l'année suivante; cette graine à la forme d'un cœur; elle est logée par paire sous chaque écaille, mûrit en octobre et s'envole au printemps; sa couleur est d'un brun-clair.

Seul de tous les conifères d'Europe qui renouvelle son feuillage, le mélèze se couvre au printemps d'une délicieuse verdure d'où se détachent admirablement les jeunes cônes purpurins qui croissent tout le long des rameaux. Il a été introduit dans les jardins et les parcs où il est d'un grand effet; mais, dans les lieux où il abonde, il est surtout précieux par la dureté de son bois rouge presque incorruptible. On l'emploie à la construction des vaisseaux, aux conduits souterrains; il sert aux ébénistes et aux luthiers. C'est dans les chantiers d'Archangel qu'on en construit ces beaux mâts qui étonnent par leur élévation.

On extrait du mélèze, par incision, la térébenthine de Briançon ou de Venise, employée par la médecine; l'écorce sert au tannage; les feuilles transsudent une sorte de manne connu sous le nom de *gomme d'Orembourg* ou *manne de Briançon;* elle est en petits grains arrondis et jaunâtres et jouit d'une forte propriété purgative.

Le CÈDRE DU LIBAN (*Cedrus orientalis*), originaire du mont Liban et du Taurus, espèce de conifère encore rare en France, y serait très commune, si depuis l'exemple donné par Bernard de Jussieu, on eût pris la peine de l'y cultiver.

Sa grandeur, sa beauté, sa forme pyramidale, l'ont rendu, dans l'antiquité, le plus célèbre de tous les arbres; sa duré son incorruptibilité et sa bonne odeur le firent demander par Salomon, à Hiram, roi de Tyr, pour la construction du temple de Jérusalem et de son propre palais. Il se reconnaît à ses rameaux disposés par étages et couverts de feuilles nombreuses, aciculaires, serrées, d'un vert un peu sombre, qui se déploient horizontalement, couvrent de leur ombre un vaste espace et formant une magnifique pyramide aussi large à la base qu'elle est haute.

Avec sa térébenthine, nommée *gomme de Cèdre,* on prépare une espèce de goudron liquide dont les Egyptiens se servent pour embaumer les corps; les feuilles suintent une espèce de manne appelée *mastichihine;* le bois entre dans la composition des pastilles de l'Inde qu'on brûle pour leur parfum.

« Dans une espèce de vallon semi-circulaire, formé par les dernières croupes du Liban, dit Lamartine, nous voyons une large tache noire sur la neige : Ce sont les groupes fameux des cèdres. Ils couronnent comme un diadème le front de la montagne. Nous mettons nos chevaux au galop dans la neige, pour approcher le plus près possible de la forêt; mais arrivés à cinq ou six cents pas des arbres, nous enfonçons jusqu'aux épaules des chevaux et nous reconnaissons qu'il faut renoncer à toucher de la main ces reliques des siècles. Nous descendons de cheval et nous nous asseyons sur un rocher pour les contempler.

Ces arbres sont les monuments naturels les plus célèbres de l'univers. La religion, la poésie et l'histoire les ont également consacrés. Ils sont une des images que les prophètes emploient de prédilection. Salomon voulut les consacrer à l'ornement du temple qu'il éleva le premier au Dieu unique, sans doute à cause de la renommée de magnificence et de sainteté que ces prodiges de végétation avaient dès cette époque. Ce sont bien ceux là, car Ézéchiel parle des cèdres d'Eden comme des plus beau du Liban.

Les Arabes de toutes les sectes ont une vénération traditionnelle pour ces arbres. Ils leur attribuent non seulement une force végétative qui les fait vivre éternellement, mais encore une âme qui leur fait donner des signes de sagesse, de prévision, semblables à ceux de l'instinct chez les animaux, de l'intelligence chez les hommes. Ils connaissent d'avance les saisons, ils remuent leurs vastes rameaux comme des membres, selon que la neige se prépare à tomber ou à fondre. Ce sont des êtres divins sous forme d'arbres. Ils croissent dans ce seul site des croupes du Liban; ils prennent racine bien au dessus de la région où toute grande végétation expire.

« Hélas! ces arbres diminuent chaque siècle. Les voyageurs en comptèrent jadis trente à quarante; plus tard, dix-sept; plus tard encore une douzaine. Il n'y en a plus maintenant que sept, que leur masse peut faire présumer contemporains des temps bibliques. Autour de ces vieux témoins des âges écoulés, qui savent l'histoire de la terre mieux que l'histoire elle-même, qui nous raconteraient, s'ils pouvaient parler, tant d'empires, de religions, de races humaines évanouies, il reste encore une petite forêt de cèdres plus jeunes qui me parurent former un groupe de quatre à cinq cents arbres ou arbustes.

« Chaque année, au mois de juin les populations d'Eden et des vallées voisines, montent aux cèdres et font célébrer une messe à leur pied. Que de prières n'ont pas résonné sous ces rameaux; quel plus beau temple, quel autel plus voisin du ciel, quel dais plus respectueux et plus saint que le dernier plateau du Liban, le tronc des cèdres, et le dôme de ces rameaux sacrés qui ont ombragé et ombragent encore tant de générations humaines, prononçant le nom de Dieu différemment, mais le reconnaissant partout dans ses œuvres, et l'adorant dans ses manifestations naturelles? »

Si le cèdre est encors peu répandu, l'arbrisseau que nous allons décrire est, au contraire, connu de tout le monde : il croît dans toute l'Europe, dans les pays septentrionaux et dans ceux du midi, dans les bois, dans les forêts, dans les bruyères, dans la plaine et sur les montagnes. Sauvage ou cultivé, grand ou petit, on rencontre à peu près partout le GENÉVRIER (*Juniperus*).

Le GENÉVRIER COMMUN qui n'est habituellement qu'un arbrisseau, peut, si le site lui convient, et surtout s'il est dirigé par la taille, devenir un arbre de cinq ou six mètres de hauteur, quelquefois même il s'élève jusqu'à dix mètres. Le tronc du genèvrier commun est, le plus souvent, branchu, tortueux, difforme, d'un aspect sauvage; son écorce est d'un brun rougeâtre; son bois tendre, léger, d'un rouge clair lorsqu'il est bien sec, donne une odeur agréable et est recherché des ébénistes et des tourneurs qui en font de jolis ouvrages. Ses feuilles sont épineuses et ses fruits, d'un noir bleu, sont moins des baies que de petits cônes devenus charnus par l'agglutination des quatre ou six écailles qu'ils offraient primitivement.

Ces baies qui ne mûrissent que la seconde année et qui demeurent sur la tige où l'on en trouve en tout temps, sont employées comme un assaisonnement dans la cuisine allemande. Leur saveur est à la fois douce et amère, forte et aromatique.

On fait, avec les fruits du genièvre, une liqueur de ménage saine et agréable en les torréfiant, mais beaucoup moins que le café, et en les jetant chauds dans l'eau-de-vie. La quantité à employer est d'environ deux poignées par litre; on ajoute du sucre à volonté. Après avoir laissé macérer le tout pendant quinze jours on décante, sans exprimer.

On les utilise encore pour faire une boisson très saine; on en peut retirer de l'eau-de-vie et une huile employée par les vétérinaires.

Le Genèvrier en arbre qui ne diffère du précédent que par ses dimensions, donne, par des incisions faites au tronc pendant les chaleurs, une résine bien connue sous le nom de *sandaraque*.

Il existe une espèce de genèvrier, très commune dans le midi de la France, qui porte des baies rougeâtres et d'un goût peu savoureux; c'est le Genèvrier oxycèdre (*Juniperus oxycedrus*). Son bois très dur servait à fabriquer les statues des dieux du paganisme; ce même bois fournit, par la distillation, une substance très fétide connue sous le nom d'*huile de cade* et que les vétérinaires emploient pour guérir la gale et les ulcères des animaux.

C'est avec le bois des grands genèvriers des Bermudes et de Bahama, qu'on fait, en Angleterre, des boiseries, des escaliers, des lambris, des meubles dont l'odeur est forte et pénétrante.

CHAPITRE XI

Çà et là. — L'Ajonc d'Europe. — L'Aubépine. — La Stellaire. — Les Polygalas.
— Les Ronces. — Le Millepertuis. — Le Bouillon blanc. — La Pervenche. —
Le Gênet à balais. — L'Orobanche. — Le Prunellier. — Les Orchis. — Les
Ophrys. — Le Salep. — Le Sorbier des oiseleurs. — Le Noisetier. — Le
Chèvrefeuille. — Le Sureau noir. — La Clématite. — Le Bryone. — Le Tamier.
— Le Buis. — Le Houx.

Nous avons, jusque-là, suivi un certain ordre dans la description
des arbres des bois et des forêts. Nous allons maintenant procéder au
hasard, faire une longue course à travers les taillis et les futaies,
dans les clairières et sous l'ombre épaisse des chênes séculaires. Arbres
ou plantes, arbustes ou arbrisseaux, touffe de gazon, simple lichen
arrêteront successivement notre attention. C'est un voyage de botaniste, une véritable herborisation que nous allons entreprendre.

Voici d'abord, sur le talus du fossé, à la lisière du bois, plusieurs
plantes intéressantes :

L'Ajonc d'Europe (*Ulex Europœus*). *Genêt épineux*, trésor des landes
stériles, tout hérissé d'épines, ce qui ne l'empêche pas d'être un bon
aliment pour les chevaux et pour les bœufs, pourvu qu'on ait le soin
de le broyer avec la meule ou le maillet avant d'en faire le fourrage
ou la litière. Ses jolis fleurs d'or qui égayent les paysages les plus
tristes, sont disposées en bouquets à l'extrémité des rameaux

L'Aubépine (*Cratœgus oxyacantha*) *Noble épine, épine fleurie*, qui se
couvre en mai de jolies fleurs blanches et dont les fruits rouges,
petites pommes du bon Dieu, servent de nourriture aux oiseaux. Son
bois dur peut servir au tour et au placage, on en fait de fortes cannes
noueuses auxquelles on peut donner une couleur marron en les
passant dans la chaux.

L'aubépine abrite de jolis touffes de Stellaire holostée (*Stellaria
holostœa*) vulgairement *Langue d'oiseau*, dont les belles fleurs blanches,
en étoiles, brillent avec tant d'éclat dès le commencement du printemps, et de modestes *violettes* soigneusement cachées sous les
feuilles où elles demeureraient ignorées sans l'excellence de leur
parfum.

De gracieux POLYGALAS *(Poligala vulgaris) herbe au lait, laitier commun* étalent de tous côtés leurs charmantes petites fleurs bleus, roses ou blanches dont les troupeaux aiment tant à se nourrir.

Un peu plus loin nous trouvons l'ÉGLANTIER OU ROSIER SAUVAGE, ROSE DE CHIEN *(Rosa canina)* dont les rameaux diffus sont armés de forts aiguillons. Les feuilles composées de sept folioles sont ovales, dentées, luisantes, assez semblables à celles du rosier cultivé; ses fleurs élégantes, roses simples, à cinq pétales blancs ou roses, renferment de nombreuses étamines, semblables à des filets d'or, et exhalent une suave odeur. A ces fleurs succèdent des fruits oblongs, rouges comme du corail quand ils sont dans leur maturité, dont l'écorce charnue recouvre une substance moelleuse, d'un goût douceâtre mêlé d'une agréable acidité. Les semences sont enveloppées d'un poil ferme, qui s'en détache aisément, et qui cause des démangeaisons insupportables lorsqu'il s'attache à quelques parties du corps. Il naît souvent au tronc ou aux branches des églantiers une espèce d'éponge velue, grosse comme une noix, de couleur rousse, hérissée d'une multitude de filaments qui lui forment un chevelu et qu'on nomme *bédaguar*. Cette espèce de tumeur est occasionnée par la piqûre d'un insecte qui en fait le berceau de sa famille. Le bédaguar était souvent employé dans l'ancienne médecine.

Les RONCES DES BOIS *(Rubus fructicosus)*, qui croissent à côte de l'églantier, ont les tiges plus fortes et moins rampantes que les ronces des haies; leurs feuilles sont généralement composées de trois ou cinq folioles blanchâtres et cotonneuses en dessous, les fleurs sont blanches et en bouquet et produisent des fruits noirs très connus et très aimés des enfants; ces fruits sont appelés *mûres*.

Des touffes de MILLEPERTUIS *(Hypericum perforatum)* dont les sommités fleuries, d'un beau jaune, sont remplies d'une huile essentielle qui les rendent vulnéraires, astringentes et excitantes, se dressent à côté des longues quenouilles de la MOLÈNE *(Verbascum), Bouillon blanc,* ou *Cierge de Notre-Dame.* Les larges fleurs jaunes de cette plante décorent les lieux arides; elles sont émollientes, béchiques, très employés dans les dyssenteries, les toux violentes et autres maladies. Ses feuilles sont tellement cotonneuses qu'on peut, dit-on, quand elles sont sèches, les employer comme mèches de lampes.

Ici, sur une pente rocailleuse, voici un tapis vert, piqué d'étoiles bleu d'azur, formé par la PETITE PERVENCHE *(Vinca minor)*; à la vue de cette jolie fleur, on comprend le culte et l'admiration que les poètes lui ont vouée. La GRANDE PERVENCHE *(Vinca major)* dont les fleurs sont d'un bleu foncé n'est commune que dans le midi de la France.

Plus loin c'est la DIGITALE POURPRÉE, vulgairement *Gant de Notre-Dame*, ornement des terrains granitiques et schisteux, dont la tige de près de deux mètres s'échappe du milieu de feuilles blanchâtres et est terminé par une longue fusée de fleurs en grelots roses, rouges ou tigrés, tous inclinés du même côté. Il importe de connaître les propriétés énergiques de cette plante : Un principe très actif et même vénéneux réside dans ses feuilles fraîches ou sèches ; aussi la digitale, prise à haute dose, provoque-t-elle des vomissements, des vertiges, le délire, des convulsions, une grande prostration et quelquefois la mort. Administrée avec précaution, la médecine en fait, au contraire, des applications très utiles.

Arrêtons-nous devant cet arbrisseau aux belles fleurs d'un jaune d'or : C'est le SAROTHAMNE A BALAIS (*Sarothamnus scoparius*), *Genêt à balais*, qui résiste aux plus fortes gelées et dont le bois est toujours vert. On peut retirer de la filasse de ses rameaux, ses feuilles et ses jeunes branches teignent en jaune ; ses boutons et ses fleurs se confisent comme les câpres, il est surtout très employé pour faire des balais. Cet arbrisseau croît partout dans les bois, dans les sables, dans les plus mauvais terrains : ses feuilles inférieures, pétiolées, naissent trois par trois ; les supérieures sont simples ; les fleurs sont jaunes, assez grandes et paraissent en mai ; à ces fleurs papilionacées succèdent des siliques longues, aplaties, qui contiennent les semences et qui, en s'éclatant à la chaleur, produisent un pétillement très remarquable.

Sur la racine du genêt se trouve fixée une plante parasite, vigoureuse, gonflée de sève, velue, luisante : c'est l'*orobanche* dont toutes les espèces vivent aux dépens des autres végétaux.

Ces arbrisseaux aux tiges droites, rigides, fortes, formant un buisson épineux, sont des *prunelliers*. Le PRUNELLIER ÉPINEUX (*Prunus spinosa*) est indigène : Ses fruits ronds, bleuâtre, tellement acerbes qu'ils vous saisissent à la gorge et vous causent une singulière sensation, servent à faire une boisson rafraîchissante très usitée et très appréciée à la campagne ; ils sont aussi employés pour colorer le vin, et pour faire de l'encre et une teinture brune en y joignant de l'écorce. Dans le Nord, on prend les feuilles de cet arbuste en infusion théiforme, sous le nom de *Thé d'Europe*.

Là bas, sous les grands arbres, tout près de la bordure du bois, voici toute une colonie d'ORCHIS (*Orchis*). Ce genre est intéressant et nombreux en espèces. Arrachons une de ces plantes, nous verrons les deux tubercules globuleux de la racine qui présentent une particularité des plus remarquables : Chaque année, l'un de ces tubercules se flétrit après avoir aidé au développement de la tige. Il en pousse un nouveau du côté opposé, et ainsi de suite; de sorte que, d'année en année la plante chemine, gagne du terrain, et peut au bout de trente ans, par exemple, se trouver à plus d'un mètre du point où elle a pris naissance.

Les Turcs retirent de ces tubercules le *salep* que nous pourrions également en extraire puisqu'il provient d'espèce très commune chez nous. Le procédé qu'ils emploient est des plus simple : Quand la plante est sur le point de fleurir, ils choisissent les plus beaux tubercules; ils les pèlent, les mettent à l'eau froide pendant quelques heures, puis, les font cuire, les enfilent et les laissent sécher à l'air. Il durcissent, prennent une demi-transparence, et on les garde jusqu'à ce qu'on les pulvérise pour manger leur fécule ou *sal-p*, en potage mucilagineux, tonique, excellent pour la poitrine. On l'associe quelquefois au lait et au chocolat pour les rendre plus nourrissants. L'*Orchis mascula*, l'*orchis morio*, si abondants partout, servent à cette préparation. L'un de nos plus beaux orchis est l'*Orchis fusca*, vulgairement *orchis militaire*, dont la fleur, munie d'une espèce de casque bronzé, rappelle le port martial d'un homme de guerre.

Aux orchis se trouvent associés des *Ophrys* plus bizarres encore que leurs voisins par leur forme singulière. Dans celui-ci on dirait un petit bonhomme accroché par la tête; dans cette autre, on croit voir une mouche; en voici un qui représente une abeille, un autre qui a la figure d'une araignée : C'est de ces ressemblances qu'on a tiré les différentes dénominations qui servent à distinguer les espèces.

Cet arbuste rameux, au port droit, aux feuilles pennées, d'un beau vert, aux folioles lancéolées, pointues et dentées, aux fleurs blanches disposées en corymbes, acquiert, dans le nord de l'Europe les dimensions d'un bel arbre : C'est le SORBIER DES OISELEURS (*Sorbus aucuparia*). Aux fleurs, succèdent des baies d'un rouge d'écarlate, disposées en bouquets corymbifères, qui pendant l'hiver, lorsque le sol est couvert de neige, produisent un très bel effet. Ces baies, servent de pâture aux oiseaux, particulièrement aux grives, qui en font leurs délices. Elles sont astringentes; dans le Nord, on en extrait de l'eau-de-vie. Le bois de ce sorbier est estimé; celui des racines sert à faire des cuillers et des manches de couteaux; l'écorce, propre au tannage, donne une teinture noire.

Ce fourré presque impénétrable qui surplombe au-dessus d'un torrent, va nous présenter d'intéressants sujets d'études.

De belles touffes de NOISETIER (*Corylus avellana*), *coudrier*, *avelinier*, ombragent le précipice; et l'on ne pourrait, sans danger, aller en cueillir les fruits. Cet arbrisseau, que Virgile a chanté, forme par fois de jolis bosquets ; ses racines longues et robustes s'enfoncent profondément dans le sol ; elles s'étendent et poussent çà et là de grosses tiges droites qui se partagent en plusieurs branches fortes et en verges pliantes, sans nœuds, flexibles, dont le bois est blanc et tendre. Les jeunes pousses sont chargées de duvet ; les feuilles pétiolées sont larges, arrondies, un peu ridées, dentelées, d'une couleur verte en dessus, pâles ou légèrement velues en dessous. Les fleurs mâles forment des chatons grêles, oblongs, cylindriques ; les fleurs femelles ressemblent à des houppes de petits filets rouges. Les fruits, appelés *noisettes*, que tout le monde connaît, sont enveloppés chacun dans une coiffe membraneuse, frangée par les bords, charnue à sa base. Les noisettes, rondes ou ovales se composent d'une écorce ligneuse renfermant une amande enveloppé d'une pellicule roussàtre. Les noisettes sont la joie des enfants ; les écureuils, les geais, les grimpereaux en sont friands ; elles donnent une huile estimée ; sèches, elles sont mises en dragées par les confiseurs.

Dans l'opinion du peuple, les verges de coudrier sont les plus propres à tuer les reptiles ; les fameuses baguettes divinatoires que faisaient tourner les sorciers et les sorcières, les prétendus découvreurs de sources, de mines, de trésors cachés, devaient aussi être de noisetier.

Le CHÈVREFEUILLE DES HAIES (*Lonicera periclymenum*) grimpe en spirales serrées autour des arbustes voisins qu'il couvre de ses longues fleurs roses, en forme de cornets, remplies d'un suc mielleux dont la suave odeur attire tous les insectes du voisinage.

Le SUREAU NOIR (*Sumbucus nigra*) étale ses feuilles ailées composées de grandes folioles ovales, et ses fleurs blanches, odorantes, qui forment de magnifiques ombelles. Les enfants recherchent cet arbrisseau dont ils coupent les branches pour faire des flûtes, de petits canons et autres jouets. Le bois des vieux pieds de sureau sert aux tourneurs et aux sculpteurs ; il est dur, fin, homogène ; on en fait des peignes communs, de petites boites, des tabatières. Le sureau a été, de tout temps, vanté comme plante médicinale : Hippocrate a commencé sa renommée ; Martin Blokwitzius a écrit un livre entier sur les vertus de cet arbrisseau. L'infusion des fleurs est sudorifique ; on les emploie en lotions, en fumigations ; la seconde écorce est purgative ; elle constitue aussi un remède contre la brûlure ; les feuilles chauffées et appliquées sur le front dissipent, dit-on, la migraine. Les baies, préparées en conserve ou prises naturellement, sont un précieux remède contre la dyssenterie ; on en retire de l'alcool par fermentation. Les fleurs aromatisent le vinaigre et communiquent au vin un goût de muscat; l'odeur des feuilles éloigne les insectes et préserve les autres plantes qu'on en a frottées.

La CLÉMATITE, connue sous les noms de *Vigne blanche*, *Berceau-de-la-Vierge*, *Herbe aux gueux*, étend au loin ses rameaux flexibles et s'accroche partout par les pétioles de ses feuilles qui lui servent de vrilles; ses innombrables fleurs blanches sont odorantes et forment de gracieux bouquets; mais, elles sont moins remarquables que les fruits qui forment comme des houpettes de soie blanche frisée; on dirait des plumes d'autruches attachées de toutes parts à la plante pour lui servir de parure.

On a donné à cette clématite le nom d'*herbe aux gueux*, parce qu'elle est vénéneuse et que ses feuilles vésicantes sont quelquefois employées par les mendiants pour se faire des ulcères, des plaies factices, du reste faciles à guérir, qui excitent la pitié des personnes charitables. De ses tiges sarmenteuses on fait des liens, des ouvrages grossiers de vannerie, de grandes corbeilles, des ruches à miel, etc.

Il semble que toutes les plantes grimpantes se soient donné rendez-vous dans cet endroit sauvage; tout près de la clématite, avec laquelle elle s'entremêle, voici la BRYONE DIOÏQUE, du grec BRYON (*poussant à profusion*); il suffit d'examiner ses tiges, longues et rameuses pour voir qu'elle justifie bien son nom. On l'appelle encore *Couleuvrée blanche*, *Navet du Diable*; et, quand on arrache la grosse racine fusiforme qui lui a mérité cette dernière dénomination, on est moins étonné de l'envahissement prodigieux de cette plante. Les feuilles qui ressemblent vaguement à celles de la vigne sont rudes au toucher et portent à leur base une longue vrille roulée en spirale. Il naît à l'aisselle des feuilles, des fleurs d'un blanc verdâtre; les plus grandes sont les fleurs mâles; aux fleurs femelles succèdent des baies de la grosseur d'un pois, rondes, rouges lorsqu'elles sont mûres, pleines d'un suc qui excite des nausées. Le navet, couvert d'une écorce jaunâtre, sillonné ou annelé transversalement comme un reptile, a fait désigner la bryone sous le nom de *couleuvrine;* l'intérieur de cette racine est blanchâtre, d'une saveur amère, et d'une odeur vireuse qui ne fait qu'augmenter par la dessication; appliquée fraîche, elle est rubéfiante et presque vésicante; prise à l'intérieur, elle agit comme les poisons irritants, produit des vomissements et des selles sanguinolentes. On peut, par de nombreux lavages, enlever à la racine toute son amertume et en retirer la fécule abondante qu'elle contient, et qu'on peut alors utiliser.

Enfin, non loin de là, c'est le TAMIER COMMUN (*Tamnus communis*)

Racine Vierge, couleuvrée noire, sceau de Notre-Dame, qui s'entortille comme le liseron, et porte à plus de vingt pieds de haut ses tiges faibles ornées de feuilles en cœur, luisantes, d'un vert gai. Sa grosse racine charnue, noire à l'extérieure, blanche en dedans, s'emploie en application comme un excellent résolutif. Prise en décoction, elle est diurétique et purgative. On peut, par des lavages, lui enlever, comme on le fait pour la bryone, son principe actif, et profiter de l'abondante fécule qu'elle renferme.

Sur ce coteau aride et presque dénudé, voici quelques touffes de Buis (*Buxus sempervirens*) *Bois bénit, Rambenais* qui, partout à la campagne, fournie à Pâques-fleurie le rameau vert qu'on aime à garder toute l'année. C'est un arbrisseau très rameux, au tronc tortueux, à l'écorce grisâtre ou brune dont le bois est compacte, dur, pesant, jaune, sans moëlle. Les feuilles nombreuses, toujours vertes, lisses, luisantes et dures sont d'une odeur et d'une saveur désagréable. Les fleurs viennent par petits paquets dans les aisselles des feuilles; elles sont jaunâtres. Les fruits, semblables à une petite marmite renversée, s'ouvrent en trois parties par la pointe; ils sont divisés en trois loges renfermant chacune deux semences revêtues d'une capsule élastique. Cet arbrisseau peut prendre, sans le ciseau du jardinier, toutes les formes qu'on veut lui donner; il s'égalise en mur, s'arrondit en boule, s'élève en pyramide ou se courbe en berceau; on en fait des bordures fraîches et solides.

Son bois et sa racine veinée, connue sous le nom de *broussin*, très faciles à tourner et à sculpter sont employés pour une foule de charmants ouvrages.

La lisière de cette grande futaie est défendue par une véritable barrière de Houx (*Ilex aquifolium*) *Epine-de-Christ, Agrifoux, Bois-franc,* arbrisseau toujours vert qui croît naturellement dans les forêts, sur les pentes des montagnes, dans les gorges étroites exposées au nord; il se plait surtout à l'ombre des autres arbres; et il s'élève quelquefois à la hauteur d'un arbre. Le tronc et les branches sont recouverts de deux écorces: L'extérieur verte ou cendrée, l'intérieure plus pâle; l'une et l'autre répandent, quand on les froisse, une odeur désagréable. La meilleure glu se retire, en juillet, de la seconde écorce. Le bois de houx dur, solide, blanchâtre est si pesant qu'il ne peut, comme le buis, surnager sur l'eau; il se polit aisément, prend facilement la teinture, et est fréquemment employé par les ébénistes. Les feuilles sont pétiolées, ovales, d'un beau vert, très lisses, ondulées, garnies tout autour d'échancrures sinueuses, et hérissées de pointes longues et roides; mais, chose curieuse, elles ne sont armées qu'à la base de l'arbrisseau, et perdent leurs aiguillons dès qu'il est hors de danger. Le houx est dans toute sa parure pendant l'hiver, alors que ses baies de corail et le vert luisant de ses feuilles sont frangées de givre ou parsemées de neige!

CHAPITRE XII

L'Anémone sylvie. — Le Muguet. — Les Mousses. — Les Lichens. — La Pulmonaire. — La Primevère. — Le Cormier. — Usages et produits. — L'Alisier. — La Campanule. — Le Fusain. — La Bourdaine. — Le Nerprun. — Le Néflier. — La Circée de Paris. — Les Pâturins. — L'Épiaire. — La Molinie. — Le Brome. — La Scabieuse. — La Verge d'or. — Le Merisier. — La Fougère mâle. — La Fougère femelle. — L'Osmonde royale. — Le Polypode. — Les Champignons.

Reprenons notre excursion et pénétrons sous les grands arbres où l'Anémone sylvie (*Anemone nemorosa*), cette charmante messagère du printemps, épanouit, dès le mois de mars, sa jolie corolle blanche, où le gracieux Muguet de mai (*Convallaria maïales*) secoue ses jolies grelots dont la blancheur éclatante rappelle celle du lis et dont la douce odeur répand dans l'air de suaves émanations.

Les Mousses forment un tapis frais et verdoyant qui dérobe à nos yeux les aspérités du sol, l'écorce rugueuse des vieux troncs, l'âpre surface des rochers; c'est un véritable trésor de végétation, inconnu dans les régions tropicales. Quand les fleurs ont disparu, quand les feuilles jaunies sont dispersées par le vent d'automne, quand le gazon lui-même est flétri et que la nature n'offre plus que l'image de la mort, les mousses restent, dans leur verte parure : C'est la consolation dans le présent; c'est l'espoir dans l'avenir.

Les racines menues, fibreuses, rameuses, mais courtes et ramassées de mousses, supportent de petites tiges cylindriques faibles, rampantes qui jettent de tous côtés d'autres racines; leurs feuilles sessiles sont alternes, ou opposées, ou verticillées quatre à quatre, le plus souvent triangulaires, un peu concaves, assez communément imbriquées et se touchant entre elles. Disposé circulairement dans le plus grand nombre, le feuillage est, dans d'autres, aplati sur un même plan. Les fleurs mâles et femelles séparées, sont quelquefois portées par des pieds différents; ce sont des capsules, des urnes, des cônes, des étoiles. Ces humbles plantes jouent un rôle important dans l'économie générale de la nature; elles sont, après les lichens, les premières plantes qui s'empare des terrains absolument improductifs. Peu à peu la décomposition de leurs tiges et de leurs feuilles enrichit le sol de cet humus nécessaire à la végétation des autres plantes; bientôt le gazon qui leur succède commence à nourrir les troupeaux et prépare la terre à se couvrir un jour de riches moissons.

Les LICHENS dont le nom signifie dartres et pustules, sont des plantes cellulaires qui semblent être destinées à nuancer, par la diversité de leur couleur, la teinte trop brune et trop obscure du tronc des arbres, de la terre et des rochers; Leurs bigarrures réjouissent les yeux et offrent à l'observateur d'intéressants sujets d'études. Mais, destination plus importante, ils sont les premiers agents, les premiers producteurs de l'humus ou terre végétale. Leurs minces spirales, emportées par le vent, se fixent sur les rochers absolument nus; elles s'y développent à la pluie; bientôt, ces surfaces arides, riches de leurs débris, sont envahies par les mousses qui, décomposées à leur tour, permettent à des graminées de prendre racine.

Les lichens fixés sur le tronc des arbres ne sont pas là en qualité de parasites, comme le gui, par exemple; ils cherchent simplement un point d'appui; et, s'ils sont nuisibles, ce n'est point parce qu'ils absorbent la sève, mais simplement parce qu'ils entretiennent sur l'écorce une humidité qui peut amener la pourriture.

Les richesses végétales dont nous sommes environnés nous empêchent d'apprécier à leur valeur ces humbles productions; mais elles forment un des plus plus précieux trésors des régions du nord où la Physcie d'Islande et la Cladonie des Rennes ont presque la même importance que nos céréales et nos vertes graminées.

Cependant, même chez nous, la médecine et la teinture vantent l'importance des lichens : Plusieurs d'entre eux sont béchiques, pectoraux et vermifuges; presque tous fournissent des couleurs solides qui varient selon les espèces.

Quoi de plus gracieux que ces jolies BRIZES qui percent la mousse, et que la mobilité de leurs panicules a fait appeler BRIZES TREMBLANTES! Leurs épillets ovales ou triangulaires mêlés de blanc et de violet ressortent agréablement sur le fond vert du tapis rustique.

Çà et là des *pulmonaires* et des *primevères* piquent des taches bleues et jaunes qui rompent la monotonie du feuillage.

La PULMONAIRE TUBÉREUSE (*Pulmonaria tuberosa*), *herbe aux poumons, herbe au lait, herbe de Notre-Dame, sauge de Bethléem* aux feuilles velues, parsemées de taches d'un blanc de lait, aux belles fleurs rouges et bleues, est aussi précoce que la primevère et l'accompagne presque toujours. Tous les noms qu'on lui a attribués indiquent qu'elle a depuis longtemps fixé l'attention, et ses propriétés bienfaisantes méritent d'être connues : Elle est adoucissante, très propre à faire expectorer ; elle peut remplacer la bourrache dont elle a toutes les qualités. Les feuilles se mangent en potage et s'emploient comme les épinards.

La PRIMEVÈRE A GRANDES FLEURS (*Primula grandiflora*), vulgairement *Primerole, Coucou*, s'épanouit dès le mois de février et est une des premières fleurs qui viennent égayer nos prairies et nos bois. Il n'est pas un enfant à la campage qui n'aime à en recueillir des gerbes ; son apparition est saluée avec bonheur parce qu'elle indique la fin de l'hiver et le commencement du printemps.

Voici un grand et bel arbre, proche parent du sorbier aux oiseleurs c'est le CORMIER ou SORBIER DOMESTIQUE (*Sorbus domestica*) ou *Cochène* dont les rameaux sont couverts de touffes de gui. Le cormier s'élève souvent à la hauteur des plus grands arbres ; on en a mesuré qui avaient trois mètres de circonférence à plus d'un mètre du sol. Ses grosses racines s'enfoncent autant qu'elles s'étendent ; son tronc est droit, uni, d'une grosseur proportionnée ; son bois, dont l'accroissement est fort lent, est très dur, compacte, rougeâtre ; ses branches qui se soutiennent et se rassemblent forment une belle tête, bien régulière ; lorsqu'elles n'ont que quelques centimètres de diamètre ; elles sont marquetées de taches blanchâtres qui s'étendent et couvrent le bois à mesure qu'elles grossissent. Lorsqu'elles ont acquis plus de volume, l'écorce se rembrunit, des gerçures se produisent, et elle tombe par fragments. Les feuilles sont oblongues, dentées, blanchâtres un peu velues en dessous, rangées par paires comme celles du frêne, garnies de stipules à leur insertion sur les branches. Les fleurs, disposées en corymbes, sont petites et blanchâtres : Chacune d'elles est composée d'un calice d'une seule pièce découpée en cinq parties ; d'une corolle à cinq pétales, d'un nombre indéterminé d'étamines et de trois pistils. Il leur succède des fruits surmontés des restes du calice, et contenant trois semences qui diffèrent un peu de forme et de couleur suivant les espèces.

Les CORMES, ou fruit du cormier, fournissent aux bêtes fauves une bonne nourriture qu'elles recherchent avec avidité ; les grives et les geais en sont friands. Ce fruit, avant d'être mûr, est astringent ; il est âcre et ne devient agréable au goût que lorsqu'il est arrivé à un excès de maturité. On en retire, par la fermentation, une boisson très appréciée à la campagne. Les Suédois en font une liqueur dont ils usent en guise de vin.

Le bois du cormier, le plus dur de tous ceux que fournissent les arbres de nos forêts, est recherché par les tourneurs, les menuisiers, les charrons, les graveurs, les armuriers; sa couleur est d'un gris tendre. Susceptible d'un beau poli; il est surtout excellent pour les parties des machines exposées à de grands frottements, telles que des pièces de pressoir, des moulins, des outils de menuiserie, etc. On fait avec son écorce des seaux pour recueillir la poix. Le bois et les jeunes rameaux donnent une teinture du plus beau noir.

Un peu plus loin, cet arbre, dont le vent agite les rameaux et découvre le dessous des feuilles garnie d'un duvet blanc, cotonneux, est l'ALISIER, SORBIER ALOUCHIER (*Sorbus aria.*) Ses fleurs sont disposées en bouquet, ses fruits, que les grives apprécient fort, sont de petites baies charnues, terminées par une ombilic qui est le reste du calice; ses feuilles, disposées alternativement sur les branches, sont grandes, fermes, échancrées à l'insertion du pédicule, et représentent un polygone irrégulier à sept côtés.

De distance en distance sont des BRUYÈRES, nombreuse et charmante tribu qui embellit les bois les plus arides et les landes les plus sauvages; leurs tiges toujours vertes se parent, de juillet en septembre, de petites fleurs en grelot, du rouge le plus vif ou du rose le plus tendre, disposées en grappes ou épis.

Caché sous les herbes de la clairière la FRAISE DES BOIS exhale un suave parfum qui trahit sa présence. Ce petit fruit, aussi salutaire qu'agréable, constitue une friandise très appréciée.

Voici la CAMPANULE RAIPONCE (*Campana repunculus*), *Bâton de Saint-Jacques*, *Rave sauvage*, qui, à l'éclat de sa fleur, ou clochette azurée, joint le mérite d'être comestible; ses jeunes pousses sont excellentes en salades, et sa racine donne une rave ferme, charnue, d'un goût agréable.

Examinons encore les arbrisseaux qui croissent autour de ce rocher, dont l'aspect est si sauvage et si pittoresque : C'est le FUSAIN, vulgairement *Bonnet de prêtre*, dont le fruit rose rappelle la forme d'une barette et dont le bois est précieux pour la fabrication des crayons tendres qui portent son nom.

C'est la BOURDAINE aux fleurs roses auxquelles succèdent des baies rondes qui deviennent noires en mûrissant, et dont le bois, réduit en charbon, est estimé le meilleur pour la fabrication de la poudre.

C'est le NERPRUN dont les baies servent à préparer le vert de vessie et dont les gens de la campagne se font un purgatif quelquefois trop énergique.

Voici le Néflier, petit arbre indigène, rameux, mal contourné dont les fruits astringents et très acerbes ne peuvent être mangés que lorsqu'ils ont été ramollis sur la paille. La culture a produit plusieurs variétés de néfliers dont la plus intéressante est le néflier sans osselets. Le bois de ce petit arbre est très dur, susceptible d'un beau poli, et résiste au frottement aussi bien que celui du sorbier.

Cet affreux petit arbuste, hérissé de longues épines dont les fruits détestables sont de petites poires âpres qui semblent pétries de graviers, est le Poirier sauvages (*Pyrus communis*). Ce n'est qu'à force d'industrie qu'on est parvenu à civiliser ce sauvageon dans lequel on a peine à reconnaître les beaux poiriers de nos jardins qui nous donnent des fruits si charnus et si succulents.

Cette plante qui porte un long épi de charmantes petites fleurs blanches est la Circée de Paris (*Circœa Lutetiana*) qui n'est plus, de notre temps, regardée comme une plante magique. On ne peut comprendre comment la pauvrette, dont toutes les propriétés sont innocentes, a pu, dans des siècles d'ignorance, être employée à composer des philtres, à opérer des maléfices, à conjurer des enchantements.

Le Paturin des bois (*Poa nemoralis*) plus fin et plus précoce que son congénère des prés, et surtout plus rustique et moins difficile sur le choix du terrain, se mélange aux touffes de Fétuque pennée (*Festuca pinnata*) remarquable par ses longs épis comprimés.

L'Épiaire des bois (*Stachys sylvatica*) espèce d'ortie d'une odeur fétide dont l'écorce des tiges peut, dit-on, se préparer et se filer comme le chanvre et le lin, croît auprès de la Molinie bleue (*Molinia cœrulœa*) belle graminée, malheureusement vénéneuse pour les bestiaux, facile à reconnaître à ses tiges glauques, longues et flexibles dont se servent les enfants pour enfiler des chapelets de fraises parfumées.

Ici, c'est le Brome dont les longues tiges supportent des panicules penchées composées de gros épillets à longues arêtes.

La Scabieuse tronquée (*Scabiosa succisa*), *Mors du Diable*, dont la racine singulière est brusquement tronquée au sommet et qui étale ses beaux capitules de fleurs bleues.

La Verge d'or ou Solidage (*Solidago virga aurœa*), élégante plante des bois, à laquelle ses propriétés vulnéraires ont valu le nom de solidage; elle fait partie des vulnéraires Suisses. Sa racine blanchâtre, d'une saveur aromatique, est traçante; ses tiges, hautes d'environ un mètre, sont simples droites, fermes, rondes, cannelées; ses feuilles oblongues, pointues, velues, dentelées sont alternes; ses fleurs radiées, de couleur jaune d'or, sont disposées en épis le long de la tige.

Mais voici un arbre que nous n'avions pas encore rencontré : C'est le MERISIER (*Cerasus avium*), type de toutes nos espèces de cerisiers, remarquable entre tous par sa forme pyramidale, ses branches étalées, et ses feuilles qui deviennent d'un beau rouge en vieillissant ; c'est, de tous les arbres, celui qui décore le plus élégamment nos paysages d'automne. Les petits fruits noirs, rouges ou couleur de chair sont, dans nos pays, abandonnés aux oiseaux ; mais dans la Forêt-Noire, ils sont très recherchés pour les fameuses liqueurs de kirsch et de marasquin.

Arrêtons-nous devant ces quelques représentants de la charmante famille des fougères :

La FOUGÈRE MALE (*Filix mas*) dont la racine vivace et épaisse est formée d'un assemblage de grosses fibres, jette au printemps plusieurs jeunes pousses qui se changent en autant de côtes feuillées, larges, disposées entre elles en faisceau ouvert au centre en forme de corbeille. Ces feuilles, hautes d'environ cinquante centimètres sont droites, cassantes, étendues en ailes et composées de plusieurs folioles placées alternativement sur une petite côte garnie de duvet brun. Les folioles sont découpées en plusieurs crêtes larges à leur base et dentelées tout autour. Au-dessous des feuilles règnent deux rangs de petits points couleur de rouille : Ce sont les organes de la fructification, composés de petites coques ovales, entourées d'un cordon par le raccourcissement duquel elles poussent comme par un ressort et jettent des semences extrêmement menues. Cette fougère aime les lieux découverts, montagneux et arides.

La FOUGÈRE FEMELLE (*Pteris aquilina*), a la racine gluante, et remarquable en ce qu'étant coupée en travers à la partie supérieure, elle représente grossièrement un aigle à deux têtes. Sa tige est un pétiole haut de un mètre à un mètres soixante centimètres, nu dans sa partie inférieure, droit, ferme, branchu, un peu anguleux. Les folioles disposées en ailes, comme dans la fougère mâle, sont plus petites et non dentées. Ses fructifications sont placées sur les bords des petites feuilles.

L'OSMONDE ROYALE (*Osmunda regalis*), *fougère royale*, dont les longues touffes de feuilles bipennées se terminent à leur sommet par une abondante fructification. Les herboristes nomment fleurs d'osmonde les feuilles non développées qui cachent les fructifications naissantes ramassées en grappes et fermées, comme dans les autres fougères, de capsules sphériques.

Le POLYPODE VULGAIRE dont les feuilles persistent pendant l'hiver et forment des tapis de verdure au pied des vieux arbres. Les racines de cette fougère ont un goût sucré qui la fait rechercher des enfants et lui a valu le nom de *Réglisse des bois*.

Disons, pour terminer, un mot des Champignons, groupe considérable, dont nous avons trouvé dans nos excursions de nombreux représentants. Ils furent longtemps regardés comme des productions spontanées et impurs de la terre; nous savons aujourd'hui qu'ils sont soumis aux lois générales de la reproduction, communes à tous les végétaux. Leurs germes sont de microscopiques spirales, répandues sur leur surface ou dans leur intérieur et qu'on aperçoit facilement. Ces spirales, emportées par les vents, s'attachent partout; et, si le lieu et les circonstances sont favorables à leur développement, de nouveaux champignons se forment.

Les lieux humides en sont remplis; les troncs moussus, les tas de feuilles, les matières en fermentation en sont bientôt remplis; leur croissance est si rapide qu'elle est devenue proverbiale.

Si nous les considérons comme comestibles, les champignons exigent de nous la plus sérieuse attention; beaucoup sont des poisons, d'autant plus dangereux, que parfois ils n'ont ni l'odeur, ni l'aspect repoussants.

Le plus sûr est de ne consommer que les espèces reconnues bonnes dans le pays que l'on habite; puis, pour se prémunir contre toute chance d'erreur, de les faire macérer dans de l'eau salée ou vinaigrée et de les faire cuire à l'eau bouillante.

DEUXIÈME PARTIE

—▸—★—◂—

OISEAUX ET INSECTES.

~~~~~~

CHAPITRE PREMIER

Lorsque, vers le milieu du mois d'avril, vous errez sous les futaies encore dénudées de nos grands bois, il vous arrive d'entendre un cri grave et sonore, *Cou-cou! Cou-cou!!*... qui retentit dans le silence de la forêt et qui vous cause une sensation étrange.

Cette voix, bien connue de l'habitant des campagnes, exerce cependant sur lui une impression singulière. La syllabe monotone, constamment accentuée sur un même rythme, est plus éloquente qu'un long discours : Elle signifie l'hiver passé, avec son manteau de neige et de frimas, son cortège de peines et de privations ; elle annonce le retour du printemps, des fleurs et des fruits ; elle prédit les récoltes abondantes qui rempliront de nouveau les greniers et les granges.

Le Coucou gris (*Cuculus canorus*) ou *Coucou vulgaire*, a la taille allongée et le maintien dégagé de la pie ; la longueur du corps est encore accentuée par l'étendue des plumes de la queue qui, en même temps, se développent en éventail. Le dos de cet oiseau est d'un cendré bleuâtre, assez brillant ; le ventre est d'un blanc grisâtre, rayé transversalement de brun ; les ailes sont cendrées et variées de blanc et d'un peu de roux ; la queue est noirâtre avec quelques taches blanches ; l'œil est jaune vif ; le bec est noir avec la base de la mandibule inférieure d'un jaune safrané ; les pieds, faibles et très courts, sont jaunes ainsi que les ongles.

Les coucous ne constituent pas de famille, comme la plupart des autres espèces, et nous dirons tout à l'heure comment ils se reposent sur d'autres oiseaux, du soin d'élever leur couvée.

Chaque mâle du coucou se conquiert un domaine, et le défend avec vigueur contre les envahissements de ses rivaux ; mais il faut mettre cette habitude moins sur le compte de l'inclination que de la nécessité. Toujours affamé, ces oiseaux mangent sans cesse ; il leur faut un territoire de chasse assez étendu ; ils parcourent, sans repos ni trève, la partie des bois qu'ils se sont choisie, et on peut les voir arriver à certains arbres, plusieurs fois par jour, et à des heures régulières. Ils s'avancent d'un vol rapide, élégant et léger, se posent sur quelque forte branche et cherchent une proie à dévorer.

Ils vivent d'insectes, particulièrement de chenilles velues que les autres insectivores sont impuissants à détruire. Ont-ils aperçu quelque victuaille, ils fondent sur elle en quelques coups d'aile, la saisissent, reviennent à leur place ou volent sur un autre arbre pour recommencer le même manège. Ils avalent leur proie avec une grande voracité, et rejettent, après la déglutition, la peau des chenilles roulée en pelotes.

Au commencement de la saison, ils ne manquent jamais de lancer leur cri : *Cou-cou ! Cou-cou !!*... dès qu'ils se sont appuyés sur une branche ; et ils font quelquefois un tel abus de leurs voix, qu'ils deviennent littéralement enroués.

La femelle du coucou a une singularité qui la distingue de toutes les autres : C'est de ne point construire de nid, de ne point couver, de ne point élever ses petits, mais de pondre ses œufs et de les disséminer, un par un, dans les nids de quelques petits oiseaux, particulièrement dans les nids de fauvette, de mésange, de roitelet, de rouge-gorge ; quelquefois dans ceux d'alouette, de pinson, de bergeronnette, et de laisser à ces mères d'emprunt le soin de les couver. Les anciens avaient déjà observé cette particularité :

« L'œuf du coucou est couvé, disait Aristote, et le petit qui en éclôt est nourri par l'oiseau dans le nid duquel l'œuf a été pondu. Le père nourricier même rejette, dit-on, ses propres petits hors du nid, les laisse mourir de faim, tandis que grandit le jeune coucou.

D'autres racontent qu'il tue sa progéniture pour en nourrir le coucou car celui-ci est tellement joli que ses parents nourriciers dédaignent pour lui leurs propres petits. Tous ces récits sont avancés par des témoins prétendus oculaires; mais, ils ne concordent pas, quant à la manière dont périssent les jeunes de l'oiseau nourricier. Les uns disent que le vieux coucou vient les manger; d'autres prétendent que comme le jeune coucou dépasse en grandeur et en force ses frères d'adoption, il prend à lui seul toute la nourriture et les laisse mourir de faim; d'autres enfin, disent qu'ils les mange. Le coucou fait bien de placer ainsi ses petits; il sait combien il est lâche et qu'il ne pourra les défendre. Sa lâcheté est telle que les petits oiseaux se font un plaisir de le harceler et de le chasser. »

S'il y a, dans cette description, quelques points incontestables, il en est qui dénotent une observation plus que superficielle; par exemple, l'attention qui fait du jeune coucou un oiseau « tellement joli » est singulièrement exagérée. Au dire de tous ceux qui les ont réellement observés, les jeunes coucous sont fort laids; on les reconnaît facilement à leur grosse tête que des yeux énormes rendent encore plus informes. Ils croissent rapidement, et deviennent surtout hideux lorsque leurs plumes commencent à se montrer sur leur peau noirâtre. On raconte qu'un coucou nouvellement éclos, a été pris, au premier aspect, pour un crapaud.

Un fait vraiment extraordinaire, et que plusieurs naturalistes ont observé, c'est que les œufs varient de teinte, de couleur et de dessins, et ressemblent toujours plus ou moins aux œufs à côté desquels ils sont placés. Il est probable que chaque femelle ne les dépose que dans les nids d'une même espèce d'oiseaux.

« Il est curieux, dit Bechstein, de voir avec quel plaisir les oiseaux voient une femelle de coucou s'approcher de leur nid. Au lieu de quitter leurs œufs comme ils le font quand se montre un homme ou un animal, ils paraissent tout joyeux. La femelle de troglodyte, qui couve ses œufs, s'élance au bas du nid quand arrive le coucou et lui fait place pour qu'il puisse y pondre tout à son aise. Elle sautille tout autour; à ses cris joyeux, arrive le mâle qui prend part à l'honneur que veut bien faire à leur ménage un si grand oiseau. » Voilà encore une observation à laquelle il ne manque que l'exactitude. Tous les oiseaux, au contraire, qui redoutent l'intrusion du coucou, témoignent de la plus grande frayeur, et ne négligent aucun des moyens susceptibles d'éloigner l'envahisseur. Celui-ci, se cache autant que possible; il arrive comme un voleur, dépose un œuf et s'enfuit. Quelquefois, le propriétaire du nid surprend la femelle du coucou, et défend si vigoureusement son domicile qu'elle se hâte de fuir sans oser revenir.

Quand les nids sont en rase campagne, que la mère est sur les œufs, la femelle du coucou, décrit, en volant, des cercles qui vont toujours se rétrécissant ; la couveuse qui croit avoir affaire à un rapace finit par s'éloigner. Libre alors, la femelle du coucou s'établit sur le nid, pond, et disparaît rapidement après avoir mangé un des œufs de l'oiseau auquel elle abandonne les soucis de sa propre maternité.

Si l'approche du nid est défendue et que la femelle du coucou ne puisse s'y introduire facilement, elle pond à terre, prend l'œuf dans son bec et le dépose dans le berceau qu'elle a choisi ; mais parfois cet œuf est jeté hors du nid : sans se décourager, elle le ramasse avec son bec, le fait glisser dans sa gorge qui est, à cet effet, très dilatée, et le transporte ailleurs. Elle revient, prétend-on, visiter le nid, et profite de ces voyages pour jeter à bas un des œufs ou des petits qu'il renferme, mais, jamais le sien.

L'oiseau auquel appartient le nid couve avec soin l'œuf du coucou ; celui-ci, en effet, ignore que sa maison renferme l'ennemi de ses enfants. Lorsque cet étranger vorace est éclos, il demande à ses parents nourriciers plus qu'ils ne peuvent lui apporter ; il prend, dans leur bec, la nourriture de ses petits compagnons ; et, bientôt les jette dehors si la mère coucou ne l'a déjà fait, ou s'il ne sont pas mort de faim.

Resté seul, il devient pour le père et la mère adoptifs la cause d'un travail pénible : Ils lui apportent, avec une sollicitude vraiment touchante, de petits coléoptères, des mouches, des limaçons, des chenilles ; ils travaillent du matin au soir, sans pouvoir le rassasier et sans pouvoir arrêter le cri rauque qu'il pousse sans cesse pour indiquer qu'il n'est pas satisfait. Faut-il dire que quelquefois même il étouffe dans son large gosier, le troglodyte, le rouge-gorge ou la fauvette qui a porté imprudemment dans l'intérieur du bec du jeune coucou l'insecte capturé pour sa nourriture. Aussi le proverbe « ingrat comme un coucou » est-il parfaitement justifié.

Devenu grand, le jeune coucou tombe naturellement du nid qui ne peut plus le contenir ; ses parents nourriciers le suivent pas à pas pendant des journées entières, car il passe, selon son caprice, d'arbre en arbre, sans s'inquiéter de leur obéir.

Quelquefois l'œuf du coucou a été déposé dans un nid placé dans le creux d'un tronc d'arbre dont l'ouverture est trop étroite pour que le petit puisse sortir. Alors, on voit ses tuteurs rester avec lui jusqu'à la fin de l'automne et continuer à le nourrir ; ils sont encore là, les

malheureux, retenus par la captivité du jeune oiseau qui leur est
étranger, lorsque toute leur famille est déjà, depuis longtemps,
partie dans les régions méridionales.

Suivant Florent Prévost, la femelle du coucou met environ deux
mois pour pondre cinq ou six œufs : Voilà pourquoi on trouve des
jeunes dans les mois de mai et de juin, et pourquoi on en rencontre
encore en juillet et août. « On voit souvent, écrivait le vicomte de
Querhoënt, au commencement d'octobre, dans les environs de
Guérande, en Bretagne, de jeunes coucous qui n'ont pas vraisemblablement sorti assez tôt pour suivre les vieux ; j'en ai même tué au
mois de décembre. »

Frappé de l'indifférence du coucou, comparée à cette tendresse
générale, à ces soins touchants qu'ont les autres oiseaux pour leurs
petits, les naturalistes ont cherché à expliquer ce désordre apparent,
cette exception aux lois de la nature.

Hérissant attribue ce phénomène, unique dans l'histoire des oiseaux,
à la position du gésier du coucou qui est plus en arrière dans
l'abdomen et moins garantie par le sternum ; mais on sait aujourd'hui
que cette même conformation existe chez d'autres espèces qui couvent
très bien leurs propres œufs. L'explication, plus probable, de Florent
Prévost est que les mâles étant beaucoup plus nombreux que les
femelles, ces dernières n'ont pas de demeure attitrée, passant d'un
canton à l'autre, et trouvant plus commode de pondre dans le nid de
quelques oiseaux insectivore que d'en construire un qu'elles seraient
dans l'impossibilité de transporter à mesure qu'elles se déplacent.

Le coucou est un oiseau qu'il faut protéger et qui ne devrait
manquer dans aucune forêt, non seulement parce qu'il l'anime,
mais surtout parce qu'il contribue à son bon entretien. Essentiellement insectivore, il nous rend les plus grands services ; il détruit
surtout une quantité innombrable de chenilles, et particulièrement
les chenilles velues que les autres oiseaux ne peuvent avaler. Son
estomac est hors de proportion avec son volume, et son appétit et
sa voracité sont en rapport avec les dimensions considérables de
cet organe.

Le coucou a eu des adversaires, mais des voix savantes et
autorisées se sont élevées de toutes parts pour le défendre. « Le
coucou, disait M. Millet, inspecteur des forêts, est un précieux
auxiliaire contre les insectes. Il a une spécialité : la destruction des
chenilles velues. Nous avons indiqué le danger de ces chenilles.
Elles inspirent à la plupart des oiseaux une répugnance facile à
comprendre. Mais le jabot du coucou secrète une substance mucilagineuse qui réunit les poils des chenilles, les colle et en forme une

sorte de pâte. Cette pâte, roulée en boule par le premier travail de la digestion, est expulsée et sort par le bec de l'animal. Aussi la *chrysorée*, la *dispar te*, la *livrée*, ne tardent pas à disparaître des cantons forestiers où le coucou s'est établi. »

Voici le résultat d'une observation de E. de Homeyer :

Au commencement de juillet plusieurs coucous s'établirent dans un bois de pins d'environ trente arpents. Quelques jours plus tard le nombre de ces oiseaux s'était tellement accru que notre observateur en fut frappé : Il n'y en avait pas moins d'une centaine dans l'étendue du bois. Il ne tarda pas à se convaincre que ce rassemblement était dû à la présence d'une énorme quantité de chenilles de pins (*liparis monacha*). Les coucous qui trouvaient là une abondante nourriture avaient interrompu leur voyage pour profiter de cette aubaine. Ils étaient tellement occupés et affairés qu'en une minute un seul oiseau avalait plus de dix chenilles. « Qu'on compte, dit Homeyer, seulement deux chenilles par oiseau et par minute ; pour cent oiseaux, cela fera pour une journée de seize heures (au mois de juillet) 192.000 chenilles. Les coucous étant restés quinze jours dans la localité, le nombre des chenilles dévorées peut donc s'élever à 2.880.000. Et, en effet, leur diminution fut si notable qu'on aurait été tenté de croire que les coucous les avaient toutes détruites. Plus tard, on n'en vit plus de trace. »

CHAPITRE II

Les chenilles. — Différents états. — Le Bombyce cul-brun. — Sollicitude maternelle. — L'échenillage. — Le Bombyce zig-zag. — La Livrée des jardins. — Nid en forme de bague. — Les Processionnaires. — Le Processionnaire du chêne. — Nombreuses républiques. — Existence en commun. — Procession bizarre. — Ruine et dévastation. — Observations de Réaumur. — Le Bombyce du pin. — Innombrables ennemis. — La Nonnette. — Le Bombyce pudibond. — Forêts dévastées.

« Lorsque l'hiver a dépouillé les arbres de leurs feuilles, dit Réaumur, la nature semble avoir perdu ses insectes ; il y en a des milliers d'espèces, d'ailées et de non ailées, bien communes en d'autres temps, qu'on ne retrouve plus alors. Nos campagnes s'en repeuplent dès que les feuilles des arbres commencent à pointer ; des chenilles de toutes espèces les rongent avant même qu'elles se soient développées. Ces chenilles, que nous voyons alors reparaître, suffisent pour nous donner une idée des moyens généreux que la nature emploie pour conserver tant d'insectes dans une saison où ils ne sauraient plus trouver de quoi se nourrir. »

Tout le monde, aujourd'hui, sait que les chenilles naissent des œufs des papillons, et c'est par cette graine, semée avec prévoyance sur les plantes qui devront assurer leur nourriture, que les espèces subsistent pendant la saison rigoureuse. Tout a été combiné par la nature : La chaleur nécessaire pour l'éclosion des insectes est la même qui est indispensable pour faire pousser les feuilles des végétaux propres à les nourrir ; quand la petite chenille brise la mince enveloppe qui lui servait d'abri, elle trouve à côté d'elle les aliments que son instinct lui fait préférer et la pousse à rechercher.

Avant d'arriver à l'état de papillon, les chenilles passent par un état intermédiaire qui est celui de chrysalide ; l'insecte, sous cette forme ne prend aucune nourriture ; il paraît privé de mouvement, prépare sa métamorphose, et attend, dans son enveloppe soyeuse, l'époque de sa brillante résurrection.

Avec le printemps et le soleil les chenilles s'empressent d'éclore ; elles se répandent partout sur les plantes et sur les arbres et auraient bientôt fait disparaître toute trace de végétation, si, par une de ces lois admirables dont nous avons tant d'exemples frappants, la nature n'avait atténué le mal en formant des armées d'insectivores qui leur font une guerre continuelle et acharnée. Nous avons dit, tout à l'heure, quelle place le coucou doit occuper dans cette bienfaisante milice qui travaille à la conservation de nos récoltes ; nous allons maintenant parler des insectes qui constituent la nourriture de prédilection de cet oiseau.

Le BOMBYCE CHRYSORRHÉE, ou *Bombyce cul-brun* (*Bombyx chrysorrhea* ou *liparis chrysorrhea*) doit son nom au faisceau de poils roux qui termine l'abdomen de la femelle. A peine libre, ce papillon se préoccupe du soin d'assurer sa postérité : C'est vers le mois de juillet que la femelle dépose sous les feuilles de petits tas d'œufs qu'elle enveloppe avec les poils qu'elle s'est arraché. Les chenilles, nées à la fin de l'automne, se réunissent ensemble par groupes de quinze à vingt, assemblent des paquets de feuilles avec des fils de soie et se forment ainsi un abri où elles passent l'hiver. Dès le mois d'avril, elles quittent le nid et se répandent sur l'arbre dont elles dévorent les feuilles avec une incroyable rapidité. Quand des circonstances spéciales favorisent la multiplication de ces insectes leurs ravages sont terribles ; en temps ordinaire, leurs déprédations sont assez sensibles pour constituer un véritable impôt prélevé régulièrement sur nos récoltes.

Il serait cependant assez facile de se préserver en partie des dégâts occasionnés par les chenilles du *cul-brun* en exécutant la loi concernant l'échenillage. Leurs nids sont très apparents ; on peut profiter d'un temps froid, pendant les mois de décembre ou de janvier, pour les couper et les brûler.

Le Bombyce dissemblable, ou Bombyce zig-zag (*Bombyx dispar*, ou *liparis dispar*) ainsi nommé des dessins ondulés de ses ailes, est encore appelé *disparate*, parce que la femelle à la taille double de celle du mâle. Ses mœurs sont analogues à celle de l'espèce précédente. La ponte des œufs, qui se fait pendant le mois d'août, a lieu non pas sous les feuilles, mais sur le bois, les tiges ou les branches, vers leur bifurcation, quelquefois même sur les pierres d'un mur. Ils sont réunis en petits amas, recouverts d'un tampon de poils roussâtres qui leur donne l'aspect d'un morceau d'amadou, et dont le but est de les protéger contre les rigueurs de l'hiver. Les chenilles éclosent au printemps et se comportent comme celles du bombyce cul-brun.

Le Bombyce neustrien ou Livrée des jardins (*Bombyx neustria*) est une des espèces les plus nuisibles aux forêts ; la chenille porte une véritable *livrée* formée de raies longitudinales alternativement rouges et bleues, et qui a valu à ce papillon le nom sous lequel il est généralement connu. Le bombyce livrée est jaunâtre avec les ailes antérieures traversées de deux bandes fauves. C'est la femelle de cet insecte qui forme avec ses œufs, autour des branches d'arbres, des bagues ou bracelets qui restent à découverts, mais qui sont protégés par un vernis à l'épreuve de l'eau et du froid.

« De tous les nids d'œufs de papillons, dit Réaumur, celui où cette colle est plus visible, et qui d'ailleurs est un des plus jolis pour l'arrangement des œufs, est un nid connu des jardiniers, parce qu'ils le trouvent assez souvent en taillant leurs arbres ; ils l'appellent le *bracelet* ou la *bague*, et ils l'ont très bien nommé. Ces nids entourent un jet de poirier, de pommier, de pêcher, de prunier, comme les bagues ordinaires entourent les doigts, ou comme les bracelets entourent les bras. Ils ressemblent tout à fait aux bracelets de grains d'émail ; chaque œuf tient ici lieu d'un de ces grains. Il entre depuis deux cents jusqu'à trois cents cinquante œufs dans chaque bracelet. On ne voit que leur partie supérieure, dont le contour est rond et blanc ; le milieu est plus brun ; la sommité est toujours marquée par un point noir. Ces grains ou œufs, qui se touchent seulement par quelques endroits de leur contour et qui sont pressés les uns contre les autres, laissent nécessairement entre eux des espaces, qui sont remplis par une espèce de gomme brune, dure et cassante. Il faut une grande provision de colle ou de gomme à un papillon pour fournir à la composition de ce bracelet. Le papillon qui le fait est une phalène; il nous est donné par la chenille que nous avons nommée ailleurs la LIVRÉE (*Bombyx neustria*). Elle ne s'accommode pas seulement des feuilles des arbres fruitiers; elle vit très bien des feuilles d'orme, de saule, et de celles de différents autres arbres, autour des petites branches desquels j'ai trouvé les bracelets. »

Les jeunes chenilles qui vivent en commun, se réunissent sur les troncs d'arbres ou à l'aisselle des branches, la nuit et le matin; elles se dispersent pendant le jour.

Mais au-dessus de ces ennemis des arbres, il faut placer les *Processionnaires*, qui causent dans nos forêts et dans nos bois d'incalculables ravages, qui dépouillent les végétaux de leurs feuilles « absolument comme si les fameuses sauterelles d'Egypte y avaient passé. »

Les *Processionnaires* sont ainsi nommés parce que les chenilles sortent le soir en *procession* du nid soyeux qu'elles se sont filé en commun. « Elles vont toujours en espèce de *procession*, dit Réaumur, aussi les ai-je nommées des *processionnaires* ou des *évolutionnaires*. »

Le PROCESSIONNAIRE DU CHÊNE (*Bombyx processionea*) paraît dans le mois d'août et dans le mois de septembre : Ce papillon, couvert de poils bruns sous l'abdomen, a les ailes grisâtres nuancées de bleu d'une teinte indéterminée. La femelle pond sur l'écorce des chênes des masses variant entre cent cinquante et deux cents œufs qui sont soigneusement recouverts des longs poils dont elle se dépouille. La chenille, d'un gris bleuâtre, porte une toison de poils longs, raides, piquants, d'une finesse excessive; elle a, sur la ligne médiane du dos des raies transversales et de petits tubercules rougeâtres.

De toutes les républiques de chenilles, celles du Bombyx processionnaire sont les plus nombreuses; chacune d'elles ne forme pourtant qu'une famille, née d'un seul papillon; mais c'est une famille nombreuse qui compte souvent six cents, sept cents et même huit cents membres.

Ces chenilles vivent en commun; elles mangent ensemble, se reposent ensemble, et se filent ensemble une toile pour se mettre toutes à couvert, ce qui leur permet de rester encore réunies sous la forme de chrysalide. Pendant qu'elles sont jeunes, elles n'ont point d'établissement fixe et on les voit camper successivement en différents endroits du chêne sur lequel elles sont nées; elles s'y font des toiles de grosse bourre d'un gris jaunâtre, sous lesquelles elles demeurent quelque temps et qu'elles abandonnent quand elles ont changé de peau, pour s'empresser d'en aller filer d'autres ailleurs.

Parvenues aux deux tiers de leur grandeur, ce qui arrive au commencement de juin, elles se construisent une habitation fixe qu'elles n'abandonnent que lorsqu'elles sont devenues des papillons; elles se rendent toutes dans ce nid dont elles ne sortent que le soir et toujours dans un ordre régulier et invariable.

Appliqués contre les troncs des chênes, quelquefois tout près de terre, ces nids forment une boursouflure qui ressemble grossièrement aux nœuds qui existent sur ces arbres. Il y en a qui ont plus de cinquante centimètres de longueur, sur vingt centimètres de largeur. Les chenilles ménagent tout au haut de la toile une ouverture qui sert de porte d'entrée et de sortie.

Mais voyons comment elles organisent leurs processions : Une chenille marche devant; elle est suivie de deux, placées côte à côte pour former la seconde file; trois, rangées dans le même ordre, forment la troisième ligne, quatre la quatrième, cinq la cinquième, etc... en augmentant toujours chaque file d'une unité, ce qui donne à la colonne dévorante, la forme d'un énorme triangle dont rien ne saurait arrêter la marche. Si un obstacle se présente, on tente de le surmonter; si l'on tombe dans une tranchée, les rangs, un moment dérangés, se reforment aussitôt.

Lorsque les feuilles d'un arbre sont dévorées, elles passent à un second, puis à un troisième; quand cette nourriture vient à manquer, elles sortent de la forêt, se répandent dans les vergers, dans les jardins, dans les champs, franchissent les haies, les murs, rampant, grouillant, s'agitant, conservant leur rang de combat, et ne laissant derrière elle que ruine et dévastation.

« Je crois, dit l'illustre historien des insectes, qu'il y a une très parfaite égalité entre les habitants de cette république; ils marchent pourtant ayant un chef à leur tête, et ils suivent ses mouvements avec autant d'exactitude qu'ils pourraient faire s'ils l'eussent choisi pour conducteur, après avoir reconnu sa capacité. L'heure de sortir du nid étant venue, il y a une chenille qui se met en marche la première; une autre la suit, et toutes suivent à la file. Ce n'est pas seulement en sortant de leur nid qu'elles suivent la première qui s'est mise en marche; elles la suivent de même tant qu'elle est en mouvement; elles s arrêtent toutes quand elle s'arrête; elles attendent pour marcher qu'elle se remette en route. »

« C'est un vrai spectacle pour qui aime l'histoire naturelle que de se trouver, dans les jours chauds d'été, vers le coucher du soleil, dans un bois où il y a plusieurs nids de nos processionnaires sur ces arbres peu éloignés les uns des autres. Quand le soleil est près de se coucher, on en voit sortir une de quelque nid par l'ouverture qui est à la partie supérieure et qui suffirait à peine à en laisser sortir deux de front. Dès qu'elle est sortie, elle est suivie à la file par plusieurs autres; arrivée environ à deux pieds du nid, tantôt plus près pourtant, et tantôt plus loin, elle fait une pause pendant laquelle celles qui sont dans le nid continuent d'en sortir; elles prennent leur rang, le bataillon se forme; enfin la conductrice marche, et tout la suit. Ce qui se passe dans ce nid se passe dans tous les nids des environs; on les voit tous se vider à la fois, l'heure est venue où les chenilles doivent aller chercher de la nourriture, où elles doivent aller ronger les feuilles du chêne. Ainsi, c'est pendant la nuit qu'elles se promènent, qu'elles mangent; pendant le jour, et surtout pendant les jours chauds, elles se tiennent en repos dans leurs nids. »

Nous avons dit que dans le premier âge, jusqu'à la troisième mue, elles changent constamment de domicile. Ce n'est que lorsqu'approche le temps de la métamorphose qu'elles songent à faire un nid solide dans lequel elles deviennent chrysalides. Pour se préparer à cette laborieuse opération, elles se filent, chacune en particulier, une coque; elles joignent tous leurs poils à la soie qu'elles emploient pour le former; et, si dans ce moment, on déchire une de ces enveloppes, on ne reconnaît plus la chenille absolument nue qui s'y trouve renfermé.

Il est presque impossible à l'homme et aux animaux de séjourner longtemps dans un canton infesté de processionnaires; les poils, que le vent dissémine, s'introduisent dans l'organisme et causent des inflammations violentes.

« Ceux, dit Réaumur, qui peuvent avoir pris quelque envie d'observer ces républiques de chenilles, et surtout leurs nids, auraient à se plaindre de moi, si je n'avertissais que ce n'est qu'avec précaution qu'on doit défaire les nids, surtout lorsqu'ils sont remplis de gâteaux de coques, et surtout encore lorsque les papillons sont sortis des coques. La première fois que je les observai, il m'arriva d'en trouver une grande quantité; j'en détachai un bon nombre des arbres; je les brisai, je les épluchai avec les mains, et ce ne fut qu'après les avoir bien observés que je m'aperçus que je les avais trop maniées. Je sentis à mes mains, au poignet, et principalement entre mes doigts, des démangeaisons cuisantes et qui le devinrent de plus en plus; peu après, j'en sentis de pareilles en plusieurs endroits du visage, et surtout à l'un de mes yeux, qui, au bout de quelques heures, se trouva dans le même état que si j'y avais eu une fluxion.

« Les poils qui produisent cet effet sont extrêmement fins et légers; la plus faible agitation de l'air suffit pour les transporter. Ils sont si petits qu'on ne peut les distinguer bien sûrement sur les endroits de la peau où ils ont causé des élévations. Pendant que je défaisais avec ma canne de ces nids qui étaient posés seulement à quelques pieds de hauteur, il est arrivé quelquefois que les environs étaient très éclairés du soleil; dans ces endroits éclairés, je voyais voltiger des milliers de petits corps, qui étaient pourtant beaucoup plus gros et en plus grand nombre que ceux qu'on voit au milieu des rayons de lumière qui entrent dans une chambre obscure; c'étaient sans doute les poils courts, ou les fragments de poils dont l'attouchement est capable d'exciter sur la peau des élévations accompagnées de démangeaisons cuisantes. »

Si les forêts de chênes ont leurs processionnaires, les forêts de pins ne sont guère plus épargnées : Le plus mortel ennemi du pin sylvestre est un papillon de nuit, LA NOCTUELLE DU PIN (*Trachea piniperda*) souvent désignée sous le nom de BOMBYCE DU PIN (*Bombyx pini*). Son corps est marron, ramassé et couvert de poils; les ailes inférieures sont brunes; les ailes supérieures sont grises, et portent deux petits croissants blancs; et en outre, par derrière, une bande jaune assez régulière.

La chenille de cet insecte ne s'attaque qu'au pin sylvestre; et, surtout, aux arbres séculaires qui ont végété dans un terrain sec, sablonneux et à une chaude exposition. C'est au milieu du mois de juillet que le papillon fait son apparition; appuyé, pendant le jour, sur le tronc des arbres, il se blottit dans les profondes gerçures de l'écorce quand il fait mauvais temps. Mâles et femelles se mettent en campagne au moment du crépuscule, et vagabondent pendant une grande partie de la nuit. Bientôt arrive le moment de la ponte; chaque femelle produit environ deux cents œufs qu'elle dispose en petits tas d'une cinquantaine, soit dans les fentes de l'écorce, soit parmi les feuilles des branches les plus basses. Au bout de quinze à vingt jours les chenilles sortent des œufs; et, sans plus attendre, se mettent en quête de nourriture.

« Quelquefois, dit M. De la Blanchère, si nombreuses que les branches plient sous leurs poids, ces chenilles dévorent ainsi jusqu'aux premiers froids, nuit et jour, sans relâche, sans trêve, passant d'un arbre à un autre. Quand elles ont tout épuisé autour d'elles — et il faut à chacune d'elles un millier de feuilles pour arriver à toute sa croissance, — alors que les mauvais temps approchent, où que l'époque de leurs mues successives arrive, elles descendent des arbres t vont, en octobre et novembre, s'enterrer sous la mousse, le lichen ou le gazon qui couvrent le sol, et là, elles restent dans un trou creusé à la surface du sol qui ne les recouvre pas entièrement. Elles y passent l'hiver engourdies, pour recommencer au printemps suivant, en mars ou avril, suivant qu'il fait beau. Alors elles remontent sur les pins et mangent non seulement les aiguilles, mais encore les jeunes pousses, et tout ce qu'elles peuvent atta quer. Vers la fin de juin, elles sont arrivées à toute leur croissance et représentent alors une grosse chenille poilue, blanche, marquée de jaune. Elles se métamorphosent en chrysalides dans une coque blanchâtre en soie assez serrée, et qui, dès lors, fait paraître la cime des arbres comme couverte de neige. Vingt jours après, le papillon sort.

» Rien ne peut donner mieux une idée de la prodigieuse quantité de ces animaux que l'expérience suivante : Douée d'un appétit insatiable, chaque chenille a bientôt épuisé la branche, chaque myriade a bientôt épuisé son canton. Il faut chercher ailleurs le vivre indispensable. — On descend de table et on émigre. — Mais l'homme est là; pendant que l'on mange le premier service, il envoie ses ouvriers; on creuse un fossé autour de la partie attaquée, on travaille jour et nuit pour être prêt à la fin de ce premier service, car de là dépend le succès. — Or ces fossés ont quarante à cinquante centimètres de profondeur et sont quelquefois d'un énorme développement; n'importe, le salut de la forêt en dépend.

» Plus de feuilles, il faut descendre; une première descend, une seconde, un mille, cent mille se mettent en marche. On arrive au fossé, on y tombe, et bientôt il est tellement rempli de chenilles que les dernières arrivées peuvent le franchir aussi aisément que si elles étaient sur le sol uni! Heureusement les forestiers surveillent. Les pelles, les balais les rejettent dans la fortification protectrice, et elles y meurent faute d'aliment. »

L'homme est impuissant à combattre de pareils fléaux que l'intervention des oiseaux et des mouches ichneumones ne peut qu'atténuer.

Le BOMBYCE MOINE OU NONNETTE (*Bombyx monacha* ou *Liparis monacha*) presque aussi dangereux que l'espèce précédente ne s'attaque pas seulement au pin sylvestre, mais encore à l'épicéa, au chêne, au bouleau et à beaucoup d'autres arbres et arbustes. Les traces de son passage sont faciles à constater.

Le Bombyce pudibon (*Orgya pudibunda*) habituellement peu nuisible, dévasta en 1848, plus de quinze cents hectares de forêts!... Partout où ses innombrables bataillons s'étaient déployés, les arbres étaient complètement dépouillés de leur verdure; des cantons entiers étaient dévastés en quelques instants. Les chenilles de cette colonne infernale mortes sur place, faute de nourriture, couvraient le sol d'une couche qui atteignait, en certains endroits, douze centimètres d'épaisseur. Ces myriades de corps en putréfaction répandaient une odeur infecte et faisaient craindre l'invasion d'un fléau plus redoutable encore!

CHAPITRE III

Passons en revue quelques-uns des soldats de la gracieuse milice que la nature oppose aux armées dévastatrices des insectes. Les oiseaux sont de merveilleux instruments d'élimination qui, sous les apparences de la liberté et du caprice fonctionnent avec une admirable précision, et que l'on est sûr de rencontrer partout où leur présence est nécessaire.

Suivons la lisière des bois : Ils sont tous au poste de combat qui leur a été assigné; leur chant s'élève de tous les points de la campagne; la voix éclatante du rossignol domine cet harmonieux concert.

Le Rossignol (*Luscinia*) a le dessus du corps d'un brun roux, le plumage inférieur d'un gris blanc; les côtés et les cuisses sont gris; les couvertures inférieures de la queue sont d'un blanc roussâtre; le bec est brun foncé en dessus et gris brun en dessous; la base en est de couleur chair de même que les jambes, les pieds et les ongles. Sans nous arrêter aux différentes étymologies qui ont été données du nom de cet oiseau, nous remarquerons que tout est plus ou moins

Dans les bois. 7

roux dans son plumage; et, sans doute, il est inutile de chercher ailleurs la dénomination de *rossignol*. Dans certaines contrées la femelle est appelée *ross gnolette* et les petits *rossignolets*.

Les rossignols nous arrivent à l'époque où l'aubépine commence à se couvrir de feuilles : C'est dans le courant du mois d'avril, tantôt plus tôt, tantôt plus tard qu'on entend tout à coup vibrer, dans le silence du soir, la voix incomparable du chantre de la création. La puissance en est si extraordinaire qu'elle remplit une sphère de seize cents mètres de rayon.

« C'est moins encore, dit Bechstein, la force que l'étendue, la flexibilité la prodigieuse variété, l'harmonie enfin de cette voix, qui la rend précieuse à toute oreille sensible au beau. Tantôt traînant des minutes entières une strophe composée seulement de deux ou trois tons mélancoliques, il la commence à demi voix, s'élevant, par le plus superbe crescendo, au plus haut degré d'intensité, la finit en mourant; tantôt, c'est une suite rapide de sons plus éclatants, terminée, comme beaucoup d'autres couplets de sa chanson, par quelques tons détachés d'un accord ascendant. On peut compter jusqu'à vingt-quatre strophes ou couplets différents dans le chant d'un rossignol, sans y comprendre les petites variations fines et délicates. »

« D'autres oiseaux chanteurs, dit Buffon, se font écouter avec plaisir quand le rossignol se tait. Les uns ont d'aussi beaux sons, les autres ont le timbre aussi pur et plus doux; d'autres, des tours de gosier aussi flatteurs. Mais il n'en est pas un seul que le rossignol n'efface par la réunion complète de ces talents divers et par la prodigieuse variété de son ramage, en sorte que la chanson de chacun de ces oiseaux, prise dans toute son étendue, n'est qu'un couplet de celle du rossignol. Le rossignol charme toujours et ne se répète jamais, du moins, jamais servilement. S'il redit quelque passage, ce passage est animé d'un accent nouveau, embelli par de nouveaux agréments. Il réussit dans tous les genres et rend toutes les expressions, il saisit tous les caractères, et, de plus il sait en augmenter l'effet par les contrastes. Ce coryphée du printemps se prépare-t-il à chanter l'hymne de la nature, il commence par un prélude timide, par des sons faibles, presque indécis, comme s'il voulait essayer son instrument. Mais ensuite, il s'anime par degrés, il s'échauffe, et bientôt déploie dans toute sa plénitude, toutes les ressources de son incomparable organe : Coups de gosier éclatants, batteries vives et légères, fusées de chant où la netteté est égale à la volubilité, roulades précipitées, brillantes et rapides, articulées avec force et même avec une dureté de bons goût; sons enchanteurs et pénétrants, vrais soupirs d'amour et de volupté, qui semblent sortir du cœur et fait palpiter tous les cœurs. »

Le rossignol affectionne particulièrement les lieux frais et ombragés, les jeunes taillis situés sur le bord des prairies ou des terres cultivées, les broussailles, les buissons touffus, les jardins un peu négligés. Chaque couple travaille à la construction d'un nid vers la fin du mois d'avril. Ils le placent tout près de terre, dans des broussailles, sur une touffe d'herbes, dans les haies épaisses, dans les fourrés impénétrables d'un taillis, au pied d'une charmille.

Ce nid, généralement exposé au levant, est composé à l'extérieur de fibres de plantes, de petites racines entrelacées, de racines de graminées et de feuilles sèches; il est chaudement matelassé à l'intérieur de bourre et de poils d'animaux. La femelle y dépose quatre ou cinq œufs d'un brun verdâtre, dont les chiens, les chats, les renards, les fouines et d'autres animaux sont avides.

C'est surtout pendant l'incubation, qui dure de seize à dix-huit jours, que le mâle déploie tout le charme de sa voix. Il se tient tout près du nid et ne s'en éloigne que pour aller chercher la pâture de sa compagne. Même par les temps de pluies torentielles, qui imposent silence aux autres oiseaux, notre virtuose, tout ruisselant sous la feuillée, poursuit vaillamment sa chanson.

La femelle ne quitte guère son nid qu'une fois par jour, vers le soir, pour quêter elle-même quelque nourriture, et agiter un peu ses pauvres membres endoloris; on la voit alors voleter autour de sa couvée, allonger les ailes et les pattes, lisser ses plumes; et, ne s'interrompre que pour saisir au vol quelques insectes qui passent à sa portée.

Les rossignols ont grand soin de leur postérité : les parents veillent à l'éducation des jeunes avec la plus tendre sollicitude. Le père leur apprend à chanter; les petits élèves l'écoutent avec beaucoup d'attention et de docilité, et répètent ensuite leur leçon; il aime éperdument sa compagne; il a pour elle les soins les plus assidus; en un mot, il semble tout sacrifier aux douces joies de la famille.

On dit communément, et c'est un adage populaire, que le rossignol ne chante plus quand ses petits sont éclos. Distrait par la préoccupation de chercher la nourriture à leur convenance et de la leur apporter, il chante, en effet, beaucoup moins, mais il chante encore. Ce n'est qu'après la seconde couvée qu'on cesse d'entendre son brillant ramage : A ces chants si variés, si mélodieux, à son hymne au printemps, succède une voix rauque et monotone, qui est moins un chant qu'une sorte de croassement.

Nous avons dit que ces oiseaux se plaisent dans les lieux écartés et

paisibles ; ils préfèrent le voisinage d'une colline ou d'un ruisseau ;
et, surtout les endroits où se rencontre un écho. C'est là que le mâle
se plaît à chanter ; il coupe son ramage par des pauses pour s'écouter
et se répondre ; on croirait qu'il sait ce que valent ses talents ; il se
plaît à chanter quand les autres se taisent.

Rien ne l'anime tant que la solitude, le calme de la nuit, et le
silence de la nature :

> « Sur l'azur plus pâle des cieux
> « Le crépuscule étend son voile,
> « Des bergers la bleuâtre étoile
> « Pare son front silencieux.
> « Des oiseaux le peuple sonore
> « Suspend ses concerts éclatants ;
> « Seul, un rossignol, chante encore,
> « De ceux qu'un précoce printemps
> « Pour nos plaisirs a fait éclore. » (1)

« Lorsque, dit Châteaubriand, les premiers silences de la nuit et
les derniers murmures du jour luttent sur les côteaux, au bord des
fleuves, dans les bois et dans les vallées ; lorsque les forêts se taisent
par degré, que pas une feuille, pas une mousse ne soupire, que la
lune est dans le ciel, que l'oreille de l'homme est attentive, le premier chantre de la création entonne ses hymnes à l'Éternel. D'abord
il frappe l'écho des brillants éclats du plaisir ; le désordre est dans
ses chants ; il saute du grave à l'aigu, du doux au fort, il fait des
pauses ; il est lent, il est vif ; c'est un cœur que la joie enivre. Mais
tout à coup la voix tombe, l'oiseau se tait. Il recommence. Que ses
accents son changés ! Quelle tendre mélodie ! tantôt ce sont des
modulations languissantes, quoique variées ; tantôt, c'est un air un
peu monotone, comme celui de ces vieilles romances françaises,
chefs-d'œuvre de simplicité et de mélancolie.

Le chant est aussi souvent la marque de la tristesse que de la joie :
l'oiseau qui a perdu ses petits chante encore ; c'est encore l'air du
temps du bonheur qu'il redit ; car il n'en sait qu'un ; mais, par un
coup de son art, le musicien n'a fait que changer la clef, et la
cantate du plaisir est devenue la complainte de la douleur. »

Mais le rossignol n'a pas été créé seulement pour chanter le printemps et les fleurs ; et si nous l'envisageons au point de vue de son
utilité pratique, nous verrons qu'il fait une consommation effrayante
de chenilles, de petits coléoptères et de papillons. Il mérite

_____

(1) Mᵐᵉ A. Tastu.

donc a plus d'un titre notre protection; et ceux qui seraient
tentés de ne pas respecter le musicien admirable de nos bois, respec-
teront peut-être l'humble auxiliaire de l'agriculture. Dans quelques
pays on recherche le rossignol comme gibier; et on le chasse pour
le manger ce qui, à nos yeux, constitue un acte de barbarie condam-
nable qu'on ne saurait trop flétrir.

Dans la mythologie, on rattache l'origine du rossignol à l'un des
plus sinistres drames des temps fabuleux : Son nom de *Philomèle*
rappelle l'histoire sanglante de la fille de Pandion, roi d'Athènes.
Cette malheureuse princesse à qui son beau-frère, Térée, avait fait
subir les plus indignes traitements, résolut de s'en venger, mais, on
lui fit couper la langue et on la plongea dans un cachot. Ne pouvant
révéler de vive voix ses infortunes, elle retraça sur une toile tout
ce qu'elle avait souffert, et parvint à faire remettre cette toile à sa
sœur Progné, femme de Térée. Progné se mit à la tête d'une troupe
de femmes, délivra la pauvre mutilée; et, dans un mouvement de
farouche délire, elle immole Itys, son propre fils, organise un grand
festin, et sert les membres de l'enfant à son indigne époux. A la fin
du repas, la mère coupable jette sur la table, devant Térée, la tête
du jeune Itys; et lorsque, ivre de fureur, il voulut se précipiter sur
elle, il se trouva changé en épervier. Progné fut transformée en
hirondelle. Itys en faisan, et Philomèle en rossignol qui a le privilège
d'émouvoir à jamais, sous cette forme, l'humanité du récit de ses
douleurs. Depuis cette époque l'épervier poursuit inutilement l'hirondelle et le rossignol qui échappent à ses serres, la première, par la
rapidité de son vol; l'autre, par l'obscurité de sa solitude.

A côté du rossignol, il faut placer les *fauvettes* qui, dès les
premiers jours du printemps, animent les bois, par leurs mouvements, et les égayent par leurs chants. Leur voix n'a pas l'étendue
et l'ampleur de celle du rossignol; mais, elle est douce, harmonieuse
et variée; et, pour remplir consciencieusement la tâche économique
que la nature leur a imposée, elles volent continuellement, avec la
plus grande légèreté, à la poursuite des insectes. Les unes ont une
prédilection marquée pour la solitude des bois; les autres se
plaisent dans nos jardins; il en est qui se cachent dans les roseaux,
d'autres qui préfèrent les prairies. Toutes sont vives, remuantes,
toutes ont l'accent de la gaîté; toutes aussi ont le plumage terne et
sombre, humble livrée qui s'harmonise admirablement avec les habitudes laborieuses de ces oiseaux.

Le genre fauvette est extrêmement nombreux, et les espèces qui
le composent diffèrent beaucoup entre elles par leurs habitudes.
Aussi les distingue-t-on en *Fauvettes riveraines* ou *Rousserolles*, et en

Fauvettes sylvaines ou *Fauvettes* proprement dites. C'est de ces dernières, seulement, que nous devons nous occuper.

Nous rangerons dans cette catégorie la *Fauvette de muraille*, ou *Rossignol de muraille*, (*Sylvia phœnicura*) qui a certains rapports avec le rossignol ordinaire et qui niche fréquemment dans les bois. Albin et Belon, lui ont donné le nom de *rouge-queue;* on l'appelle encore, suivant les pays, *hoche-queue*, ou *cul-rouge*. Cet oiseau a le front blanc; la base du bec, les joues, la gorge et le devant du cou sont noirs; le plumage du dos est cendré; celui du ventre est roux; le bec, les jambes, les pieds et les ongles sont noirs.

Le rossignol de muraille arrive au printemps comme la plupart des oiseau du même genre; on le nomme ainsi, parce qu'il aime à s'établir sur le faîte des vieux bâtiments où il fait entendre son chant bien accentué, agréable et mélancolique; mais on le rencontre aussi dans le plus épais des forêts; il adopte alors quelque vieil arbre, et il niche dans les trous qu'il y trouve. Son vol est très léger; toutes les fois qu'il se pose, il agite la queue horizontalement, par trémoussements, et pousse en même temps un petit cri particulier.

La ponte est de cinq ou six œufs bleuâtres : Pendant tout le temps de l'incubation, le mâle placé sur un point élevé, dominant le nid, fait entendre son chant, principalement le matin et le soir. Comme cet oiseau est d'un naturel sauvage, il se cache le plus possible pour prendre ses repas et construire son nid; il lui arrive même d'abandonner sa couvée, lorsqu'une personne s'en est approchée de trop près.

Le type des FAUVETTES VRAIS est la FAUVETTE DES JARDINS, (*Sylvia hortensis* ou *Curruca orphea*) appelée aussi *grande fauvette;* elle est presque de la taille du rossignol.

Ces oiseaux paraissent en grand nombre au printemps, dans les champs, dans les vergers, à la lisière des bois, mais particulièrement dans les jardins. On les y voit s'ébattre, agacer leurs compagnons, les poursuivre dans le feuillage, à travers les arbustes et les tiges des plantes, et ces attaques légères, ces combats innocents, se terminent toujours par une petite chanson, comme si nos mignonnes fauvettes voulaient protester de leurs intentions pacifiques.

Le nid est grossièrement composé de quelques brins de paille ou d'herbe sèche et garni de crin à l'intérieur; la femelle y dépose cinq œufs qu'elle couve avec le plus grand soin, mais qu'elle abandonne lorsqu'on les a touchés. Le mâle partage avec sa compagne le soin de l'incubation; et, tout le temps qu'il n'emploie pas à couver ou à chasser, il le passe auprès d'elle et cherche à l'égayer par son chant, qui est très varié, mais moins éclatant que celui de la fauvette à tête noire.

La Fauvette grisette (*Sylvia cinerea*) doit son nom à sa couleur cendrée; elle est très répandue dans toute l'Europe. Son chant, moins beau que celui de la plupart de ses congénères, plaît cependant par son excessive volubilité. Sans cesse en activité, on la voit voltiger de branche en branche, courir de buisson en buisson, tourbillonner au-dessus des haies pour y pénétrer ensuite avec agilité.

Son nid, moins soigné encore que celui de l'espèce précédente, est composé de petits brins de gramen et de paille; il est garni à l'intérieur de flocons de laine ou du duvet de quelques plantes. Elle le place dans les haies peu élevées, sur le bord des routes, dans les touffes de ronces qui croissent aux rebords des fossés; dans les épines qui embarrassent la lisière des bois.

Cet oiseau est la *passerine* des Provençaux qui considèrent sa chair comme un met excellent.

La Fauvette a tête noire (*Sylvia atricapilla*) doit son nom au plumage d'un beau noir qui orne le dessus de sa tête; le dos est d'un brun teinté d'olivâtre; l'abdomen est gris blanchâtre; le bec est brun; les pieds sont couleur de plomb et les ongles noirs. Ces couleurs sont celles du mâle; la femelle a le dessus de la tête d'un marron-clair.

De toutes les fauvettes, c'est celle qui a le chant le plus agréable, le plus soutenu, le plus doux et le plus mélodieux; il approche de celui du rossignol, sans en avoir les notes puissantes et sonores, et nous en jouissons beaucoup plus longtemps. Elle habite les bois, les parcs, les vergers, les taillis, et place son nid à peu de distance de terre, dans les buissons de houx, de genièvre, d'églantier ou d'aubépine. La ponte est de quatre ou cinq œufs tachetés de brun-clair sur un fond verdâtre que les parents couvent alternativement. Ils prodiguent à leurs petits les soins les plus tendres, et quand ils sont menacés par un ennemi, ils cherchent à détourner son attention en traînant l'aile et feignant eux-mêmes d'être blessés. Quand, par cette ruse innocente, ils pensent avoir écarté le danger, ils reviennent joyeux auprès de leur progéniture en prenant une route détournée.

La Fauvette babillarde (*Sylvia curruca* ou *curruca garrula*) très répandue partout doit son nom à son babil continuel, très monotone, peu étendu et sans cesse répété. Toujours en mouvement, elle voltige continuellement sur le bord des chemins, autour des buissons; elle aime les taillis et les endroits fourrés, où, dans ses chasses continuelles, elle poursuit sans trêve ni merci les insectes dont elle fait sa nourriture.

Comme la grisette, elle s'élève d'un vol court en pirouettant, retombe presque aussitôt, et pénètre sous la feuillée avec la rapidité de la flèche; et, pendant ces évolutions, elle ne cesse de faire entendre un chant fort vif, gai mais peu soutenu. Cachée dans l'épaisseur du buisson, elle a un autre accent, sorte de sifflement très fort pour un si petit oiseau. Elle fait son nid près de terre, souvent dans une touffe d'herbes engagée dans les épines ou dans les ronces; les œufs sont verdâtres point llés de brun.

Voici encore une échenilleuse que nous aurions tort d'oublier : C'est la FAUVETTE D'HIVER (*Accentor modularis*) désignée sous les noms de *Passe-buse*, *mouchet*, *traine-buisson*, etc. Cette fauvette n'émigre point; et, c'est à tort qu'on a prétendu qu'elle nous arrivait en automne. A cette époque, elle quitte le sommet des arbres pour se réfugier dans l'épaisseur des taillis ou des haies, et cette particularité lui a valu son nom de *traine-buisson*. Quand cet oiseau ne trouve plus d'insectes, il s'approche des lieux où l'on bat le grain; la nécessité l'oblige à absorber cette nourriture qui n'est guère à sa convenance; et, c'est de cette habitude qu'on l'a appelé *gratte-paille*.

CHAPITRE IV

Invasions des insectes. — Comment ces invasions sont combattues. — Les ennemis des chenilles. — Les Ichneumonides. — Le Calosome sycophante. — Une larve gourmande. — Les cicindèles. — Cicindèle champêtre. — Cicindèle hybride. — Cicindèle sylvatique. — Insectes à odeur de rose. — Les Carabes. — Le Carabe doré. — Le Carabe aux grains de chapelet. — Le Carabe à chaînettes. — Différentes espèces de Carabes. — Leur utilité. — Le hanneton. — Métamorphoses. — Les ravages causés par les hannetons. — Auxiliaires.

Chaque plante nourrit une ou plusieurs espèces d'insectes; et nous avons vu avec quelle effrayante rapidité les espèces malfaisantes se multiplient sur les arbres de nos forêts et de nos bois. Heureusement, chaque insecte à son ennemi, quelquefois même de nombreux ennemis; et c'est ainsi que l'équilibre existe et que toutes les richesses du sol ne sont pas anéanties. Production sans cesse renouvelée, extermination continuelle, tels sont les moyens employés par la Providence pour la transformation ininterrompue de la matière.

Cependant il arrive qu'à certaines époques, et pour des causes qui échappent le plus souvent à notre sagacité, des espèces nuisibles prennent un développement inaccoutumé et envahissent des contrées entières : C'est encore la nature, plus forte que l'homme, qui seule a la puissance de faire rentrer dans le niveau commun, ces dérangements momentanés des grandes lois de l'équilibre.

« Suivant la grandeur d'un arbre, dit Gloger, il suffit ordinairement de deux, trois, quatre ou cinq mille chenilles au plus, pour le dégarnir de son feuillage et pour le faire mourir quelquefois dès la première année. Si donc, pour une cause quelconque, l'éclosion de ces chenilles réussit complétement pendant plusieurs années, les forêts courent les plus grands dangers.

« Dans la province de l'est de la Prusse, il a fallu abattre dans les forêts de l'Etat, plus de trois millions de toises cubes de bois de sapin, contrairement à toutes les règles d'exploitation forestières, car la plupart étaient encore trop jeunes. Cette triste mesure était indispensable, parce que les arbres dépourvus de leurs feuilles aciculaires allaient dépérir. En même temps, l'abondance du bois mis ainsi tout à coup en vente, en fit baisser le prix de plus de moitié. »

Il arrive parfois qu'un chêne, plusieurs fois séculaire, se trouve à la merci de milliers de chenilles, sans compter la multitude innombrable des autres insectes réfugiés sous son écorce ou dans les cavités du tronc et des branches; il faut donc opposer à ces invasions une force bien puissante pour que nos forêts ne soient pas anéanties.

« Quand la nature a rendu certains genres d'animaux prodigieusement féconds, dit Réaumur, elle a pris soin, en même temps, d'empêcher que, malgré leur fécondité, ils ne se multipliassent pas trop; elle a produit d'autres animaux pour les détruire. C'est ainsi que les chenilles sont destinées à nourrir quantité de grands et de petits animaux. Elles ont un prodigieux nombre d'ennemis; les uns les mangent toutes entières et n'en font qu'une bouchée; les autres les hachent, les rongent; d'autres les sucent peu à peu et ne les font pas moins périr. Quelque grand que soit le nombre de leurs destructeurs, on le trouve peut-être encore trop petit, lorsqu'on voit qu'elles mangent nos légumes, qu'elles dépouillent de leurs feuilles les arbres et les arbrisseaux de nos jardins et de nos campagnes. »

Les oiseaux occupent un rang très important parmi les défenseurs de nos richesses végétales puisqu'on a calculé qu'une seule mésange bleue ne détruit pas moins de 200.000 insectes dans une année ; elle peut, en un jour, manger 10.000 œufs de papillon. Un observateur a calculé qu'un couple de ces oiseaux avait, dans une journée, exterminé pour une famille de dix petits, âgés de six jours, environ 1.200 insectes dont 400 chenilles.

Réaumur avait constaté, il y a longtemps, qu'un couple de moineaux ayant des petits à nourrir, avait détruit 3.360 chenilles en une semaine.

Mais, malgré la fameuse maxime, « Les loups ne se mangent pas entre eux », c'est parmi les insectes qu'il faut chercher les plus grands destructeurs d'insectes.

Toutes les larves ne sont pas faites pour consommer des feuilles, et il en existe qui ne trouvent pas de mets préférable à la chair des chenilles : Les unes fixées sur la victime la percent et la sucent; d'autres vivent dans le corps même de l'insecte, sans qu'aucun signe extérieur décèle leur présence.

Observez, dans votre jardin, les chenilles qui vivent sur les choux, vous verrez très certainement, s'appuyer sur le corps de quelques-unes de petites mouches, appartenant à la grande famille des *Ichneumonides,* dont la nature a fait le contre poids qui, en bien des cas, sauve l'homme de la famine. La plupart de ces insectes, dont l'influence est prépondérante, sont d'une excessive petitesse, d'une ténuité incroyable ; mais, heureusement, leurs légions sont innombrables ; on en trouve dans tous les pays ; et partout, jouant leur rôle de protectrices, elles viennent au secours de l'agriculture.

Regardez attentivement les petites mouches ichneumones ; elles s'arrêtent, font sortir de l'extrémité postérieure de leur abdomen un aiguillon très fin et presque aussi long que leur corps ; elles l'enfoncent dans le corps de la chenille ; il y disparaît tout entier ; elles le retirent pour l'enfoncer dans un autre endroit, et à chaque fois elles déposent un œuf qu'une douce chaleur fera bientôt éclore. Dès que la petite larve sera sortie de l'œuf, elle trouvera autour d'elle une nourriture convenable, qu'elle n'aura qu'à sucer ou ronger, et qui n'est autre chose que la propre substance de la chenille.

« On voit, dit un naturaliste, les femelles des Ichneumonides, toujours en mouvement, parcourir les feuilles, les plantes ; elles vont, viennent, courent avec une vivacité singulière, agitant vivement leurs antennes et furetant entre les feuilles, dans les moindres trous des écorces, partout où elles espèrent faire une heureuse rencontre. Chaque espèce a sa manière spéciale de déposer son œuf dans l'animal où il doit trouver sa nourriture, de l'y enfermer, d'un seul coup, sans hésitation, à l'endroit voulu, juste, et cela avec la rapidité de l'éclair. Suivant que l'ichneumon est armé d'une tarière courte ou longue, forte ou faible, courbe ou droite, il va chercher la proie de ses petits jusque sous les écorces, dans la terre, etc., et partout sans la voir, guidé par un admirable instinct; il place son œuf au point précis où il doit être mis. »

Sur vingt-cinq chenilles ouvertes, on n'en trouve guère que deux ou trois qui ne portent pas dans leurs flancs les larves de quelque Ichneumonide. Sur vingt-cinq cocons que vous réunirez, deux ou trois, seulement vous donneront des papillons; une quantité de mouches ichneumones sortiront de tous les autres. Quelques espèces déposent directement leurs œufs dans ceux des papillons.

Mais si la chenille qui fournit un aliment aux larves des Ichneumonides venait à mourir, ces larves périraient elles-mêmes faute d'aliment. Guidées par leur instinct, elles ne portent pas d'atteintes mortelles à leur victime; elles savent épargner les parties essentielles, n'attaquent jamais le long canal qui compose l'œsophage, l'estomac et les intestins. La malheureuse chenille doit vivre; elle peut même, dans certains cas, filer son cocon, jusqu'au jour où il plaît à ses singulières pensionnaires de quitter le garde-manger; alors, elle tombe épuisée.

Ce n'est pas seulement les chenilles ou larves des Lépidoptères qui sont la proie des mouches ichneumones; elles s'attaquent également aux larves des diptères, des hyménoptères, aux pucerons et aux araignées. Chaque printemps voit se renouveler ces luttes gigantesques, ces batailles meurtrières.

Les chenilles ont, parmi les insectes, bien d'autres ennemis que les larves qui vivent dans leur corps; différentes variétés de punaises les transpercent de leurs longues trompes et les sucent tranquillement; mais, ce ne sont pas là leurs plus redoutables adversaires.

Si, par une chaude journée de juin, nous suivons les sentiers tortueux de nos grands bois, nous rencontrerons, grimpant contre le tronc des chênes, ou courant sur leurs branches, chassant entre les feuilles, un admirable insecte revêtu d'une armure étincelante ou le vert se mêle aux éclats du cuivre et de l'or le plus poli. Son corselet d'un bleu sombre est bordé d'un bleu plus vif; ses élytres brillent de mille reflets; son abdomen est mélangé de noir et de violet; il est monté sur de grandes jambes, sa forme un peu raccourcie a quelque chose de carré; ses antennes sont très mobiles; sa mâchoire est armée de robustes mandibules : C'est le splendide CALOSOME SYCOPHANTE (*Calosoma sycophanta*) un des plus terribles destructeurs de chenilles, particulièrement des processionnaires du chêne. Si vous le touchez, il exhale une odeur très forte et très pénétrante ; mais il vaut mieux l'observer en liberté. Il marche, il court, il inspecte l'arbre, s'arrête de temps en temps, étrangle une chenille, la rejette, s'empare d'une seconde qu'il laboure de ses griffes puissantes ; puis d'une troisième, lui ouvre le corps et se repait de son cadavre ; il sème autour de lui le carnage et la mort. Mais c'est surtout à l'état de larve que ce magnifique carabe rend d'immenses services : Réaumur nous apprend que cette larve, d'un noir lustré va s'établir dans les nids des processionnaires, et devient pour elles un hôte terrible. Il se jette sur elles, les perce de ses robustes mandibules, au grand profit du chêne qu'il débarrasse de ce fléau.

Plusieurs personnes ont délivré de chenilles les arbres de leurs jardins, en y lâchant les féroces sycophantes qu'ils recueillaient dans les bois.

« Un des insectes les plus redoutables pour les chenilles, dit Réaumur, est un ver noir qui a seulement six jambes écailleuses attachées aux trois premiers anneaux. Il devient aussi long et plus gros qu'une chenille de médiocre grandeur ; le dessus de son corps est d'un beau noir lustré ; il semble que ses anneaux soient écailleux ou crustacés ; ils sont pourtant plus mous que les anneaux écailleux. En devant de la tête ; il porte deux pinces écailleuses, recourbées en croissant l'une vers l'autre, avec lesquelles il a bientôt percé le ventre d'une chenille ; car c'est ordinairement par le ventre qu'il les attaque. La chenille qu'il a une fois percée a beau se donner des mouvements, s'agiter, se tourmenter, marcher ; il ne l'abandonne pas jusqu'à ce qu'il l'ait entièrement ou presque entièrement mangée. La plus grosse chenille ne suffit qu'à peine pour le nourrir un jour ; il en tue et il en mange plusieurs dans la même journée, quand il les trouve.

» Ces vers très gloutons savent se placer à merveille pour que la proie ne leur manque pas ; ils savent trouver les nids des processionnaires et s'y établir. Il ne m'est guère arrivé de défaire un nid de ces chenilles où je n'aie rencontré quelques vers de cette espèce, et souvent j'en ai rencontré cinq à six. Là, ils peuvent assurément manger autant qu'ils veulent ; il n'y a pas de jour apparemment où chacun d'eux ne fasse périr un bon nombre de ces chenilles ou de leurs chrysalides, car ils continuent à se tenir dans les nids des processionnaires, après qu'elles se sont métamorphosées en chrysalides. J'ai vu quelquefois les plus gros de ces vers punis de leur gloutonnerie ; lorsqu'elle les avait mis hors d'état de pouvoir se

remuer, ils étaient attaqués par d'autres vers de leur espèce, encore
jeunes et assez petits, qui leur perçaient le ventre et les mangeaient.
Rien ne mettait ces jeunes vers dans la nécessité d'en venir à une
telle barbarie; car ils attaquaient si cruellement leurs camarades
dans des temps où les chenilles ne leur manquaient pas. »

Continuons notre promenade à travers les bois : Le sentier
s'élargit; le taillis devient moins épais; la côte est rapide et les
rayons du soleil, réfléchis par un sol calcaire, nous rendent la
marche pénible. Quels sont donc ces insectes qui fuient devant nous
avec une agilité surprenante? Ils ne s'éloignent cependant pas assez
vite, les malheureux : En voici un, en voici deux; ils sont d'un
beau vert-pré; on dirait que leurs élytres ait été parsemées de petites
gouttelettes d'or pâle. Quel aspect belliqueux! Ils nous saisissent les
doigts avec les mandibules aiguës dont leur grosse tête est armée.
Il s'exhale de leur corps une suave odeur de rose : Ce sont des
Cicindèles.

Ces carnassiers aux longues pattes, à la taille élancée sont
d'excellents chasseurs d'insectes; et, il est curieux de voir avec
quelle avidité ils poursuivent et massacrent leur proie. Ils ont
bientôt, à l'aide de leurs fortes mâchoires, détachés les ailes et les
pattes de leur ennemi; et ils sucent avec avidité l'intérieur du corps
de la victime.

On rencontre fréquemment à la lisière de nos bois la CICINDÈLE
CHAMPÊTRE (*Cicindela campestris*) espèce que nous venons de décrire;
la CICINDÈLE HYBRIDE (*Cicindela hybrida*) plus localisée dans les lieux
secs et sablonneux, remarquable par ses élytres d'un vert terne
avec des bandes et un croissant blanc; la CICINDÈLE SYLVATIQUE
(*Cicindela sylvatica*) plus grande, et qui se distingue en outre par
ses étuis bruns, également ornés de bande et de points blancs.

Ces bienfaisants carnassiers qui concourent d'une manière si
efficace à la protection de nos bois, étaient appelés par Linné les
les Tigres des insectes.

Tous les carabes sont utiles; leur nourriture est essentiellement
animale : insectes de toutes sortes, chenilles, larves, limaces, vers
de terre, leur assurent constamment une table abondamment pourvue.

Est-ce encore un calosome, ce bel insecte qui court entre les
herbes à la poursuite de quelque proie? Non, celui-ci a le corps
plus allongé que le destructeur de chenilles; ce n'est pas, non plus
une cicindèle, elles n'atteignent jamais cette dimension.

C'est un superbe CARABE DORÉ (*carabus auratus*) remarquable par
sa force, son agilité, ses formes élégantes, l'éclat des riches
couleurs métalliques qui resplendissent sur ses étuis. Et puis, si

nous l'examinons de plus près, nous verrons que ce dernier, admirablement organisé pour courir, est essentiellement terrestre et manque d'ailes sous ses élytres.

Ce carabe a la tête et le corselet d'un beau vert doré du plus vif éclat; ses étuis creusés de trois larges sillons présentent des côtés assez saillants; ses pattes et ses antennes sont de couleur fauve; son abdomen est d'un noir verdâtre, un peu doré. Comme tous les autres insectes de son genre, il laisse échapper par la bouche, quand on le saisit, une salive brune, à odeur désagréable, qui s'imprègne fortement dans les doigts; et, en outre, il lance, par l'extrémité de l'abdomen, un liquide très caustique qui, lorsqu'il atteint la figure cause quelquefois une vive douleur. Ce sont, avec ses pinces robustes, les armes que la nature lui a données. Il est connu à la campagne sous les noms de *jardinière*, *couturière*, *sergent*, *vinaigrier*.

Plusieurs autres espèces de carabes fréquentent nos champs, nos jardins et nos bois; et, toutes les larves qui vivent de racines n'ont pas de plus formidables ennemis.

Le CARABE AUX GRAINS DE CHAPELET (*Carabus monilis*) porte sur ses élytres d'un vert cuivreux ou violacé, trois séries de points saillants, séparées par des côtes, que l'on a comparées aux grains d'un chapelet.

Le CARABE A CHAINETTES (*Carabus catenulatus*) plus spécial aux forêts, où il se plaît à se cacher sous la mousse, est noir, avec les bords des élytres bleus; il est orné de dessins presque semblables à ceux de l'insecte précédant, mais plus serrés, à forme plus courte, qui ont été comparés à de petites chaines.

Le CARABE POURPRÉ (*Carabus purpurascens*) est plus allongé; sa robe sombre, couverte de lignes serrées, crénelées, est noire, avec une belle bordure bleue, ou cuivreuse nuancée de violet.

Nous pourrions citer encore le *Carabe embrouillé*, le *Carabe des bois*, le *Carabe ridé*, le *Carabe brillant d'or* etc., et nous aurions tort d'oublier le PROCUSTE CHAGRINÉ (*Procustes coriaceus*) facile à rencontrer sous les tas de fagots. C'est un grand insecte d'un noir mat, aux étuis ponctués, qui ne sort que la nuit ou quand le soleil se cache et qui fait une consommation extraordinaire de limaces et de limaçons.

« Leur nombre et leur voracité, dit M. Fairmaire, en parlant des carabes, permet de les ranger parmi nos plus utiles auxiliaires; par malheur, il est difficile, a première vue, d'apprécier tous leurs mérites, car étant presque tous nocturnes ou crépusculaires, on ne peut constater les carnages qu'ils commettent sur les insectes et les mollusques qu'ils rencontrent dans leurs courses : mille-pattes, cloportes, fourmis, limaces et colimaçons. Aussi les trouvons-nous souvent écrasés au milieu des chemins par le pied des ignorants et des indifférents, qui n'en comprennent pas l'utilité. Vous verrez même des jardiniers, qui devraient veiller avec tant de soin à leur conservation et à leur multiplication au milieu des cultures, les détruire, sous prétexte que ce sont des insectes malfaisants. Triste préjugé, contre lequel nous ne saurions trop nous élever, en conseillant à tous les amateurs de jardins d'y réunir autant qu'il leur sera possible toutes les espèces de carabes de leurs environs. »

Revenons à notre carabe doré; il sort des herbes et suit le bord du sentier; il aperçoit un malheureux hanneton qui s'est laissé tomber de la branche d'un chêne. Est-il bien possible que malgré vsa aleur, il s'adresse à une aussi grosse proie? Il se précipite, renverse le hanneton, lui plante ses griffes dans l'abdomen et fouille avec ses mandibules les entrailles de sa victime. Malgré ses horribles blessures, le hanneton se relève; il se remet en marche toujours suivi par la *jardinière* dont la tête est enfoncée dans son corps palpitant, et qui continue à le dévorer vivant.

Sans doute le supplice de ce hanneton est terrible; mieux vaudrait pour lui une mort prompte, instantanée; mais le carabe fait de son mieux, et nous devons nous réjouir de son intervention qui nous débarrasse d'un insecte des plus malfaisants.

Le HANNETON (*melolontha vulgaris*) que nous sommes habitués à nous représenter comme un animal sans défense, servant de jouet aux enfants, est un des plus terrible fléau de l'agriculture.

Ces insectes commencent à paraître vers la fin d'avril; et, au bout de six semaines environ, au commencement du mois de juin, on n'en aperçoit pour ainsi dire plus.

Pendant tout le jour, ils restent accrochés à la partie inférieure des feuilles, où ils sont pour ainsi dire engourdis; ce n'est qu'après le coucher du soleil qu'ils s'agitent, volent en faisant entendre un bourdonnement assez intense produit par le frottement de leurs ailes.

Le hanneton a le vol lourd et il est si peu maître de le diriger qu'il se heurte contre tout ce qu'il rencontre; c'est ce qui a donné lieu au proverbe : « Etourdi comme un hanneton. » Il prend difficilement son essor; avant de s'envoler, il agite ses ailes à plusieurs reprises, soulève ses élytres, gonfle son abdomen pour faire pénétrer dans ses stigmates la plus grande quantité d'air possible.

Ces insectes sont quelquefois si nombreux que, dans l'espace de six semaines, ils peuvent dépouiller de leurs feuilles tous les arbres d'un canton. Mais c'est surtout à l'état de larves qu'ils exercent d'épouvantables ravages.

Chaque femelle dépose vingt ou trente œufs au fond d'un trou qu'elle a pratiqué pendant la nuit, dans une terre légère et fraîchement remuée, ordinairement à une profondeur de dix à vingt centimètres.

Au bout d'un mois naissent de petites larves d'un blanc jaunâtre, munies de pattes et contournées en demi-cercle, qui s'attachent aux racines des plantes, les dévorent et causent ainsi des dégâts irréparables. Ces larves restent trois années sous cette forme; et, les agriculteurs seuls peuvent dire ce qu'elles nous coûtent quand elles arrivent à l'état d'insectes parfaits. Ces *vers blancs* du hanneton sont encore désignés suivant les contrées sous les noms de *turcs, mans, engraisse poules, chiens de terre,* etc...

Pendant l'hiver, ces larves s'enferment dans le sol, elles remontent au printemps pour changer de peau; et, vers la fin de l'automne de la troisième année, après avoir pris tout leur accroissement, elles s'enfoncent plus profondément encore et se métamorphosent en nymphes. Elles s'enferment à cet effet dans une coque ovalaire dont elles sortent au printemps pour se transformer en hannetons.

Le hanneton est souvent une vraie calamité pour l'agriculture. Vers la fin du dix-septième siècle, les hannetons anéantirent toute la végétation dans une partie de l'Irlande. L'aspect de la campagne était désolé; le mal était si considérable que, pour arrêter la marche envahissante du fléau, les habitants prirent le parti de mettre le feu à une forêt de plusieurs lieues, coupant ainsi toute communication avec la contrée infestée.

En 1868, la multiplication des hannetons a pris, sur plusieurs points de la France, et particulièrement en Normandie, des proportions qui ont jeté l'épouvante dans les campagnes. Ce que les insectes ont causé de ravages, lisait-on dans un journal, est à peine croyable. Dans la plupart des communes, les arbres ont été dépouillés entièrement de leurs feuilles. Le soir, l'air en était encombré à tel point qu'on pouvait à peine circuler. Presque partout des battues ont été organisées et les ramasseurs recevaient de la mairie de quatre à six francs par cent litres de hannetons. A Fontaine-Mallet, près du Hâvre, en quatre jours on a recueilli 4.095 kilogrammes de hannetons. L'instituteur s'est mis à l'œuvre avec ses élèves : 440 kilogrammes de hannetons ont été le fruit de la chasse d'un jeudi. Tous ces insectes ont été voiturés au Hâvre à pleins chariots et jetés à la mer. En beaucoup de localités, on les apportait en si grand nombre aux mairies, qu'on ne savait plus qu'en faire ; l'atmosphère en était empestée. A Rouen, en plusieurs endroits, chaque matin on les réunissait par tas, on les couvrait de brindilles, de feuilles sèches, de ronces et d'épines, et l'on y mettait le feu.

Tous nos efforts ne peuvent empêcher cette race maudite de subsister : Nous ne pouvons qu'en tempérer la multiplication en les pourchassant par tous les moyens en notre pouvoir. Mais nous devons compter surtout, sur les auxiliaires que la Providence nous a donnés, depuis le carabe qui butine le long du sentier, jusqu'aux moineaux, aux pies, aux corbeaux et aux corneilles.

CHAPITRE V

Il m'est souvent arrivé de rencontrer, dès le mois de Mars, des troupes d'enfants explorant les taillis et passant particulièrement en revue les vieux chênes dont les branches se couvrent de lichens. Malgré la saison peu avancée, malgré la bise froide et les gelées nocturnes, leur instinct de dénicheurs s'était déjà éveillé : Ils avaient entendu le chant caractéristique de la *Draine*, qu'ils appellent ordinairement *traie*, et ils s'étaient mis aussitôt à la recherche de son nid. Les gamins se transmettent de génération en génération ce dicton populaire que « jamais la fête de Pâques n'arrive sans que la Draine ait des petits. »

La Grive viscivore (*Turdus viscivorus*), *grande grive*, *merle draine*, est la plus grande de nos espèces indigènes ; c'est un oiseau farouche qui habite de préférence les hauteurs boisées. Le plumage supérieur est d'un gris brun, plus foncé à la partie postérieure ; le plumage inférieur est d'un blanc jaunâtre, moucheté de larges points

Dans les bois.   8

noirs ; son bec brun est complètement noir à l'extrémité ; ses pieds sont jaunâtres avec les ongles noirs.

Le cri d'alarme *tré*, *tré*, *tré* que fait entendre fréquemment cette grive lui a valu le nom de *Draine* ou *Traic* sous lequel elle est connue de temps immémorial.

La draine, de même que les autres espèces de grives, mange des baies et recherche particulièrement celles du gui, ce qui ne l'empêche pas de dévorer beaucoup d'insectes, de larves, de colimaçons, des vers de toute espèce. Si elle s'attaque aux fruits du génévrier, du houx, et de l'aubépine, elle est surtout friande de groseilles de cerises et de raisins.

Elle fait son nid sur les arbres les plus chargés de mousses et de lichens, et le place, à une hauteur moyenne, à la bifurcation des grosses branches. Ce nid, dont les dimensions sont très grandes, contribuerait à la trahir, si elle ne savait en harmoniser la couleur avec la teinte des branches qui le supportent. Il est composé, à l'extérieur, de racines et de petites brindilles entrelacées, mélangés de lichens empruntés aux arbres environnants ; le fond en est garni de mousse, d'herbes sèches et de fines racines.

Les œufs, dont le nombre varie de quatre à six, sont d'un brun roux, parsemé de taches violettes.

Le chant de la draine se compose de cinq à six phrases, peu différentes les unes des autres, mais formées à peu près exclusivement de notes pleines et flûtées. Ce chant, lourd et triste, emprunte un charme particulier au bruissement mélancolique des jeunes sapins ou au frémissement des feuilles sèches des chênes.

La plupart des espèces de grives sont des oiseaux de passage ; elles vivent dans les pays les plus divers, au milieu des conditions les plus variées ; mais partout elles recherchent les bois. On en trouve en tout temps, dans nos contrées, des couples isolés, et, vers les premiers jours d'octobre, on commence à les voir en grand nombre. Elles arrivent des parties septentrionales de l'Europe où elles ont élevés leurs petits : La draine et la petite grive restent isolées et solitaires ou voyagent par petits groupes ; les autres espèces, au contraire, forment des bandes nombreuses ; quelques-unes ne font que passer dans nos régions qu'elles traversent pour se rendre dans les pays méridionaux. Celles qui nous quittent au printemps retournent vers le nord ; les autres se retirent dans les bois pour y nicher.

La PETITE GRIVE (*Turdus musicus*) est à peu près de la grosseur d'un merle ; son plumage supérieur est d'un gris brun, uniforme ; le plumage inférieur est moucheté de taches noires, plus ou moins foncées, sur un fond d'un blanc jaunâtre ; le bec, blanchâtre à la base est brun; les pieds et les ongles sont gris-brun.

Cet oiseau déploie beaucoup d'art et d'activité pour la construction de son nid ; il l'installe sur les branches les plus basses des arbres ; il recherche de préférence les pommiers et les poiriers sauvages, ou, mieux encore les buissons épais de prunelliers. L'extérieur de l'édifice est composé de mousses, de lichens, de racines filandreuses; l'intérieur est formé de terre gâchée formant une sorte de carton-pâte lisse et solide. Les œufs, d'une belle couleur bleu de ciel sont au nombre de quatre à six ; ils portent des taches rondes de noir foncé, répandues sur toute la coquille, mais plus compactes vers le gros bout.

La petite grive est, avec le merle et le rossignol, un des chantres les plus délicieux de nos campagnes ; ses accents sonores et vibrants produisent une impression singulière quand ils sont répercutés par les échos des contrées montagneuses. Sa voix pénétrante et fortement accentuée s'étend à plusieurs kilomètres de distance; son diapason fort élevé, tranche, par son intensité, sur les voix des autres oiseaux, et domine joyeusement leur harmonieux concert. Elle coupe son chant par des intervalles et le fait entendre, quelquefois, pendant une heure entière, perchée au sommet d'un arbre élevé.

Les jeunes grives, conduites par le père et la mère, vont par bandes ; il est rare que plusieurs couvées marchent de compagnie. Ces oiseaux mangent des raisins avec une avidité insatiable; aussi, sont-ils très gras au temps des vendanges ; c'est ce qui a donné lieu au proverbe populaire : « *Saoûl comme une grive.* » Des chasseurs ont constaté dans les grives une véritable ivresse manifestée par leur vol, pendant leur séjour dans les vignes.

On prend les grives avec différents pièges, notamment avec des lacets de crins de cheval amorcés avec des baies de sorbier, dont elles sont très friandes. Dans certains pays, en Silésie, par exemple, elles sont en si grandes quantité dans les forêts et dans les montagnes, que les habitants en font leur principale nourriture.

Bourgeois nous a laissé la description d'une chasse aux grives qui se pratiquait autrefois en Suisse, dans le canton de Berne, au pied du mont Suchet, dans les villages de Montcherand, Valleyres, l'Abergement et Sergey. Elles se trouvent, disait-il, dans les montagnes, à l'entrée de l'hiver, sans qu'on les y voie arriver, ni qu'on sache d'où elles viennent ; elles repartent au printemps, et il n'en reste aucune pendant l'été. Dès que le grand froid est venu, et que les montagnes sont couvertes de neige, elles descendent dans la plaine, ne trouvant plus, sur les sommets élevés, les petits vers, les baies de sorbier et d'aubépine qui font leur nourriture. Quoiqu'elles soient déjà de bonne qualité à leur arrivée dans la plaine, « elles n'acquièrent ce degré de perfection et ce fumet exquis qu'elles ont bientôt après, que quand la terre est gelée ou que la neige vient à couvrir la campagne, et qu'elles sont obligées de se nourrir de baies de genèvrier, dont le pays est couvert, et qui les engraissent beaucoup. La chasse qui se fait alors par des compagnies de chassseurs, est très curieuse « et attire chaque année des étrangers de considération. » Elle se pratique au moyens de grands filets de soixante pieds de longueur, environ, sur quinze pieds de hauteur. Ils sont composés de 'rois toiles, dont les deux extérieures sont formées par des mailles de six pouces de diamètre; les mailles de la toile du milieu, dont l'étendue est le double de celle des deux autres, n'ont qu'un pouce de diamètre. Chaque groupe de chasseurs possède une quinzaine de ces filets qu'ils tendent, avec deux perches croisée plantées en terre perpendiculairement au sol, et des cordages, à la lisière d'un bois de haute futaie.

Les chasseurs vont alors jusqu'à une demi-lieue de leurs filets, rabattre les grives, réunies en vols innombrables, et perchées sur les arbres. Les uns marchent pour les faire partir du côté des pièges; les autres se tiennent sur les côtés pour les empêcher de s'écarter. Si, en chemin, elles rencontrent des arbres sur lesquelles elles se perchent, on les fait partir comme la première fois et on continue de les faire avancer jusqu'à une centaine de pas des filets. Là, d'autres chasseurs postés en embuscade derrière les buissons et armés de frondes, lancent des pierres par dessus le vol pour faire abaisser les grives à la hauteur des filets contre lesquels elles s'élancent avec rapidité, effrayées par le sifflement des pierres qu'elles prennent pour des oiseaux de proie. Elles passent, sans difficulté, au travers de la première toile et s'élancent contre celle du milieu, pour passer de même; mais les mailles plus étroites les arrêtent; et, comme le filet est fort lâche, elles le font pénétrer au travers des mailles de la toile opposée, où elles se trouvent arrêtées comme dans une espèce de poche dont elles ne peuvent se débarrasser parce qu'elles poussent toujours en avant. Parfois elles sont si nombreuses qu'une seule compagnie de chasseurs en prend jusqu'à cent douzaines par jour. Pour que la chasse soit fructueuse, il faut un temps sec, froid et serein; si le temps est couvert, ou si le vent souffle du midi, elles n'obéissent point à la fronde, s'élèvent en l'air à l'approche des filets et frustrent l'espérance des chasseurs.

La grive constitue un met fort délicat; aussi Martial lui a-t-il donné le premier rang parmi les oiseaux, comme il l'a donné au lièvre parmi les quadrupèdes; et, il faut avouer que son nom éveille plutôt une idée de gourmandise qu'une idée d'art musical.

Les anciens habitants de Rome faisaient figurer les grives, pour une part considérable, dans ces volières immenses qui étaient une dépendance obligée des somptueuses demeures des riches patriciens. Là, ils réunissaient et engraissaient, pour la table, les oiseaux les plus rares ou les plus succulents qui entraient dans la composition de ces plats extraordinaires dont l'histoire nous a conservé la relation.

« Ces sortes de grivières, dit Buffon, étaient des pavillons voûtés; la porte en était très basse; ils avaient peu de fenêtres et tournées de manière qu'elles ne laissaient voir aux grives prisonnières, ni la campagne, ni les oiseaux sauvages voyageant en liberté, ni rien de tout ce qui aurait pu renouveler leurs regrets et les empêcher d'engraisser. Il ne faut pas que des esclaves voient trop clair; on ne leur laissait de jour que pour distinguer les choses destinées à satisfaire leurs besoins. On les nourrissait de millet et d'une espèce de pâtée faite avec des figues broyées et de la farine, outre cela de baies de lentisques, de myrte, de lierre, en un mot, de tout ce qui pouvait rendre leur chair succulente. Vingt jours avant de les prendre pour manger, on augmentait leur ordinaire et on le rendait meilleur : on poussait l'attention jusqu'à faire passer dans un petit réduit les grives bonnes à prendre, et on ne les prenait, en effet, qu'après avoir bien refermé la communication, afin d'éviter tout ce qui aurait pu inquiéter et faire maigrir celles qui restaient. »

La Grive litorne (*Turdus pilaris*) ressemble par la grandeur et l'aspect à la femelle du merle, avec cette différence que le plumage de la poitrine et des côtés est jaunâtre, tacheté de noir; la gorge, l'abdomen et le dessous des ailes sont blancs; les jambes et les pieds sont d'un brun noir; le bec est jaunâtre avec une tache noire au bout; on distingue, à l'angle de l'œil, quelques poils noirs et raides qui ont mérité à cet oiseau la dénomination de *pilaris*.

Les litornes arrivent chez nous, par troupes, vers la fin de novembre; elles s'enfoncent peu dans les forêts préférant les friches et les terres humides. Elles vivent de vers, d'alise, de baies de génèvrier qui, souvent, sont leurs seules ressources pendant l'hiver, et communiquent à leur chair une amertume désagréable. Du reste, la litorne est la moins estimée des grives; sa chair est sèche et coriace. Elle s'apprivoise plus facilement que les autres espèces; mais, ni son plumage, ni son chant, sont de nature à la faire rechercher des amateurs d'oiseaux.

La Grive mauvis (*Turdus Iliacus*), Grivette, Grive de vendange, Grive des Ardennes, Grive champenoise, est la plus petite du genre; on la reconnaît aux couvertures du dessous de l'aile qui sont d'un brun rougeâtre; le plumage supérieur est d'un brun uniforme; celui de l'abdomen est blanchâtre, tacheté de points noirâtres; les pieds sont gris, les ongles bruns.

Ces oiseaux ne nichent pas dans notre contrée; ils arrivent en troupes nombreuses au mois d'octobre et se jettent avec avidité sur les raisins, ce qui, sans doute, ne contribue pas peu à l'exquise délicatesse de leur chair, très appréciée des gourmets.

Voici un oiseau absolument indigène, qui ne déserte jamais son pays natal, que ni le froid, ni la neige ne décident à partir et que tous, nous avons souvent rencontré à la lisière des bois, dans les buissons, dans les haies qui bordent les chemins, dans les parcs et jusque dans les jardins d'une certaine étendue.

Le MERLE NOIR (*Turdus merula*), *Merle ordinaire*, *Merle commun*, est connu dans toutes les contrées de l'Europe. Le merle mâle est, de la tête aux pieds, d'un beau noir de velours qui ne manque pas de distinction. Tout en lui est noir, excepté le bec et le tour des yeux qui sont jaunes. La livrée de sa compagne est bien différente : Le plumage supérieur est brun; le plumage inférieur, à peu près de la même nuance est moins foncé; le bec est noirâtre; les pieds et les ongles sont bruns. Les jeunes merles portent la livrée de leur mère, jusqu'au temps de la première mue.

Le merle vit de baies, d'insectes, de vers; il aime les bois, fréquente les jardins et les vergers; il ne voyage point, et s'éloigne peu des lieux où il s'est fixé. Il vit assez solitaire et l'on prétend que c'est de cet amour de la solitude que Varron et Festus ont tiré l'étymologie de son nom latin (*merus*).

Plus robustes que la plupart de nos autres oiseaux indigènes, les merles commencent, bien avant la fin de l'hiver, à préparer les matériaux de leur nid. Chaque couple le construit avec beaucoup d'art : Ils le composent extérieurement de mousse, de rameaux déliés, de menues racines réunies au moyen de terre gâchée qui tient lieu de colle; le dedans est garni de paille fine, de joncs, de brins d'herbe, de poils, de crins, de laine et d'autres matières molles sur lesquelles les œufs et les petits reposent. C'est sur des buissons ou des arbres bas, dans des fourrés et à hauteur d'homme, à peu près qu'ils placent leur nid dont la forme ressemble assez à une écuelle. La femelle fait deux ou trois pontes par an, la première de cinq ou six œufs, les autres de quatre, d'un vert bleuâtre, tachetés confusément de couleur de rouille. Elle couve seule; le mâle lui apporte de la nourriture pendant la durée de l'incubation; il pourvoit également à celle des petits, dès qu'ils sont nés, et veille, près du nid, pour avertir la couveuse en cas de danger. C'est que la couvée est sans cesse menacée; elle a pour ennemis le renard et la belette, la couleuvre, les oiseaux de proie notamment le corbeau, le hibou et la pie-grièche.

Le chant du merle est une sorte de sifflement court qu'il répète souvent, surtout le soir et le matin, et qu'il fait entendre plus fréquemment lorsque le temps est couvert ou qu'il tombe une pluie douce; il ne fait que gazouiller pendant la durée de l'hiver, mais, dès le commencement du printemps, il anime la campagne, et chante aussi beaucoup pendant l'été et jusqu'au milieu de l'automne. Sa voix sonore et forte est plus agréable à entendre dans un bois ou dans une vallée où il y a un écho.

Pris jeune, cet oiseau s'accoutume aisément à la domesticité; il devient familier et apprend à siffler et à parler : Le mâle seul est doué de ces avantages. On le nourrit de chènevis écrasé, mêlé avec de la mie de pain et du lait caillé; il mange aussi de la viande crue ou cuite, pourvu qu'elle soit hachée.

La chair du merle constitue un aliment médiocre; elle est plus délicate lorsqu'il se nourrit de cerises ou de raisins; mais en hiver, lorsqu'il est réduit à vivre exclusivement de baies de lierre ou de genièvre, elle est amère et désagréable.

Dans les pays méridionaux où il trouve des olives, des baies de myrte, des fruits elle est aussi estimée que celle de la grive.

CHAPITRE VI

Le compère Loriot. — Le Merle d'or. — Description. — Mœurs. — Habitudes. — Un nid curieux. — Utilité des Loriots. — La Huppe. — Etymologie. — Mœurs, habitudes et régime de la Huppe. — Un nid malpropre. — Huppes apprivoisées. — La Bécasse. — Ses pérégrinations nocturnes. — Chasses bizarres. — Un oiseau naïf. — Le nid de la Bécasse. — La chair de cet oiseau. — Dévouement des bécasses pour leurs petits.

Entendez-vous, sous la feuillée, cet oiseau qui vous jette son nom : *Loriot, Loriot, Loriot!*... Relevez vite la tête : Il n'est déjà plus temps; la voix grave et sonore éclate dans une autre direction et répète ce chant que les gens de la campagne traduisent ainsi : « *Je suis le compère Loriot, qui mange les cerises et laisse les noyaux !...* »

Le LORIOT VULGAIRE (*Oriolus galbua*) peut être est, dit Mauduyt, le plus bel oiseau de nos contrées, par la justesse des proportions, l'élégance de la forme, l'aisance des mouvements et les couleurs brillantes du vêtement qui, dans certains pays, lui font donner le nom de *Merle d'or.* C'est, en effet, la *Grive dorée* de plusieurs anciens auteurs.

Le loriot est à peu près de la grosseur du merle ; mais, avec des ailes plus longues, des pieds mieux proportionnés, un bec moins long et plus fort. Tout son plumage est d'un jaune brillant, en opposition avec le noir foncé des ailes, d'une partie de la queue, et de quelques traits répandus sur différentes parties. Il y a, de chaque côté, une tache noire entre l'œil et le bec ; on remarque sous les pennes des ailes un trait blanc et un trait d'un jaune pâle ; les deux plumes du milieu de la queue d'abord d'un vert olive sont ensuites noires et terminées par un trait jaune ; les plumes latérales sont noires à leur origine et jaunes à l'extrémité ; l'œil est rouge ; le bec d'un marron rougeâtre ; les pieds sont d'un gris bleuâtre et les ongles noirs.

La femelle a le plumage supérieur d'un vert olive, et le plumage inférieur d'un blanc gris, avec des traits bruns ; les côtés sont d'un jaune pâle, les couvertures du dessous des ailes et de la queue d'un beau jaune. Les jeunes mâles qui n'ont pas encore mué, portent, à peu près, la livrée de la mère ; leurs plumes n'ont tout leur éclat qu'à la seconde où à la troisième mue.

Le loriot est un oiseau de passage qui nous arrive au milieu du printemps et nous quitte dès la fin du mois d'août. Le nom d'*oiseau de la Pentecôte,* sous lequel il est connu en Allemagne, indique à peu près l'époque vers laquelle il fait son apparition. Il passe la mauvaise saison en Afrique, plus particulièrement vers le sud et l'ouest de ce continent. Il parait éviter, dans nos contrées, les pays de montagnes, où le froid rend plus tardives les substances dont il se nourrit. A son arrivée, il mange des insectes et quelques baies ; il y ajoute différentes sortes de fruits à mesure qu'elles mûrissent. Il a, pour les cerises, une prédilection particulière ; il les entame sans les détacher, et ne les perce que du côté le plus mûr.

« Le loriot, dit Naumann, est un oiseau défiant, sauvage, qui fuit l'homme, quoiqu'il habite souvent dans son voisinage. Il saute et volète continuellement au milieu des arbres les plus épais ; rarement il reste longtemps sur le même arbre, et encore moins sur la même branche. Son agitation incessante le conduit tantôt ici, tantôt là ;

rarement il se perche sur les buissons peu élevés ; plus rarement
encore il descend à terre, et il n'y reste que le temps strictement
nécessaire pour prendre un insecte, par exemple.

» Il est courageux et querelleur, et se bat continuellement avec
ses semblables, comme avec les autres oiseaux. Son vol paraît lourd
et bruyant, mais rapide cependant. Comme l'étourneau, il décrit de
longues courbes ou une ligne légèrement ondulée. S'il n'a qu'un petit
espace à traverser, il le fait en ligne droite, tantôt planant, tantôt
battant des ailes. Il aime à voler, à errer de côté et d'autre, et
souvent on voit deux de ces oiseaux se poursuivre pendant des quarts
d'heures. »

A peine arrivés, les loriots s'occupent de la construction de leur
nid. Ils le suspendent gracieusement à la bifurcation de deux petites
branches flexibles qui sont incapables de porter le dénicheur. Il est
composé, en dehors, de longs brins de paille qui, entortillés par les
bouts aux deux branches, et courbés dans l'intervalle, servent de
soutien au reste de l'édifice. Cette première assise fait l'effet d'un
hamac sur lequel on disposerait ensuite une couchette moelleuse.
Souvent, il est assujetti aux deux branches à l'aide de galons, de
fils, de rubans, de brins de laine, de cordelettes, de morceaux
d'étoffe recueillis sur les routes, dans les sentiers ou dans les bois.
Ce premier plan est couvert de matelas de mousses, de lichens, de
laine, de petites tiges d'herbes desséchées, de paille dont les bouts
rejetés au dehors sont repliés avec soin, de morceaux de papier, de
lambeaux de tissus, perdus par les bergères. On ne saurait mieux
comparer ce nid qu'à une coupe fixée entre deux branches dans une
certaine étendue de ses bords.

Le fait suivant est rapporté par M. l'abbé Vincelot :

« Nous avons vu ces jours derniers, lisait-on dans un journal de
Maine-et-Loire en 1870, un nid de loriot qui avait été enlevé par
deux enfants dans un jardin de Sainte-Mélanie. Ce nid, tapissé extérieurement d'images coloriées, représentant des soldats, contient à
l'intérieur, sous un réseau de crin, de fil, d'herbes ténues, un
bulletin de vote que le pauvre oiseau avait ramassé au moment du
plébiscite et dont il avait tiré le meilleur parti possible. »

Rien n'est charmant comme un nid de loriot lorsque la femelle,
couchée sur sa couvée, est doucement balancée par le vent, tandis
que le mâle au manteau d'or siffle doucement, perché sur un branche
voisine. Les œufs, d'un blanc brillant relevé par quelques points gris
cendré ou rouge foncé, sont au nombre de quatre ou cinq ; et la
femelle les couve avec tant d'ardeur qu'il est difficile de les lui faire
abandonner. L'incubation est de vingt et un jour

Le père et la mère défendent vigoureusement la couvée ; ils conduisent et surveillent longtemps les jeunes loriots après qu'ils sont en état de voler.

« Je visitai, dit Paessler, un nid dont je venais de chasser la femelle, et pour voir l'intérieur, j'abaissai les branches sur lesquelles il reposait. La femelle poussa un long cri, rauque, un véritable cri de combat, s'élança sur moi, passa tout auprès de mon visage, et se posa sur un arbre, derrière moi. Le mâle accourut : même cri, même tentative de m'éloigner. Les deux parents semblaient avoir pour leur progéniture le même amour. »

J'ai vu, plusieurs fois, des enfants se retirer effrayés devant la courageuse attitude de ces jolis oiseaux.

Le chant, ou plutôt le sifflement du loriot est court ; l'oiseau le répète à deux ou trois reprises, et plus fréquemment, mais d'une manière traînante, quand le ciel est couvert, sombre et disposé à la pluie.

Les services que rendent les loriots compensent amplement les dégâts qu'on leur attribue : Les insectes de toutes sortes, particulièrement les bostriches, les chenilles, les papillons, les vers qu'ils détruisent font plus que nous dédommager des cerises qu'ils becquettent.

Voici encore un oiseau dont le ramage doux et grave a des accents particuliers qui tranchent sur le grand concert de la nature comme le sifflement du merle et de la grive, comme le chant du coucou ; ou les roulades du loriot.

Bou-Bou-Bou!... Bou-Bou-Bou!... C'est la HUPPE VULGAIRE (*Upupa epops*) qui, courant sur le sol avec une merveilleuse prestesse, mêle sa voix à celle des autres oiseaux, et relève et abaisse la belle aigrette qui couronne sa tête.

La huppe est ainsi nommée des plumes rousses, bordées de noir et disposées sur deux rangs, qui forment le principal ornement de sa tête ; quelques auteurs ont prétendu qu'elle devait son nom à son chant ordinaire qu'on peut traduire ainsi : *houp, houp, houp* !!... mais la première de ces étymologies, généralement acceptée, nous paraît préférable.

Indépendamment de l'aigrette, le reste de la tête, la gorge, le cou et la poitrine sont d'un gris vineux ; le bec est effilé, pointu, un peu courbé et noirâtre ; le haut du dos et les petites couvertures des ailes sont d'un gris pur ; le bas du dos, les plumes scapulaires, les moyennes et les grandes couvertures des ailes sont variées alternativement par de larges bandes, les unes d'un brun noirâtre, les autres d'un blanc roussâtre ; le croupion est blanc, le dessus de la queue

presque noir; l'abdomen, les côtés, les cuisses et le dessous de la
queue son d'un gris blanc et roussâtre; le noir est la couleur dominante sur les grandes plumes des ailes et de la queue, mais elles sont
traversées par des taches blanches qui forment cinq zones sur les
ailes pliées et une seule sur la queue; les pieds et les ongles sont
gris plomb.

Cet oiseau arrive dans nos contrées, au printemps, et repart à la
fin de l'été ou au commencement de l'automne, pour passer l'hiver
dans les pays méridionaux. On voit alors un grand nombre de
huppes en Afrique; elles sont surtout communes en Egypte ou la
négligence et la malpropreté des habitants met partout à leur portée
les immondices qu'elles aiment tant à fouiller.

Ces oiseaux recherchent les prairies, les terres fraîches et arrosées
où ils trouvent plus facilement les vers et les insectes dont ils se
nourrissent; ils semblent préférer les endroits où les champs cultivés
alternent avec des bois de peu d'étendue.

La femelle dépose ses œufs dans des creux d'arbres, dans des
fentes de murailles, dans des trous de rochers. Aristote et bien d'autres après lui, ont avancé que le nid de ces oiseaux était composé
d'ordures, de fiente de chien et d'excréments humains, et c'est probablement d'après ces indications qui se sont transmises jusqu'à
nous, qu'on a appelé la huppe, *pupu, Coq puant*. Cette croyance est
entièrement erronée; il est bien vrai que la demeure de la jeune
famille répand une odeur nauséabonde, mais cette odeur provient
des excréments des petits mêlés aux débris d'insectes qui, ont servi à
leur nourriture, et que les parents laissent s'accumuler avec une
négligence qu'on ne rencontre pas chez les autres oiseaux.

La huppe est un oiseau, méfiant que tout effraye; à chaque instant
elle se cache sous le feuillage, fait entendre sa voix ronflante et
exécute les mouvements les plus singuliers. Elle rend de véritables
services à l'agriculture en détruisant des sauterelles, des hannetons,
des chenilles, des fourmis, des courtilières et des limaçons.
Lorsqu'elle veut manger un insecte, elle le tue et le froisse à coups de
bec, alors elle le jete en l'air de manière à pouvoir le saisir et
l'avale dans le sens de la longueur; s'il tombe en travers, elle
recommence.

Les jeunes huppes s'élèvent facilement, sans beaucoup de soins, en
les nourrissant de viande crue; elles deviennent bientôt très familières et sont susceptible d'attachement. Il n'est pas, non plus,
impossible d'apprivoiser les adultes qui ont été capturées.

« J'ai eu occasion, dit Guéneau de Montbeillard, de voir un de
ces oiseaux qui avait été pris au filet, étant déjà vieux ou du moins

adulte, et qui, par conséquent, avait les habitudes de la nature;
son attachement pour la personne qui le soignait était devenu très
fort et même exclusif; il ne paraissait content que lorsqu'il était
seul avec elle. S'il survenait des étrangers, c'est alors que sa huppe
se relevait par un effet de surprise ou d'inquiétude, et il allait se
réfugier sur le ciel d'un lit qui se trouvait dans la même chambre;
quelquefois il s'enhardissait jusqu'à descendre de son asile, mais
c'était pour voler droit à sa maîtresse; il était occupé uniquement
de cette maîtresse chérie et ne semblait voir qu'elle; il avait deux
voix fort différentes; l'une plus douce, plus intérieure, qui semblait
se former dans le siège même du sentiment, et qu'il adressait à la
personne aimée; l'autre plus aigre et plus perçante, qui exprimait
la colère ou l'effroi. Jamais on ne le tenait en cage ni le jour ni la
nuit, et il avait toute licence de courir dans la maison; cependant,
quoique les fenêtres fussent souvent ouvertes, il ne montra jamais,
étant dans son assiette ordinaire, la moindre envie de s'échapper,
et sa passion pour la liberté fut toujours moins forte que son attachement. A la fin, toutefois, il s'échappa, mais ce fut un effet de
la crainte, passion d'autant plus impérieuse chez les animaux qu'elle
tient de plus près au désir inné de leur propre conservation. Il
s'envola donc un jour qu'il avait été effarouché par l'apparition
de quelque objet nouveau, encore s'éloigna-t-il fort peu, et,
n'ayant pu regagner son gite, il se jeta dans la cellule d'une
religieuse qui avait laissé sa fenêtre ouverte. Il y trouva la mort
parce qu'on ne sut que lui donner à manger; il avait cependant
vécu trois ou quatre mois, dans sa première condition, avec un peu
de pain et du fromage pour toute nourriture. Une autre huppe a
été nourrie pendant dix-huit mois de viande crue; elle l'aimait
passionnément et s'élançait pour l'aller prendre dans la main; elle
refusait au contraire celle qui était cuite. Gessner en a nourri une
avec des œufs durs; Olina avec des vers et du cœur de bœuf ou de
mouton, coupé en petites tranches longuettes, ayant à peu près la
forme de vers. Ce dernier recommande surtout de ne point renfermer
la huppe dans une cage. »

L'oiseau dont nous allons parler ne mêle point sa voix au concert
harmonieux des habitants des bois; il garde presque continuellement un mutisme complet; c'est à peine si au printemps, alors que
tout est joie et fête, il fait entendre un cri que le mot *crrroû,
crrroû...* rend assez imparfaitement.

La Bécasse (*Scolopax rusticola*) est un oiseau de passage dont la
physionomie originale présente un caractère tout particulier : Sa
tête ronde et grosse, fixée presque sans transition sur un corps

épais, est armée d'un bec double de sa longueur. Le nom qui lui est attribué a eu pour but de rappeler cette particularité remarquable. Le roux, le noir et le cendré lui composent un manteau qui ne manque pas de distinction.

Ces oiseaux se retirent pendant l'été sur le haut des montagnes boisées de la Suisse, de la Savoie, des Pyrénées et des Alpes. Ils semblent nous fuir à l'époque où toute une population charmante vient animer la solitude de nos forêts et de nos bois. Dès que le froid se fait sentir, c'est-à-dire vers le milieu du mois d'octobre, ils se répandent dans les plaines, justifiant ainsi ce vieux dicton populaire : « A la saint Denis, bécasses en tous pays. »

Les bécasses s'envolent par paires, quelquefois une à une ; elles fréquentent les bois humides, les marécages, les bords des ruisseaux, des fontaines, les haies épaisses où elles trouvent les insectes dont elles font leur nourriture ; elles ont besoin, de temps en temps, de se laver les pieds et le bec qui se trouvent enduits de terre. Il paraît que l'intensité de la lumière les incommode, car c'est le soir et le matin qu'elles volent pour chercher leur picorée ; aussi est-ce l'heure où on les prend sur la lisière des bois avec des filets ou au bord des ruisseaux avec des lacets.

En Bretagne, on leur fait une chasse des plus singulières : Deux hommes s'embusquent dans les pâturages couverts par les hautes futaies de la forêt, particulièrement dans les endroits où les excréments abandonnés par les animaux supposent la présence de nombreux insectes dont les bécasses sont très friandes : L'un des braconniers porte une lanterne et une toile de filet, en forme de poche, fixé à l'extrémité d'un long manche ; l'autre agite une de ces sonnettes qu'on attache au cou des vaches, et dont le tintement monotone a pour but de donner le change aux oiseaux qui se laissent approcher d'assez près pour être enveloppés dans les mailles du filet.

Cette chasse suppose de la part de l'oiseau qui en est la victime une assez forte dose de naïveté ; mais, il faut avouer que la bécasse est, ainsi que l'avance Belon, « une moult grosse bête, » si l'on en a quelquefois, comme il le raconte, capturé au moyen du procédé suivant : Un homme couvert d'une cape, couleur feuilles mortes, marche courbé sur deux courtes béquilles ; il s'approche doucement, s'arrêtant lorsque la bécasse le regarde et continuant d'aller lorsqu'elle s'éloigne, jusqu'à ce qu'il la voit la tête basse, se préparant à saisir quelque insecte ; alors il frappe doucement ses deux bâtons l'un contre l'autre ; « la bécasse s'y amusera et affolera tellement que le chasseur l'approchera d'assez près pour lui passer un lacet au cou. » Voilà ce que Belon appelle « *folâtrerie.* »

Les bécasses se tiennent cachées pendant le jour et voyagent pendant la nuit, surtout par les temps de brouillards ; et lorsqu'au mois de mars elles regagnent les hauteurs, elles partent appariées.

Celles qui restent dans notre pays nichent dans les bois ; elles placent leur nid sur le sol et le composent d'herbes sèches et de petits brins de bois ; elles l'appuient contre un tronc d'arbre, auprès d'un tas de fagots ou sur une grosse racine ; leurs œufs, au nombre de quatre ou cinq, un peu plus gros que ceux du pigeon, sont oblongs ; la coquille est de couleur rouge pâle bigarrée d'ondes et de taches plus foncées. Le père et la mère prennent également soin des petits. Pendant l'incubation, le mâle demeure souvent couché près de sa compagne, et on peut les voir se passer réciproquement leur bec sur le dos l'un de l'autre, ce qui est, sans doute, chez les oiseaux, une marque de tendresse. Les petits quittent le nid peu de temps après être éclos.

Si le vol de la bécasse paraît rapide, il n'est ni élevé, ni soutenu ; elle bat des ailes avec bruit en partant, file ou fait le crochet, suivant le lieu d'où elle s'est levée, s'abat bientôt comme une masse abandonnée à son poids ; après sa chute, elle trotte à terre avec une grande vitesse, et est déjà bien loin du chasseur quand il l'aperçoit.

La chair de cet oiseau est très recherchée des gourmets qui ont recours à toutes les inventions de l'art culinaire pour en augmenter le fumet. Il paraît que la bécasse n'était pas moins appréciée il y a trois siècles : « C'est a bon droit, dit Belon, qu'en la cuisant tout ce qu'on réserve de meilleur pour lui faire de la saulse est ce qu'on jecte ès autres oyseaux, sçavoir est, ses excréments avec les trippes. »

« Nous avons constaté, dit M. l'abbé Vincelot, que la bécasse niche dans les forêts, dans les taillis, et que, d'un autre côté, elle quitte chaque fois ces forêts, ces taillis, pour aller, plus ou moins loin, chercher sa nourriture dans les lieux humides ou près des petits cours d'eau. Dès lors se présente une sérieuse et très grave difficulté : Comment cet oiseau pourra-t-il procurer à ses petits une nourriture abondante, s'il est condamné à multiplier des courses très longues, et par conséquent très fatigantes, pour apporter un grand nombre de fois des vers, des insectes capturés à des distances considérables ? Il a donc fallu que la bécasse fût douée d'un instinct qui lui permît de résoudre ce problème. Dieu n'a pas manqué à son œuvre, et il a inspiré à cet oiseau un véritable dévouement

pour ses petits. Chaque soir donc, le père et la mère de la jeune
famille vont à la recherche d'un lieu offrant de grandes ressources
en insectes et en vers de toute espèce; puis, quand ils ont trouvé
cette mine féconde, ils reviennent rapidement près de leurs petits,
et commencent aussitôt le déménagement de la jeune famille; le
père et la mère se mettent à l'œuvre, et transportent leurs petits
près des ressources découvertes; là ils peuvent leur procurer une
nourriture abondante sans s'exposer à des courses multipliées et
très pénibles. Puis, quand le véritable repas de la journée est
terminé, les parents transportent une seconde fois leur progéniture
dans le berceau. Le transfert de la jeune famille est un fait certain,
dont la nécessité s'explique par l'impossibilité où se trouveraient les
bécasses de nourrir leurs petits, s'il n'avait pas lieu. Comment
s'exécute-t-il? Là est la difficulté. Les anciens auteurs prétendaient
que la bécasse se servait de son bec pour emporter ses petits; ce
moyen est peu admissible. D'autres ont affirmé avec pas plus de
raison qu'elle les emportait sur son dos. Des naturalistes ont affirmé
avoir vu des mères transporter leurs petits avec le secours de leurs
pattes, et enfin d'autres ont constaté que la bécasse opérait le
déménagement de la jeune famille en serrant les oisillons entre sa
gorge et son bec. Le père et la mère ont recours aux mêmes moyens
pour éloigner pendant le jour leur jeune famille du danger qui la
menace. »

CHAPITRE VII

Partout des ennemis. — Le cerf-volant. — Préjugés. — Le Capricorne. — Une
larve comestible. — Les Buprestes. — Les Scolytes. — L'hylésine. — L'hylurgue. — L'hylaste. — Le Bostriche typographe. — Le Bostriche chalcographe.
— Travaux prodigieux des Bostriches. — Les Rynchites. — Diverses espèces
de charançons. — Les hylobies. — Le Pissode. — Différentes sortes de longicornes.

Pendant que, dans la forêt, les oiseaux chantent et travaillent,
les insectes continuent silencieusement leur œuvre de destruction.
Que nous visitions les feuilles ou les bourgeons, que nous soulevions

l'écorce, ou bien encore que, armés d'une hache, nous poussions nos investigations jusqu'au cœur des troncs en apparence les plus vigoureux, nous rencontrons partout les traces indélébiles que l'action lente et persévérante de l'insecte laisse après elle. Après les chenilles dont nous avons constaté les affreux ravages, viennent de nombreux coléoptères; chaque espèce est armée suivant la consistance de la substance dans laquelle elle est appelée à vivre, et tant qu'il restera une parcelle de matière, végétale ou animale, il se trouvera un insecte pour la dévorer.

Lorsque les hannetons ont disparu, les enfants de la campagne aiment à poursuivre, le soir, dans les chemins qui longent les bois, un insecte au vol lourd et bourdonnant, dont la larve a vécu pendant quatre ou cinq ans dans le tronc d'un vieux chêne, rongeant, creusant le bois dans tous les sens, et y traçant des galeries de plus d'un centimètre de diamètre.

Le CERF-VOLANT (*Lucanus cervus*) est remarquable par ses énormes mandibules, bifurquées à leur extrémité, qui rappellent grossièrement les ramures du cerf. C'est un des plus gros insectes de notre pays; sa compagne, appelée *biche*, a les cornes moins développées; mais chez le mâle comme chez la femelle, ces robustes appendices, dont l'usage n'est pas bien connu, peuvent pincer jusqu'au sang. Chez les anciens, on suspendait les cornes des cerfs-volant au cou des enfants, pour les préserver des maladies du jeune âge; cet usage ridicule s'est conservé dans certaines de nos campagnes, avec cette croyance non moins bizarre que ces insectes prennent, entre leurs pinces, des charbons incandescents et vont propager les incendies.

A l'état adulte, le cerf-volant n'est pas bien nuisible; on le rencontre quelquefois, fixé contre le tronc d'un chêne, suçant avec plaisir le liquide qui suinte de quelque crevasse ou rongeant quelques feuilles; il reste là accroché pendant tout le jour et ne s'envole que le soir. C'est au moment du crépuscule qu'il part, d'un vol lourd, dans une attitude presque verticale, pour ne pas être entraîné par le poids de ses énormes mandibules.

On dit le cerf-volant très friand de miel et l'on raconte que Swamerdam avait apprivoisé un de ces insectes qui le suivait partout quand il lui présentait sa nourriture de prédilection.

Les femelles pondent leurs œufs dans le tronc des chênes; et les larves enroulées qui en proviennent ont beaucoup de ressemblance avec celles des hannetons. Vers la fin de la quatrième année, ces larves s'enveloppent dans de grosses coques faites de débris de bois agglutinés, et elles se transforment en nymphe; souvent, après son éclosion, l'adulte passe l'hiver dans cette coque et attend que tous ses ligaments soient parfaitement consolidés.

On croit que c'est la larve du cerf-volant et celle du Capricorne, qui figuraient sous le nom de *cossus*, sur les tables des Romains. Pline dit, en effet, que les meilleurs vers à manger sont les gros vers des chênes.

Voici un autre insecte dont les mœurs sont à peu près les mêmes ; il est presque aussi gros que le Lucane, mais son corps est plus allongé, plus svelte, sa forme est plus gracieuse ; c'est le GRAND CAPRICORNE (*Cerambyx heros*) facile à reconnaître à sa couleur d'un brun presque noir, à ses longues pattes et à ses grandes antennes noueuses qui, dans le mâle, atteignent les dimensions de la longueur du corps. La larve du capricorne, connue sous le nom de *gros vers du bois*, et quelquefois appelée *Turc* comme celle du hanneton, est à peu près de la même grosseur que celle du cerf-volant ; comme cette dernière, elle creuse de larges et profondes galeries dans le tronc des chênes ; et, les dégâts sont d'autant plus considérables qu'elle ne s'attaque qu'aux arbres parvenus à toute leur croissance.

Dans cette partie de la forêt où les chênes et les hêtres alternent avec les pins et les épicéas et où toutes les essences semblent s'être donné rendez-vous, nous rencontrons de nombreuses tribus de *Buprestes*.

Les BUPRESTES que les belles couleurs métalliques de certaines espèces ont fait appeler *Richards*, ont des larves sans pattes, ou à pattes très rudimentaires, molles, blanchâtres, qui vivent dans les bois, souvent pendant plusieurs années. Les buprestes ont le corps long et étroit ; leur forme rappelle assez celle des taupins ou maréchaux.

Le BUPRESTE DES PINS (*chalcophora mariana*) est une espèce de forte taille qui attaque les pins, surtout dans les Landes ; on le rencontre également en Algérie et sur tout le littoral Méditerranéen.

Les femelles du BUPRESTE RUTILANT (*Lampra rutilans*) déposent leurs œufs sous les écorces des ormeaux ; les larves y creusent de nombreuses galeries qui s'avancent quelquefois jusqu'au liber et amènent rapidement la mort des arbres attaqués.

Les larves du BUPRESTE A QUATRE POINTS *(Anthaxia quadripunctata)* ne se bornent pas à attaquer les branches et les jeunes pousses des pins ; elles pénètrent dans le tronc et causent des dégâts considérables.

Encore un joli insecte, le BUPRESTE BLEU (*Agrilus cyanescens*) dont les larves voraces et bien armées parviennent à détruire les chênes, les hêtres et les bouleaux. Le bupreste bleu est la plupart du temps secondé par le BUPRESTE GRÊLE *(Agrilus tenuis)* dont les ravages ne sont pas moins préjudiciables.

Après les buprestes ce sont les *scolytes* dont les femelles percent l'écorce des arbres sur pied, creusent ces singulières galeries si visibles et si nombreuses sur les bûches, et dans lesquelles elles disséminent leurs œufs. Les scolytes s'attaquent surtout aux arbres déjà affaiblis dont ils ont plus facilement et plus rapidement raison ; leurs larves creusent des galeries qui viennent s'embrancher sur la voie principale tracée par la mère comme les rameaux sur le tronc de l'arbre, et chacun de ces petits chemins va s'élargissant à mesure que la larve grossit.

Le SCOLYTE EMBROUILLÉ *(Scolytus intricatus)* s'attaque au chêne et quelquefois aux arbres fruitiers ; le SCOLYTE PYGMÉE *(scolytus pygmœus)* qui vit souvent avec la précédente espèce, se rencontre également sur l'orme en compagnie du SCOLYTE DESTRUCTEUR *(Scolytus destructor)* et leur action combinée amène souvent la perte de cet arbre.

L'HYLÉSINE DU FRÊNE *(Hylesinus fraxini)* opère au détriment du frêne, pendant que l'HYLURGUE DU PIN *(hylurgus pin perda)*, l'HYLURGUE GATE-BOIS *(hylurgus ligniperda)*, l'HYLASTE NOIR *(hylast s ater)*, s'attaquent aux pins et aux sapins, creusent des galeries sous l'écorce, coupent les jeunes pousses avec autant de netteté que pourraient le faire les cisailles du jardinier.

Voici en quels termes M. H de la Blanchère s'exprime sur le compte de deux de ces terribles ravageurs de nos arbres forestiers :

« De même que le pin a des insectes parasites attitrés, qui ne se trouvent que sur lui ou dans sa substance seule, de même l'épicéa nourrit son *Bostriche* exclusif : on le nomme le BOSTRICHE TYPOGRAPHE *(Bostrichus typographus)*, sans doute à cause de la forme particulière des galeries qu'il creuse et qui, quand on écorce l'arbre, apparaissent sur le liber comme des traces de caractères d'imprimerie. Par la forme spéciale de chaque galerie, on peut toujours, à coup sûr, reconnaître le xylophage qui l'a construite. Chacun de ces petits animaux mine toujours dans le même sens et de la même manière. Les bostriches sont plus ou moins gros, plus ou moins brun marron, mais tous sont de petits insectes qui, à première vue, semblent noirs, recouverts d'une espèce de carapace bombée : ils n'ont guère que trois à cinq millimètres de longueur.

» Le Bostriche typographe fait son apparition vers le mois de mai, et s'occupe dès lors à préparer un gîte à ses larves qui sont blanchâtres avec la tête brune et six petites pattes. Il leur faut, comme à l'hylésine, un arbre récemment abattu, encore imbibé de sa sève et de ses sucs, ou bien les bûches supérieures des tas de bois. Il aime tellement les arbres qui remplissent ces conditions, que quand il en tombe un dans la forêt, tous abandonnent les arbres sur pied dans lesquels ils avaient commencé leurs travaux, et, en quelques heures, le nouvel arbre tombé est littéralement criblé par ces insectes.

» Quand le bostriche a trouvé un arbre convenable, il commence, avec ses mandibules, à creuser dans l'écorce un petit trou rond légèrement en pente vers le haut. S'il fait chaud, tout va bien, le petit mineur a terminé en une journée, quelquefois en moins de temps, si l'écorce est mince; mais, si le temps est froid, et, au mois de mai, cela arrive quelquefois, l'insecte a moins de force, moins d'énergie, et met souvent une semaine à percer son trou. Il le place d'ailleurs à une hauteur considérable, sinon dans la cime, au moins à la naissance des grosses branches.

» L'écorce une fois traversée, le bostriche creuse, sur sa face inférieure, une petite chambre où se rencontrent le mâle et la femelle, et qui sert de point de réunion, non seulement à un couple d'insectes, mais quelquefois à trois, quatre ou cinq couples. C'est un salon commun d'où partent les galeries particulières qui se dirigent de haut en bas, — c'est l'envers de l'Hylésine, qui monte de bas en haut, — et dont le nombre dépend de celui des couples d'animaux. Mais le petit architecte ne se borne pas à construire une demeure quelconque, il lui faut de l'air, peut-être même de la lumière. Que fait-il pour cela? Il munit chacune de ses galeries de deux à cinq trous qui traversent l'écorce tout entière et s'arrêtent à l'extrême pellicule de l'épiderme extérieur qui fait ainsi l'office d'une vitre, mais d'une vitre perméable à l'air comme un léger tissu de de soie. La femelle alors pond soixante à quatre-vingts petits œufs transparents, blanchâtres, et placés chacun dans une petite entaille. Elle les recouvre de vermoulure formée par le bois qu'elle a travaillé et mangé, puis elle meurt.

» Dix jours après les petites larves sont écloses. Elle se mettent immédiatement à l'œuvre et creusent, toujours dans le liber et l'écorce intérieure, des galeries où elles trouvent le vivre et le couvert. Ces galeries secondaires laissent, quand on écorce l'arbre, leur trace imprimée sur l'aubier. Leur diamètre croît comme celui de l'insecte qui les habite, et quand celui-ci est arrivé à toute sa croissance, il se construit une petite chambre où il se métamorphose. Pour donner le temps à ses téguments de se solidifier, il ouvre alors des galeries irrégulières que détruisent la symétrie des premiers ouvrages de toute la famille.

» En somme, c'est merveille de penser que tout cet immense travail d'une génération de Typographes peut s'effectuer en dix ou

douze semaines! Aussi le Typographe s'empresse-t-il de pondre de
nouveau, et la seconde génération, sans doute à cause des chaudes
nuits de l'été, ne met pas plus de huit semaines à s'élever; mais, ces
nouveaux individus attendent le printemps suivant pour pondre et
passent l'hiver sous la mousse et le mieux cachés qu'ils peuvent
dans l'écorce des arbres. Si l'année est défavorable, la première
ponte met seize semaines à venir à bien, et il n'y a qu'une génération dans l'année. Il est fort heureux que ces circonstances arrivent
souvent, car on s'est assuré que, dans les invasions, un seul arbre
contenait plus de vingt-trois mille couples! Que contenait donc la
forêt? — Pour qui ne l'a pas vu, il est impossible de se figurer
une telle quantité de petits insectes noirs et grouillants; tout ce que
l'on peut dire reste au-dessous de la réalité.

» A côté du Typographe, et toujours son compagnon fidèle,
quoique plus petit que lui, — il n'a que deux millimètres de long,
— se place le BOSTRICHE CHALCOGRAPHE (*Bostrichus chalcographus*).
Ce petit xylophage est aussi nuisible, seulement son travail n'est
pas disposé dans le même ordre. De la chambre commune partent,
en rayonnant, au lieu de descendre, cinq ou six galeries principales
sur les côtés desquelles la femelle pond ses œufs. Le travail des
larves pénètre souvent jusque dans l'aubier de l'arbre. Combattre
l'un de ces ravageurs terribles, c'est combattre l'autre, car le plus
petit recherche de préférence les arbres déjà fatalement atteints par
le plus gros. Rien n'est, au reste, difficile comme de se rendre
compte du moment exact où commence l'invasion, et cela pour deux
raisons : La première, c'est que les trous d'introduction se trouvent
placés très haut sur l'arbre et sont d'une petitesse qui ne permet pas
de les apercevoir; la seconde, c'est que les arbres végètent encore
assez longtemps avec leurs mortels ennemis dans les flancs. A
mesure que le fléau augmente, les marques du travail des Bostriches
deviennent de plus en plus faciles à saisir : les toiles d'araignées
qui se trouvent aux pieds des arbres, les mousses, les irrégularités
de l'écorce sont saupoudrées d'une fine sciure de bois; les aiguilles
de l'arbre tombent, et, comme le feuillage de l'épicéa est fort épais,
cette diminution d'ombrage s'estime assez facilement; mais il est
déjà trop tard! Vienne un coup de vent d'ouest, secouant les cimes
des grandes forêts, et de son souffle puissant, il va emporter à
d'énormes distances des nuées de Bostriches empestant le reste de
la contrée! »

Dans les bois, comme dans les champs et dans les jardins, la liste
des ennemis n'est jamais épuisée : Voici différentes espèces de

Rhynchites, charançons couleurs de feuilles, qui s'attaquent au peuplier, au tremble, à l'aulne, au charme, au bouleau et au hêtre.

Voici d'autres charançons à antennes coudées, dont quelques espèces sont revêtues de brillantes couleurs, et qui vivent aux dépens des bourgeons des pins et des hêtres, des noisetiers et des chênes.

L'Hylobie du sapin, l'Hylobie du mélèze, le Pissode, qui s'attaquent spécialement aux arbres résineux et dont les larves qui s'enfoncent dans le bois des stipes pour le ronger, sont de véritables fléaux forestiers.

Nous avons parlé du grand capricorne noir, et des ravages qu'il commet, mais il convient de rapprocher de cet insecte, toute la famille des *Longicornes,* reconnaissables à la longueur de leurs antennes, et dont les larves, toutes fort nuisibles, vivent dans l'intérieur des végétaux.

Le Prione couvert de cuir, gros insecte qui vit aux dépend du chêne et du hêtre et ne dédaigne pas le cerisier; le *Capricorne à odeur de rose,* qui s'attaque au saule et à l'osier; les *Callidies* qui sillonnent de leurs nombreuses galeries les aulnes et les chênes; les *Clytes* qui perforent le chêne, l'orme, le hêtre, l'érable et le bouleau; les *Rhagies* qui dévastent pins et sapins, peupliers et saules, ormes et tilleuls.

N'oublions pas l'Œstymone édile (*Estymonus edilis*) dont la lave est nuisible aux pins, et dont le mâle adulte porte des antennes deux fois plus longues que son corps. Ces insectes sont tellement embarrassés de ces longs appendices qu'ils ne peuvent voler et se tiennent immobiles sur les stipes des pins.

La Saperde requin porte la ruine dans les plantations des peupliers et des trembles; elle est activement secondée par la Saperde du peuplier, et quelquefois par la saperde à échelons qui s'attaque en outre au bouleau, à l'érable, au cerisier et au poirier.

Arrêtons là cette effrayante énumération, et constatons une fois de plus l'impuissance de l'homme qui ne peut attendre un véritable secours que des agents naturels suscités par la Providence pour l'extermination des espèces nuisibles.

CHAPITRE VIII

Les Bons génies des bois. — Les Pouillots. — Le Pouilliot fitis. — Ses habitudes.
— Son nid. — Sa couvée. — Le Pouillot siffleur. — Ses habitudes. — Le Rouge-
gorge. — Ses habitudes. — L'Oiseau poète. — Le compagnon du bûcheron. —
Le Troglodyte mignon. — Sa nourriture. — Ses habitudes. — Son nid. — Le
Roitelet huppé. — Le Roitelet à triple bandeau. — Le Roitelet et les Irlandais

Après avoir assisté aux scènes de dévastation que nous venons de
décrire ; après avoir vu des pins magnifiques, des chênes monstrueux
tomber sous la dent meurtrière d'ennemis dont la plupart sont imper-
ceptibles, on est heureux de pouvoir reposer son esprit sur des
tableaux plus consolants.

Parmi les bons génies des bois, on rencontre fréquemment, sautil-
lant au milieu des branches, de petits oiseaux aux allures joyeuses,
ressemblant à des fauvettes, et dont le chant se compose de quelques
notes flûtées, douces et harmonieuses. Les habitants des campagnes
qui les voient toujours en mouvement, poursuivant sans relâche,
sous les feuilles, dans les fentes des écorces, les insectes dont ils
font leur nourriture, leur ont donné le nom caractéristique de
Frétillets.

Ce sont les Pouillots qui, après les roitelets et les troglodytes
sont les plus petits oiseaux d'Europe. Essentiellement amis des arbres,
ils ne descendent sur le sol que lorsque quelque besoin impérieux les
y obligent ; par exemple pour recueillir les matériaux qui servent à la
construction de leur nid ; et, chose singulière ce nid est placé très
près de terre, le plus souvent sur le sol même, avec lequel il se
confond si bien, que parfois les promeneurs écrasent avec le pied
la petite demeure du frétillet qu'ils n'ont pas aperçue.

Le petit Pouillot, Pouillot fitis, ou Fauvette fitis (*Sylvia trochilus*)
peut être considéré comme le type du genre ; il est très répandu et
se reconnait à son dos vert olive, à son ventre blanc, à sa poitrine
nuancée de gris jaunâtre ; les grandes plumes sont brunes, frangées
de verdâtre. Tous les pouillots ont l'œil petit, mais vif ; leur tête a
un cachet tout particulier d'élégance, de grâce, et en même temps
d'espièglerie qui, à première vue, les fait distinguer des fauvettes.

Le pouillot fitis se rencontre partout où il y a des arbres; cependant, il préfère les petits bois aux grandes futaies.

« On le voit, dit Naumann, toujours en mouvement; il glisse au travers des branches, mais en volant bien plus qu'en sautant; il aime à provoquer et à agacer ses semblables et les autres petits oiseaux. Lorsqu'il est posé, sa poitrine est relevée; lorsqu'il saute, il la penche un peu en avant. Rarement, il saute en faisant de grands bonds; à chaque saut il incline la tête de divers côtés. La façon dont il se glisse au travers des branches, dont il voltige, son agitation continuelle, le font bien plus remarquer que les fauvettes. Il a surtout un mouvement singulier de la queue, qu'il abaisse brusquement d'une manière toute particulière : il exécute ce mouvement de temps à autre. Cet oiseau n'est pas craintif; il est au contraire très confiant et ne redoute pas les regards de l'observateur. Il vole d'un buisson ou d'un arbre à un autre, et franchit même de grands espaces. Lorsqu'il n'a qu'une courte distance à franchir, il ne fait que voleter; mais quand il entreprend un voyage plus long, il vole en décrivant une ligne irrégulière, ondulée, à courbes plus ou moins étendues. »

Le nid de cet oiseau est ordinairement placé sous une touffe d'herbes, sous une plante feuillue, sous un tronc d'arbre, tout près de terre, et quelquefois sur le sol; parfois aussi, il est suspendu à des tiges de fougères; et, dit un naturaliste, « on le prendrait facilement pour le nid du rat des moissons. » Les parois très épaisses sont fermées de mousses, de feuilles sèches, de brins d'herbes; il est conique et l'ouverture circulaire est placée sur le côté. L'intérieur est tapissé de plumes; on a observé qu'il renferme presque toujours des plumes de perdrix, et surtout des plumes de poules ou de pigeons.

La femelle du pouillot pond cinq ou six œufs dont le fond blanchâtre disparaît sous une foule de petits points d'un rouge brique. Les petits prennent leur essor vers la fin de mai ou au commencement de juin.

Le POUILLOT SIFFLEUR (*Sylvia sibilatrix*) plus grand que le précédent, doit son nom à l'habitude qu'il a de siffler de la gorge; son cri qu'on entend souvent dans les hautes branches des futaies est assez semblable à celui du bouvreuil, et sa puissance étonne de la part d'un aussi faible oiseau.

Le siffleur aime à s'établir dans les endroits un peu humides; il place son nid par terre, le plus souvent sur le bord d'un fossé. De la mousse et des feuilles sèches en forment l'extérieur; des plumes et du crin en tapissent l'intérieur. Ce nid ressemble à une grosse boule oblongue ou plutôt à un four de campagne; et dans certaines loca-

lités, les enfants appellent le pouillot siffleur « *le petit four*. » Une
toute petite ouverture est pratiquée sur le côté du nid le mieux dissi-
mulé, de manière que la partie supérieure s'avance comme un toit et
préserve des intempéries la petite famille. Rien n'est plus difficile à
trouver que le nid du pouillot ; il faut déployer beaucoup de patience,
suivre les parents dans tous leurs mouvements. les surprendre, au
moment où ils y rentrent, et même on a peine à découvrir le petit
domicile qui par sa couleur et sa position se confond absolument
avec le sol.

La femelle y dépose cinq ou six œufs d'un blanc rosé pointillé de
taches brunes, qui malheureusement deviennent souvent la proie des
belettes, des lézards et des couleuvres.

Le siffleur arrive plus tard que ses congénères ; il niche vers la fin
de mai et disparaît dès le mois d'août.

Plusieurs autres espèces de pouillots s'établissent dans nos bois ou
au bord des étangs ; tous sont d'une agilité surprenante, d'une
gentillesse remarquable ; et, ce qui est mieux, ce sont d'infatigables
chasseurs d'insectes.

C'est une charmante créature, toujours gaie et joyeuse, qui se
tient là devant nous, le corps droit, les ailes pendantes, la queue
horizontale et qui fait retentir son cri d'appel. A son front et à sa poitrine d'un roux jaune vif, nous reconnaissons le ROUGE-GORGE
(*Rubecula familiaris*) connu sous les noms de *gadille*, *godrille*, *rubiett*
et rubeline. Le voilà qui sautille à travers les branches ; il se glisse
dans l'épais buisson, et disparaît pour reparaître encore.

Le rouge-gorge est un oiseau solitaire ; il arrive au printemps e
se répand dans les bois.

« Une fois qu'il s'est établi, dit Brehm, toute la forêt retentit de
son chant, qu'il répète souvent, et qu'il lance parfois comme un trille ;
le premier rayon du soleil est pour lui le signal. On voit à ce momen
le mâle perché sur une des plus hautes branches d'un arbre, les
ailes pendantes, la gorge gonflée, dans une attitude fière, sérieuse
et solennelle, comme s'il remplissait le devoir le plus important de
toute sa vie. Il chante beaucoup, surtout le matin et le soir, à
l'heure du crépuscule ; c'est principalement au printemps qu'il se fait
entendre : Souvent aussi il gazouille en automne. »

Ces oiseaux préfèrent les bois qui ont le plus d'étendue ; ils recherchent les lieux frais, voisins des eaux, et s'y fixent pour y nicher et
y passer l'été.

Ce n'est qu'en juillet et août qu'ils entreprennent leurs migrations
et se répandent partout, dans les bois, dans les jardins, dans les
vergers.

« A ce moment, dit Naumann, de chaque buisson s'échappe leur chant. On l'entend d'abord près du sol, puis à une élévation de plus en plus grande, jusqu'à ce que l'oiseau ait atteint le sommet de l'arbre. A la nuit close, tout devient silencieux dans la forêt; et c'est alors que le rouge-gorge fait retentir sa voix dans les airs. »

Un peu plus tard, vers le mois d'octobre, ils s'approchent des habitations : Lorsque le froid devient rude et que la terre est couverte de neige, ils viennent avec confiance jusque dans nos demeures y ramasser des mies de pain, des graines et même de petits morceaux de viande; mais leur nourriture ordinaire se compose d'insectes, de vermisseaux, de larves et de quelques baies.

Ceux qui sont dans les bois suivent les bûcherons et recueillent à leurs pieds les miettes qui tombent pendant qu'ils prennent leurs repas; ils deviennent alors hardis et familiers. Au reste, les rouges-gorges sont faciles à apprivoiser, et ils supportent volontiers la perte de leur liberté; on en a entendu chanter le jour même de leur détention; ils peuvent vivre de viande hachée, de mie de pain, de chènevis écrasé.

Ces oiseaux placent leur nid près de terre, sur des herbes capables de le soutenir, au pied des jeunes arbres, et quelquefois immédiatement sur le sol. Ils le composent de mousse entremêlée de crin et de feuilles de chêne, et le garnissent de plumes à l'intérieur. Cinq ou six œufs roux, parsemés de points couleur brique, y trouvent place; le mâle et la femelle se partagent les soins de l'incubation et élèvent les petits avec tendresse.

« Toussenel s'indigne avec raison, dit Michelet, qu'aucun poète n'ait chanté le rouge-gorge. Mais l'oiseau même est son poète; si l'on pouvait écrire sa petite chanson, elle exprimerait parfaitement l'humble poésie de sa vie. Celui que j'ai chez moi et qui vole dans mon cabinet, faute d'auditeurs de son espèce, se met devant la glace, et sans me déranger, à demi-voix, dit toutes ses pensées au rouge-gorge idéal qui lui apparaît de l'autre côté. En voici le sens à peu près, tel qu'une main de femme a essayé de le noter :

« Je suis le compagnon
» Du pauvre bûcheron.

» Je le suis en automne,
» Au vent des premiers froids,
» Et c'est moi qui lui donne
» Le dernier chant des bois.

» Il est triste. et je chante
» Sous mon deuil mêlé d'or.
» Dans la brune pesante
» Je vois l'azur encor.

» Que ce chant te relève
» Et te garde l'espoir!
» Qu'il te berce d'un rêve
» Et te ramène au soir!.

. . . .

» Mais quand vient la gelée,
» Je frappe à ton carreau.
» Il n'est plus de feuillée.
» Prend pitié de l'oiseau!

» C'est ton ami d'au'omne
» Qui revient près de toi.
» Le ciel, tout m'abandonne.....
» Bûcheron, ouvre-moi!

» Qu'en ce temps de disette,
» Le petit voyageur,
» Régalé d'une miette,
» S'endorme à ta chaleur!

» Je suis le compagnon
» Du pauvre bûcheron. »

Non moins gracieux que le rouge-gorge, et comme lui notre compagnon fidèle, est le TROGLODYTE MIGNON (*Troglodytes parvulus* ou *Troglodytes vulgaris*), confondu ordinairement avec le *Roitelet* dont on lui donne improprement le nom. Il est mieux connu, dans nos campagnes, sous les dénominations de *Robertaud*, *Roi-Bertaut*, *Berrichot*, *Petit-Robert*, *Petit-Roux*. Son nom de troglodyte indique un oiseau ayant l'habitude de parcourir les fentes, de visiter les crevasses des vieilles murailles, d'inspecter les troncs des arbres vermoulus, pour y saisir les insectes, les larves, les vermisseaux qui ont cherché là un refuge.

Echenilleur infatigable, il surpasse en activité tous les autres oiseaux, et il sait si bien se glisser partout, tourner et retourner les feuilles, trottiner au milieu des bourrées, qu'aucune victime ne saurait échapper à ses investigations.

Le troglodyte est, après le roitelet, le plus petit des oiseaux de nos climats; il a le dessus de la tête, le cou et le dos d'un brun roux, avec des raies transversales noirâtres; le dessous du corps est plus clair et porte des lignes ondulées brun foncé; une ligne brune court du bec au-dessus de l'oreille en passant par l'œil ; une autre ligne plus étroite et plus claire se trouve au-dessus de l'œil. Les couvertures moyennes de l'aile sont marquées à leur extrémité de points ronds ou allongés blancs, limités de noir en arrière ; les rémiges sont brunes et les cinq premières sont marquées alternativement de noir et de roussâtre ; les rectrices sont d'un brun roux, avec des bordures claires et des raies transversales ondulées ; l'œil est brun ; le bec et les pattes sont d'un gris rougeâtre.

Comme les ailes du roitelet troglodyte sont fort concaves, il ne plane jamais, et fait de courtes volées ; toutes ses allures sont des plus gracieuses ; il sautille sur le sol ou dans les branches ; il glisse, il passe comme une vision ; puis, tout à coup, discontinue ses recherches, s'arrête sur un point découvert, prend une posture hardie, les ailes pendantes, la poitrine penchée, la queue relevée verticalement à la manière d'un petit coq ; et, alerte et vif, il entonne sa petite chanson qu'il n'interrompt que pour se remettre à courir et à fureter.

Cet oiseau place son nid le long des murs en ruines, recouverts de lierres ou de pampres sauvages, sur le derrière des maisons ou des étables couvertes de chaume, sur les troncs et les vieilles souches, dans les bois, dans les buissons et dans les haies. Il le construit de beaucoup de mousse en dehors ; de coton, de laine, de plumes et de crin en dedans ; le tout entrelacé de fils d'araignée a la forme d'un œuf dressé sur un de ses bouts ; une petite ouverture est ménagée sur le côté pour les entrées et les sorties. L'endroit est toujours parfaitement choisi et caché, et le nid s'harmonise si bien avec tout ce qui l'environne qu'il est fort difficile de le découvrir.

La ponte, qui a lieu au commencement de mai, est de sept ou huit œufs, gros comme des pois chiches, dont la coque est d'un blanc terne, avec une zone de points rougeâtres au gros bout. L'incubation dure de douze à treize jours ; le mâle et la femelle couvent alternativement ; et quand les petits sont éclos, ils les soignent avec la plus grande tendresse ; on les voit continuellement faire de petits voyages pour leur chercher et leur apporter la picorée. Au bout de seize jours environs les jeunes troglodytes qui trottaient déjà sur la mousse et les buissons, commencent à s'envoler sur les arbres voisins du lieu de leur naissance ; là, ils sont encore quelque temps l'objet des soins paternels ; puis, le développement total des plumes étant arrivé et leur éducation étant terminée, ils se séparent et se dispersent chacun dans la direction qu'il s'est choisie.

Le troglodyte ne souffre pas volontiers un rival dans le petit domaine où il s'est établi ; s'il trouve sur ses terre un de ses semblables, la lutte s'engage et dure jusqu'à ce que le vainqueur ait chassé le vaincu.

Dans les temps froids, ils s'approche des lieux habités; il entre incessamment dans les fentes des murs, sous les avances des toits, sous le chaume des habitations rustiques, et il en sort pour y rentrer précipitamment. Quelquefois même, il pénètre dans l'intérieur des maisons en société de son compagnon le rouge-gorge, avec lequel il vit en bonne intelligence; il se fait entendre soir et matin, se met quelquefois trop en évidence et devient la proie du chat, de la belette, ou encore, ce qui n'est guère plus avantageux pour lui, de quelque cruel enfant.

Dans toute autre saison, surtout en été, on le voit peu, parce qu'il se tient dans les bois où les feuilles le dérobent à notre vue. Apprivoisé, il chante d'une voix agréable et même plus forte et plus sonore que ne semble le comporter un si petit oiseau; sa chanson composée de phrases courtes est formée de notes nombreuses, variées, claires, pleines et harmonieuses; il la répète plus fréquemment à l'approche du froid et des mauvais temps.

« Toute la nature est comme morte et se tait, dit Brehm; les arbres sont dépouillés de leur feuillage; la terre est ensevelie sous un linceul de neige et de glace; toutes les créatures sont silencieuses; seul, le troglodyte, le plus petit de tous les oiseaux, est encore vif et joyeux; toujours il lance sa chanson, comme pour dire : « Le printemps reviendra. »

Parlons maintenant du tout petit oiseau dont le troglodyte a usurpé le nom : Le Roitelet huppé (*Regulus cristatus*) ou Roitelet, proprement dit est le plus petit de tous les oiseaux propres à l'Europe. Sa taille est tellement infime qu'il passe, sans efforts, à travers les mailles de tous les filets, et qu'il s'échappe à travers les barreaux des cages; il est, à peu près, du poids d'un cerf-volant.

Les plumes qui couvrent le sommet de la tête du *petit roi* sont longues, effilées, d'une belle couleur aurore, mais plutôt jaunes que rouges; elles sont accompagnées de chaque côté d'une petite touffe de plumes noires. L'oiseau redresse à volonté cette huppe qui lui forme une couronne éclatante. Le reste du plumage supérieur est olivâtre mêlé de jaunâtre; le plumage inférieur est d'un gris roux, se rapprochant, sur les côtés, de la nuance du dos. Chaque aile porte deux bandes transversales blanchâtres; les grandes plumes des ailes et de la queue sont d'un gris brun, avec une bordure blanchâtre à l'intérieur et olivâtre à l'extérieur. Le bec est effilé et noir; les pieds et les ongles sont jaunâtres. La huppe de la femelle est de couleur citron, et elle n'a point de teinte jaune sur le dos.

Malgré sa faiblesse apparente, le roitelet huppé est très répandu dans toute l'Europe, et jusque dans les parties les plus septentrionales; il semble même être plus commun dans nos campagnes pendant la saison rigoureuse, soit que pendant l'été le feuillage le dérobe à notre vue, soit plutôt qu'il quitte en hiver les régions de l'extrême nord pour se rapprocher des contrées plus tempérées.

Ces oiseaux se tiennent ordinairement dans les bois; mais, ils fréquentent également les parcs, les haies qui limitent les champs, les charmilles et les jardins : On les voit voltiger de place en place, grimper le long des branches, s'y suspendre en tout sens, et chercher, en toute saison, leur nourriture à la manière du troglodyte. Ils aiment à se percher au sommet des arbres les plus élevés, principalement des chênes.

Ils nichent dans les bois, quelquefois dans les ifs et dans les charmilles : Leur nid qui ressemble à celui du troglodyte, est cependant plus petit; la ponte est de six à sept œufs.

Le ROITELET A TRIPLE BANDEAU (*Regulus ignicapillus*) doit son nom aux différentes bandes blanches et noires qui sillonnent sa tête, encadrent sa huppe et forment son diadème. Il a les mêmes habitudes et les mêmes mœurs que le précédent.

Les Irlandais font une guerre insensée à ces deux charmantes espèces de roitelelet; et, il s'agit là d'une habitude bien invétérée puisqu'elle remonte à l'année 1690. Voici comment on explique cette haine que les siècles ne peuvent effacer :

« La veille de la bataille de la Boyne, un corps d'armée royaliste du roi Jacques, essaya de surprendre le camp du prince d'Orange, dont les soldats ayant eu beaucoup à souffrir de la chaleur du jour, étaient livrés au plus profond sommeil.

» Les Irlandais catholiques s'avançaient en silence, à la faveur des ombres de la nuit, et allaient surprendre les protestants sans une circonstance encore plus insignifiante que le cri des oies qui apprirent aux Romains l'arrivée des Gaulois.

» Un jeune tambour avait mangé son souper, composé d'un morceau de pain sec dont quelques miettes étaient restés sur la peau de sa caisse auprès de laquelle il s'était endormi; un petit roitelet, qui avait peut-être moins bien soupé que le jeune tambour était sorti d'un buisson pour venir grignoter les miettes laissées sur la caisse.

» Le bruit que fit le petit oiseau en tombant sur la peau qu'il frappait de son bec pour ramasser les débris suffit pour réveiller l'enfant de troupe qui entendit aussitôt la marche des soldats du roi Jacques. Il saisit ses baguettes, frappa à coups redoublés sur ton tambour. Les protestants se réveillèrent, formèrent leur rangs et repoussèrent les catholiques dont la journée du lendemain acheva la défaite.

» L'histoire du roitelet se répandit dans les armées ; jamais les Irlandais n'ont pu pardonner au roitelet d'avoir sauvé leurs ennemis et donné le sceptre de la Grande-Bretagne aux mains de la reine Marie qui a affermi la suprématie de l'Église réformée dans les trois royaumes.

CHAPITRE IX

Un arbre détruit par les insectes. — Un paria. — Le Pic. — Son travail. — Légendes populaires. — L'oiseau de la pluie. — Le Pourvoyeur des moulins — Un oiseau charitable. — Le Pic-Vert. — Ses habitudes. — Son régime. — Son nid. — Le Pic-Epeiche. — Le Torcol ou Tire-Langue. — L'Oiseau Vipère. — Le Grimpereau familier. — La Sitelle ou Torchepot bleu.

Par une chaude après-midi du mois de juin, à l'heure où le soleil est dans toute sa force, je suivais un étroit sentier, tracé au bas d'un coteau à pic, et dont les sinuosités se modelaient sur celle d'une charmante petite rivière. D'un côté s'étageaient des chênes et des noisetiers reliés entre eux par une foule de plantes formant un fourré presque impénétrable ; de l'autre, des aulnes touffus plongeaient leurs racines dans la berge du cours d'eau ; et, courbant leurs cimes en arceaux venaient marier leur feuillage à celui des chênes. Le sentier se trouvait ainsi couvert d'une sorte de tonnelle naturelle que les rayons du soleil avaient de la peine à percer.

Je marchais, plongé dans une demi obscurité, lorsqu'un bruit singulier qui semblait partir du bois, attira mon attention : C'était un roulement sourd comme celui qu'on pourrait produire en frappant sur une futaille vide ou sur un tambour dont les cordes seraient détendues. Ce bruit, que je cherchais à m'expliquer, paraissait venir d'assez loin : Je fouillais le bois du regard sans rien découvrir ; et, j'allais renoncer à continuer mes recherches, lorsque tout près de moi, presque à la portée de ma main, j'aperçus la cause de ces roulements bizarres.

Il y avait là un chêne privé de ses branches, dont le tronc lui-même n'était plus qu'un squelette se maintenant debout par une mince couche d'aubier et quelques lambeaux d'écorce : Les roulements partaient de ses flancs caverneux.

A environ un mètre cinquante centimètres du sol, un oiseau disparaissait presque complètement dans une des cavités du chêne qu'il frappait intérieurement à grands coups de bec. Aux plumes roides de sa queue, disposées en forme de poignard, je reconnus le *Pic*, cet intrépide travailleur, cet excellent forestier ; je devinai qu'il remplissait son robuste estomac, de larves qui n'auraient pas manqué d'infester tous les arbres du bois. Je ne pus cependant résister à la tentation de m'en emparer : Le malheureux était tellement occupé à sa tâche préservatrice, ou étourdi par le bruit que produisaient ses coups de bec, que je puis le saisir, non sans difficulté. Dans les efforts qu'il fit pour se dégager, il perdit quelques plumes ; pris de remords et, ne voulant pas priver le bois de son puissant protecteur, je le replaçai dans la crevasse de l'arbre d'où il ressortit quelques minutes plus tard en poussant son cri retentissant : « *Plieu ! Plieu ! Plieu ! Plieu !!...* »

« Dans les calomnies ineptes dont les oiseaux sont l'objet, dit Michelet, nulle ne l'est plus que de dire, comme on a fait, que le pic, qui creuse les arbres, choisit les arbres sains et durs, ceux qui présentent le plus de difficultés et peuvent augmenter son travail. Le bon sens indique assez que le pauvre animal, qui vit de vers et d'insectes, cherche les arbres malades, cariés, qui résistent moins et qui lui promettent, d'ailleurs, une proie plus abondante. La guerre obstinée qu'il fait à ces tribus destructives qui gagneraient les arbres sains, c'est un signalé service qu'il nous rend. L'Etat lui devrait, sinon des appointements, du moins le titre honorifique de conservateur des forêts. Que fait-on ? pour tout salaire, d'ignorants administrateurs ont souvent mis sa tête à prix. »

Les pics recherchent de préférence les grandes forêts ; ils fréquentent aussi les bois de moindre étendue ; les taillis isolés, les vergers et les jardins. Ces oiseaux ont reçu la laborieuse mission de sonder les arbres, d'en visiter les fissures, d'en inspecter les écorces, d'en interroger les plaies caverneuses pour en extraire la vermine qui les ronge, les tribus d'insectes qui y habitent.

Pour faciliter leur labeur incessant, la Providence les a solidement armées d'un bec droit, carré à sa basse, cannelé dans sa longueur, aplati à la pointe, et, qui est tout à la fois une pioche, une alène et un ciseau. Leur langue, sur laquelle deux glandes déversent une liqueur gluante sur laquelle les fourmis viennent s'attacher est longue, effilée et terminée par une pointe osseuse ; le cou pourvu de muscles vigoureux est court et soutient un crâne fortement constitué. Ils ont des jambes nerveuses, des tarses courts en partie emplumés, deux doigts en avant et deux doigts en arrière pourvus d'ongles noirs, très forts et arqués qui leur permettent de rester des jours entiers cramponés aux branches, dans une attitude incommode appuyés sur une queue roide, longue, cunéiforme, composée de dix plumes tronquées d'inégale longueur.

Ceux qui ne conçoivent le bonheur que dans l'immobilité et le repos, ne pouvaient manquer de voir dans le pic un paria de la nature, condamné aux travaux forcés en expiation de quelques grands crimes :

Les ouvriers Allemands prétendent qu'un boulanger paresseux, âpre au gain, dur au pauvre monde qu'il cherchait à affamer, et qu'il ne se faisait pas faute d'exploiter en vendant à faux poids, fut changé en pic. En punition de ses crimes et des richesses acquises en se reposant pendant que ses victimes étaient au labeur, il travaille depuis l'aube jusqu'après le coucher du soleil, et il travaillera toujours ainsi jusqu'au jugement dernier.

« Une vieille légende scandinave, dit l'abbé Vincelot, explique les pérégrinations continuelles, la vie pénible des pics, leurs cris annonçant la pluie, enfin la calotte rouge dont leur tête est ornée. Le pic était, au point de vue des hommes du Nord, un juif-errant, un coupable expiant un grand crime. Voici en abrégé cette légende née dans les forêts de la Norwège, ou les pics sont très nombreux.

» Une vieille femme, nommée Gertrude, avait l'habitude de se coiffer d'un béret rouge, et surtout de rendre la vie si pénible à son mari, que celui-ci, dans sa naïveté, assurait qu'il ne consentirait jamais à aller dans le paradis si sa femme devait s'y trouver. Le brave homme pensait que le cours de sa vie, passée avec une telle mégère, devait lui faire préférer l'enfer même à des joies, quelles qu'elles fussent, si elles devaient être empoisonnées, par la présence de Gertrude.

» Un jour, un pauvre se présente à la porte du logis, demandant un verre d'eau pour désaltérer son gosier brûlé par les fatigues d'une longue marche. Gertrude l'éloigne avec brutalité, le menace de son balai et joint les injures au manque de charité. Ce pauvre était Jésus-Christ. « Puisque, lui dit le divin Sauveur, tu n'as pas voulu donner au pauvre le verre d'eau recommandé par l'Evangile, tu seras condamnée à errer continuellement et à gagner ta vie dans des courses incessantes ; ta langue sera toujours brûlée par une soif insatiable, et, pour que tout l'univers te reconnaisse et soit instruit de ta faute et de ta punition, tu porteras sur ta tête ton béret rouge, et tu annonceras par un cri plaintif l'eau que tu réclameras en vain pour assouvir ta soif. » Ces paroles furent suivies immédiatement de la métamorphose de la mère Gertrude en *Pic-vert*, et, depuis ce moment elle expie et sa dureté envers les pauvres et toutes les tracasseries dont elle a accablé son pauvre homme.

Le Pic est l'oiseau pluvial des anciens qui croyaient que son cri annonçait la pluie ; et, c'est cette croyance qui le fait appeler dans les campagnes le *pourvoyeur des moulins*, les Anglais le nomment *l'oiseau de la pluie*.

« Dans les sécheresses surtout, dit Michelet, son métier est méprisable ; la proie le fuit, se retire au plus loin, cherchant la fraîcheur. Aussi, il appelle la pluie, criant toujours : *Plieu! plieu!* Le peuple comprend ainsi son cri ; il l'appelle dans la Bourgogne le *procureur du meunier ;* pic et meunier, si l'eau ne tombe, chôment et risquent de jeûner. »

Malgré les légendes du Boulanger et de la mère Gertrude, voici un fait, constaté par M. Servaux, qui prouve que les pics sont susceptibles de bons sentiments et qu'ils se viennent en aide dans le malheur.

« A la fin de l'hiver, j'avais remarqué, dit-il, dans une grande propriété de Montmorency (Seine-et-Oise) deux pics (le plus commun, le *Picus viridis*) qui avaient commencé à creuser leur nid dans un orme, à quatre mètres environ du sol. Vers le milieu de mai, pensant, avec juste raison, qu'ils devaient avoir des œufs, j'appliquai une échelle et montai le long de l'arbre ; mais impossible d'introduire mon bras dans l'ouverture : l'arbre était trop épais, et le trou était de cinquante centimètres environ. J'essayai, mais en vain, et pendant plus d'une demi-heure, d'arriver aux œufs, soit à l'aide d'une branche enduite de glu, soit avec une cuiller en étain recourbée... Enfin lassé de mes tentatives infructueuses, je me décidai à boucher l'entrée du nid, avec cette espérance que, peut-être pressée de pondre, la femelle déposerait ses œufs, ainsi que je l'ai observé plusieurs fois, dans un trou d'arbre des environs.

» Je ne m'occupais plus des pics et ne pensais déjà plus à eux, lorsque le soir, vers quatre heures, passant dans cette même allée, j'entendis frapper à coups redoublés sur l'orme que j'avais quitté le matin... Je m'avançai avec précaution et j'aperçus cramponné à l'arbre et frappant sans interruption, juste à la hauteur du fond du nid, c'est-à-dire à cinquante centimètres plus bas que l'ouverture, un pic qui, tout préoccupé de son opération, ne me vit pas, et me laissa approcher jusqu'au pied de l'arbre; il s'envola alors, et grand fut mon étonnement, lorsque j'entendis continuer, mais intérieurement, dans l'arbre, le même bruit que j'avais entendu au dehors... Évidemment j'avais enfermé la femelle dans le nid, sans m'en douter, et la pauvre bête, couchée sur sa couvée, n'avait pas donné signe de vie le matin, lors de mes tentatives pour lui enlever ses œufs.

» J'appliquai de nouveau l'échelle contre l'arbre et je collai mon oreille à l'endroit où les coups de bec arrivaient sans arrêt et avec une précipitation qui indiquait le désir de la liberté que devait éprouver la prisonnière; je fis du bruit, elle s'arrêta, mais un instant après elle recommença de plus belle. De son côté, le mâle n'était pas resté inactif, je vous assure, car l'écorce de l'arbre était fortement entamée sur une largeur de cinq à six centimètres et sur une profondeur de plus de deux centimètres. Inutile d'ajouter que ce commencement de trou correspondait juste à celui que la femelle commençait à l'intérieur.

» La captivité forcée, que j'avais imposée bien involontairement à la pauvre femelle, avait duré assez longtemps et, après m'être bien assuré du fait que je viens de vous raconter, je retirai la pierre que j'avais mise le matin pour boucher l'entrée du nid; la femelle s'élança immédiatement, mais je la saisis au passage pour l'examiner avec attention; elle était, comme vous devez le penser extrêmement farouche, très agitée, les plumes hérissées, le bec tout couvert de sciure de bois, et lorsque je la lâchai, elle poussa deux ou trois cris en s'envolant... Etait-ce la peur que je venais encore de lui causer, ou plutôt la joie de la liberté?

» En quittant la maison, je fis part au jardinier de ce qui venait de m'arriver; il me plaisanta beaucoup, me disant que c'était impossible, attendu que, dans la journée, à plusieurs reprises, il avait vu les deux pics qui frappaient l'orme à l'extérieur, et qui étaient tellement occupés à leur travail qu'ils le continuaient malgré sa présence, ne s'envolant qu'au moment où il allait les toucher... Je m'expliquai alors l'énorme trou fait en si peu de temps et qui, bien probablement, n'aurait pas tardé à offrir une sortie pour la prisonnière. Pour rendre la liberté à sa femelle, le pic mâle avait eu recours à l'obligeance d'un camarade, de son frère peut-être.

» Cette histoire est vraie en tous points; l'expérience, au besoin, pourrait être renouvelée. Je crois que cette observation n'a pas encore été faite; peut-être pourrait-elle intéresser les personnes qui s'occupent d'oologie et d'ornithologie. »

Le PIC-VERT (*Picus viridis*) doit, comme tous ses congénères, son

nom de *Pic* à l'emploi qu'il fait de son bec; et, l'épithète de *vert*,
rappelle la couleur dominante de son plumage. On le voit grimper
le long des arbres, en décrivant, de bas en haut, une suite de
spirales; il recherche surtout les troncs dont l'écorce se fendille;
il enfonce sa langue et son bec sous cette écorce, et la fend quand
il ne peut arriver autrement jusqu'aux insectes qui s'y cachent. Si
on examine les morceaux qu'il a ainsi détachés, on les trouve
toujours minés par les insectes.

Si les laborieuses investigations du Pic-vert sont restées sans
résultats, il descend à terre, recherche les fourmilières dans
lesquelles il plonge sa langue en gardant la plus complète immobilité; il ne la retire que lorsqu'elle est couverte de fourmis qui,
croyant avoir affaire à une proie, se sont prises à l'espèce de glu
dont elle est enduite.

Quelquefois, après avoir frappé son bec contre le tronc d'un
arbre, on le voit qui se précipite rapidement du côté opposé, non
pas, comme on le croit vulgairement, pour voir s'il a percé l'arbre,
mais pour happer les insectes que l'ébranlement a chassés de leur
retraite.

« Lorsqu'il frappe contre une branche, dit Naumann, on le voit
parfois courir aussitôt de l'autre côté, pour pouvoir y prendre les
insectes qu'il a effrayés par ses coups de bec. Ces insectes se comportent, en effet, comme les vers de terre, quand la taupe fouette
la terre, ils connaissent aussi bien que le font ceux-ci, l'approche
de leur ennemi mortel. »

Rien n'est curieux comme de le voir l'oreille appliquée contre le
tronc de l'arbre qu'il ausculte, pour s'assurer de l'endroit exact où
se trouve la larve de lucane, de capricorne ou de cossus qui ronge
le bois.

Le pic-vert creuse son nid dans les troncs des arbres; mais, il
est à peu près démontré qu'il choisit toujours un arbre déjà attaqué
par les insectes; ce qui peut faire croire le contraire, c'est que les
ravages causés par les larves ne sont pas toujours apparents.
Chaque couvée est de quatre ou cinq œufs verdâtres, parsemés de
petites taches rouges. Les parents couvent alternativement, ils
élèvent les petits avec sollicitude et ne s'éloignent guère du nid.
Lorsque les jeunes pics ont pris leur essor, le père et la mère
demeurent avec eux et ne les quittent que lorsqu'ils sont complètement à même de se suffire.

Le PIC VARIÉ ou PIC-EPEICHE (*Picus major*) se distingue par son
plumage, noir sur le sommet de la tête et au milieu du dos, blanc
sur la poitrine et la gorge, rouge-carmin sur le derrière de la tête

et le bas-ventre. C'est un oiseau fort, vigoureux, leste, agile et hardi, qui vit comme le Pic-vert; mais dont les mouvements sont plus faciles et qui peut saisir les insectes au vol. La femelle est dépourvue de rouge sur l'occiput.

« C'est un spectacle superbe, dit un naturaliste, quand le temps est beau, de voir ces pics se poursuivre d'arbre en arbre, grimper le long des branches, se chauffer au soleil, dont les rayons font resplendir leurs couleurs. Presque toujours, ils sont en mouvement, ils animent merveilleusement les sombres forêts. »

Rarement le Pic-épeiche creuse un nid; il en cherche un qui ait déjà servi, ou que les Pics-verts aient abandonnés. La femelle pond quatre ou cinq œufs, petits, allongés, à coquille mince, à grains fins, d'un blanc lustré.

Comme les Pics-verts, les Pics-épeiches ont le plus grand soin de leur couvée, et élèvent leurs petits avec la plus grande sollicitude.

Le Torcol (*Yunx torquilla*) a, comme les pics, la langue très longue et très extensible. Cet oiseau est connu sous les noms de *Torcou, Trousse-col, Tourne-cou, Tire-langue, longue-langue*, etc...; il est remarquable par son plumage et par ses habitudes.

Son plumage supérieur est mélangé transversalement, et en zigzags, de gris, de brun et de noirâtre, avec un peu de blanc-roux sur les couvertures des ailes; le ventre et les cuisses sont d'un blanc sale, mêlé d'un peu de roux, et varié de quelques points noirâtres; le reste du plumage inférieur est rayé transversalement de noirâtre sur un fond roux; les grandes plumes des ailes sont brunes, avec des taches carrées d'un roux-clair; les pennes de la queue sont d'un gris clair, varié en travers de raies, d'ondulations et de taches noirâtres.

L'habitude qui lui a valu son nom consiste à tourner le cou d'un mouvement lent, ondulatoire, semblable à celui d'un serpent, en renversant la tête au point de la relever du côté du dos, et en fermant en même temps les yeux : Lorsqu'il est pris et qu'on le tient, il ne cesse pas de se donner ce mouvement; il l'exécute aussi très souvent en liberté, et les petits ont déjà la même habitude dans le nid. Par son plumage et par ses mouvements, il ressemble à un reptile; aussi, les Anglais l'appellent l'*oiseau-vipère*.

« Il allonge son cou, dit Naumann; il hérisse les plumes de sa tête sous forme de huppe, étale sa queue en éventail; en même temps, il se relève lentement et à plusieurs reprises; ou bien, il se contracte, étend son cou, s'incline lentement en avant, tourne les yeux, et gonfle sa gorge comme le fait une grenouille, tout en produisant un ronflement sourd et guttural. Quand il est en colère, quand il est blessé ou pris dans un piège, et qu'on veut le saisir avec la main, il fait de telles grimaces, que celui qui le voit pour la première fois en demeure stupéfait, sinon effrayé. Les plumes de la tête hérissées, les yeux à demi fermés, il étend le cou, le tourne lentement de tous côtés comme le ferait un serpent; sa tête semble décrire plusieurs courbes; son bec est tantôt dirigé en avant, tantôt en arrière. »

Quoique conformés à peu près comme les pics ces oiseaux ne grimpent pas comme eux; ils se cramponnent aux branches sèches sur lesquelles ils paraissent plutôt se reposer que chercher leur nourriture; et, quand ils parcourent les arbres, ils s'arrêtent aux cavités naturelles où ils plongent leur langue.

Le plus souvent ils se tiennent à terre pour y chercher leur subsistance consistant en fourmis qu'ils prennent en ouvrant fortement le bec, et en dardant leur langue dans la fourmilière; ils la retirent bientôt chargée de fourmis qui se sont prises à la matière visqueuse dont elle est enduite.

Le torcol n'a point de chant, mais plutôt un cri, un sifflement aigre et prolongé. Il ne construit pas de nid : la femelle pond dans des trous d'arbres, sur la poussière du bois vermoulu; la ponte est de sept à huit œufs d'un blanc d'ivoire.

Lorsqu'on plonge le bras ou un bâton dans la cavité qui leur sert de nid, la femelle pousse des sifflements si violents qu'on ne peut se défendre d'un sentiment de crainte, et que souvent le dénicheur s'éloigne craignant de voir sortir une vipère.

Le torcol était fameux chez les anciens par l'usage qu'on en faisait pour les philtres; il était un des éléments indispensables dans les enchantements.

Si le torcol est incapable de grimper comme le pic, voici, en revanche, un oiseau qui exécute cet exercice avec la plus grande facilité :

Le GRIMPEREAU FAMILIER (*Certhia familiaris*) est un peu plus gros que le troglodyte; il a le plumage supérieur varié de blanchâtre, de brun-roussâtre et de noir disposés par traits allongés dans le sens des plumes; le plumage inférieur est d'un brun-roussâtre; la gorge seule est blanche; les pennes de la queue sont roides, terminées en forme de coin, et recourbées en dessous, comme dans les pics.

Cet oiseau vit d'insectes qu'il cherche sur les arbres en parcourant les troncs avec beaucoup de légèreté et grimpant tantôt en ligne droite, tantôt en spirale, tantôt en montant ou en descendant; il visite les feuilles, les écorces, suit les pics, les sitelles qui comme lui vivent d'insectes, et qui, par les coups qu'ils frappent, au moyen de leurs becs robustes, déterminent les larves à sortir des trous où elles se tenaient cachées. Avec moins de force, et autant d'adresse, il profite de la puissance de ses rivaux.

Le grimpereau familier, qui reste toute l'année dans notre pays, fait son nid dans les trous naturels qu'il trouve au tronc des arbres. La ponte est de cinq à sept œufs cendrés, tachetés de traits plus foncés. Les parents restent avec leurs petits longtemps après qu'ils ont pris leur essor.

« Tout ce petit peuple, dit Naumann, est assemblé sur un même arbre ou sur quelques arbres voisins; les parents sont très affairés; entourés de leurs petits, ils tendent l'insecte qu'ils viennent de prendre, tantôt à l'un, tantôt à l'autre, puis se remettent en chasse avec ardeur. Leurs cris, d'intonations diverses, leur anxiété quand ils soupçonnent quelque danger, leur vivacité, tout concourt à divertir l'observateur. »

C'est encore un excellent grimpeur que ce joli oiseau plus gros que le grimpereau familier dont il n'a ni le port, ni l'attitude, mais plus petit que le pic dont il partage les travaux.

La SITTELLE, ou TORCHEPOT BLEU (Sitta cœsia) vulgairement grimpereau bleu, pic bleu, a le bec cendré, les pieds et les ongles gris; le plumage supérieur gris de plomb, l'inférieur d'un roux clair. Les couvertures inférieures de la queue sont marron et deviennent presque blanches à leur extrémité; la gorge et les joues sont blanchâtres; cependant, une bande noire passe sur les joues dans la direction de l'œil, et va rejoindre les petites plumes noires et roides qui couvrent les narines. Les grandes couvertures, de même que quelques pennes des ailes sont ornées de brun et de gris-blanc. Des douze plumes de la queue, les cinq latérales (de chaque côté) sont noires à leur origine; puis, mi-parties blanc et cendré; les deux du milieu sont cendrées.

La Sittelle vit solitaire dans les bois; elle se mêle rarement aux autres oiseaux, ni même à ceux de son espèce. Lorsqu'on la garde en volière, elle se retire dans des trous; et, à leur défaut, elle se tapit, pour y passer la nuit, dans l'auge au grain. En liberté, elle ne dort pas sur les arbres, mais se retire la nuit dans les trous.

Ces oiseaux établissent leur nid dans un trou d'arbre tout fait; à défaut de ce gîte naturel, ils peuvent en creuser un eux-mêmes. Si le trou est trop grand, il le rétrécissent avec de la terre détrempée, et, c'est de cette habitude que leur vient le nom de torchepot. Le fond du nid est garni de mousse et de bois vermoulu; la femelle y dépose six ou sept œufs d'un blanc sale, pointillés de roussâtre; elle couve seule, et le mâle lui apporte sa nourriture. Dès que les petits sont assez forts et que leur éducation est achevée, chaque membre de la famille se sépare pour vivre isolé.

CHAPITRE X

Les Mésanges. — Leur nourriture. — Leurs mœurs. — Leur cruauté. — Une mésange charitable. — Colonie de mésanges dans un ruche d'abeille. — La Mésange charbonnière. — La petite charbonnière. — La Mésange bleue. — La Mésange huppée. — La Mésange à longue queue. — Fécondité extraordinaire. — Les Pies-grièches. — Leur cruauté. — La Pie-grièche grise. — La Pie-grièche méridionale. — La Pie-grièche d'Italie. — La Pie-grièche écorcheur.

Il n'est pas un enfant à la campagne qui ne connaisse cet oiseau, à la physionomie singulière et originale à qui son cri, semblable au bruit de la scie ou de la lime qui mord le fer, a fait attribuer le nom caractéristique de *serrurier*. Il n'en est guère qui n'aient quelquefois succombé à la tentation de capturer les petits serruriers ou *cendrilles* à l'aide d'un piège composé d'une noix attachée à une cordelette, entourée de quelques collets et suspendue à un arbre.

Les MÉSANGES forment un genre de très jolis petits oiseaux dont les plumes sont tellement prolongées sur la base du bec que les narines en sont plus ou moins couvertes, ce qui les fait paraître en quelque sorte huppées : Ce bec est fin, court, droit, pointu et très fort. Leur langue est tronquée, c'est à dire coupée carrément à l'extrémité, et frangée ou terminée par des cils. Elles ont les ailes courtes; les pattes portent trois doigts devant et un derrière, tous armés d'ongles très aigus.

La nature a enrichi de belles couleurs le plumage de ces oiseaux : Le gris-cendré, le jaune, le vert, le bleu, le noir, le velours ou la soie s'étalent sur leurs vêtements; toutes ces richesses, admirablement mélangées, diffèrent de nuances suivant les espèces.

Les mésanges, comme les pics, ont le crâne très épais; les muscles du cou ont beaucoup de ressort et de solidité; aussi leurs coups de bec sont fort redoutables. Leurs plumes, surtout celles du croupion, sont aiguës, à barbes effilées, peu unies entre elles, ce

qui fait paraître ces oiseaux plus gros qu'ils ne le sont réellement;
cette même particularité qui se rencontre chez les pics, les grimpereaux et les roitelets, est cause qu'ils sont hérissés pour peu qu'ils
soulèvent leurs plumes.

Vives, pétulantes, sans cesse en mouvement, les mésanges
habitent communément les grands bois, les taillis, les vergers; on
les voit souvent sur les saules qui bordent les ruisseaux, les rivières
et les marais. Depuis le moment de la nichée, jusqu'au printemps
suivant, les individus de la même famille vivent en société; il ne
faudrait pas croire, cependant, qu'ils soient guidés par un sentiment
fraternel d'amitié ou d'attachement : Quoiqu'elles répètent sans cesse
leur cri de ralliement, quoiqu'elles marquent un vif empressement
de vivre ensemble, elles craignent de s'approcher de trop près, et
paraissent se méfier de la violence de leur caractère. En effet, leurs
emportements se traduisent souvent de la façon la plus cruelle :
Si quelque indisposition force l'une d'elles à garder l'immobilité; si
quelque blessure attire l'attention de ses compagnes, toutes se
précipitent sur elle, l'immolent sans pitié, s'arrachent ses membres,
et se disputent sa cervelle qui constitue pour ces oiseaux un mets
des plus friands. Il y a surtout une antipathie marquée entre les
mésanges noires et les grises : Les mésanges noires, plus fortes,
harcèlent les grises et souvent, les tuent sans pitié; aussi, lorsque
ces dernières aperçoivent leurs ennemies, elles jettent un cri particulier et fuient en grande hâte.

Malgré toutes les précautions, il n'est guère possible de réunir
plusieurs mésanges dans la même cage: leur querelle y est perpétuelle, et elles s'y battent avec acharnement. La première domiciliée
se considère comme la maîtresse de l'habitation et se précipite avec
fureur contre tous les compagnons de captivité qu'on lui donne; son
triomphe n'est complet que lorsqu'elle a ouvert le crâne et les
vertèbres de ses ennemies pour en dévorer la cervelle et la moëlle
épinière. Cependant, pour être juste, disons qu'il se rencontre
parfois des mésanges animées de meilleurs sentiments : Le naturaliste
Demarest gardait en cage une jolie mésange bleue. Un jour qu'on
lui apporta deux petites mésanges noires, encore dans le nid, il eut
l'idée de les placer dans le domicile de sa pensionnaire; mais
convaincu que son intervention serait bientôt nécessaire, il se met
en observation dans le but de sauver d'une mort à peu près certaine
les deux oisillons trop faibles pour se défendre. Quel ne fut pas son
étonnement, quand au bout de quelques instants il vit la mésange
bleue porter la becquée aux orphelines. Elle leur tint lieu de mère,
continua à les nourrir avec du chenevis qu'elle cassait pour elles,

avec du biscuit dont elle avait toujours une provision, et de la pâtée composée de jaune d'œuf, de mie de pain et de chenevis broyé.

Demarest pose ces deux questions qu'il n'a pas résolues : La mésange charbonnière aurait-elle rendu le même service aux petits d'une mésange bleue? La conduite de la mésange bleue envers les petites orphelines n'était-elle due qu'à l'état de faiblesse et de besoin où elles se trouvaient?

Nous avons signalé ailleurs des exemples de cette solidarité fraternelle, de cette compassion généreuse qui porte les oiseaux à donner des soins aux faibles. Le rouge-gorge, par exemple, se substitue volontiers, en captivité, aux parents des jeunes oiseaux qu'on place dans sa cage.

Le naturaliste que nous venons de citer affirme avoir gardé plusieurs années des mésanges de différentes espèces, prises au piège et toutes placées dans une même volière.

J'ai également placé dans une cage, avec une mésange charbonnière, des petits oiseaux auxquels elle n'a pas tardé d'ouvrir le crâne; mais, j'ai vu dans une petite volière, une mésange bleue vivant en bonne intelligence avec une linote, un chardonneret et un pinson.

Disons encore que les mésanges sont essentiellement carnivores : Si, pendant leur captivité, on les prive d'insectes; si l'on veut les astreindre à un régime composé de graines et de verdure, elles se trouvent forcées de se procurer, même par des procédés cruels, les aliments exigés par leur tempérament et par leurs habitudes.

Les chenilles, les vermisseaux, les larves, les insectes et leurs œufs forment leur nourriture habituelle; leur bec fin et pointu leur permet de fouiller les gerçures des écorces et d'en retirer leur proie. On les voit voltiger autour des feuilles et des fleurs et saisir les papillons ou les coléoptères qui s'y cachent; à défaut d'insectes elles mangent des noix, des châtaignes et des graines. En captivité, elles ne sont pas délicates sur le choix des aliments : Le sang, les viandes qui se putréfient, la graisse rance, le suif de chandelle, sont pour elles autant de friandises. Cependant le mieux est de laisser en liberté un oiseau qui rend d'immenses services.

Malheureusement, elles s'attaquent quelquefois aux abeilles, et nichent même dans les ruches abandonnées. Voici, à cet égard, un fait assez curieux rapporté dans le Bulletin de la Société industrielle de Colmar, à l'époque où l'Alsace était encore française : « M. Judlin, brigadier forestier au Niederwald, près Colmar, est propriétaire d'un rucher considérable. Dans le courant du printemps, il s'aperçut que d'assez nombreuses mésanges de la grosse espèce circulaient aux alentours et même que quelques-unes, plus audacieuses que les autres, entraient en sa présence, dans un panier inhabité, dont l'ouverture supérieure n'avait pas été fermée. Ne connaissant pas la voracité avec laquelle les mésanges s'attaquent aux abeilles et scrupuleux défenseur des arrêts préfectoraux, le brigadier n'attacha pas d'autre attention aux allures de ces oiseaux, fort communs d'ailleurs dans la forêt. Mais leurs allées et venues n'avaient pas échappé aux yeux de ses enfants qui le prièrent un jour de constater ce qui pouvait attirer continuellement les mésanges dans ce même panier.

» Il alla donc l'enlever du rucher avec la planchette qui le supportait, et quelle ne fut pas sa surprise, lorsqu'en le soulevant, il vit que toute la superficie du plancher était couverte de nids, serrés les uns contre les autres. Il se hâta de les recouvrir et de les remettre en place, ne sachant pas qu'il donnait ainsi l'hospitalité aux plus grands ennemies de sa propriété. Le nombre des nids n'a pas été constaté, mais M. Judlin évalue à une quarantaine le chiffre des jeunes mésanges qui s'échappèrent quelques jours plus tard du panier. »

Quelle que soit leur nourriture, les mésanges n'avalent jamais une proie sans l'avoir préalablement dépecée par petites portions.

Les hommes ont inventé pour détruire ces utiles oiseaux, plus d'un piège parmi lesquels la *pipée* est celui où ils se prennent le plus aisément : C'est à cette chasse que se manifestent l'énergie de leur caractère, la décision et la hardiesse de leur courage. Leurs plumes s'enflent, leurs attitudes varient à l'infini; ils multiplient leurs cris aigres et semblent défier la chouette au combat; mais ils ne tardent pas à devenir la proie de l'oiseleur. Cependant, même à cette dernière extrémité, bien qu'ils soient liés et garottés, ils insultent à la victoire facile de l'ennemi : Ils se couchent sur le dos à la manière des rapaces; et, du bec et des ongles, ils continuent à défendre leur liberté.

La GRANDE MÉSANGE OU MÉSANGE CHARBONNIÈRE (*Parus major*) doit son nom à l'espèce de capuchon d'un noir lustré qui couvre sa tête et son cou, et non pas, comme on l'a prétendu, à l'habitude qu'elle a d'établir son nid dans les huttes des charbonniers. Cet oiseau a la tête, la gorge et le devant du cou d'un noir brillant; une raie large et blanche s'étend au-dessous des yeux, de chaque côté des tempes; une autre tache de même couleur, terminée d'un côté par le noir de la tête et de l'autre par le jaune du dessus du cou existe quelquefois. Le cou est cendré, le dos est vert olive, le croupion est bleuâtre ou gris de lin; la poitrine, le ventre et les cuisses sont jaunes; le milieu de la poitrine et du ventre est marqué par une large ligne noire qui se continue depuis la gorge jusqu'à l'extrémité opposée du corps ; les grandes plumes des ailes, d'abord brunes, deviennent, sur les bords, parties blanchâtres et partie b'eues, souvent mêlées d'un peu de vert. La queue composée de douze plumes est fourchue, de couleur cendrée, bleuâtre à l'extérieur, noirâtre intérieurement et blanche sur les bords ; les pieds et les ongles sont d'un gris bleu. C'est cette espèce qu'on appelle suivant les localités, *arderette*, *mésange brûlée*, *pinçonnière*, *cendrille*, *croque-abeille*, *mésange à miroir*, *serrurier*, *patron des maréchaux*, etc... On la rencontre partout, dans les montagnes, les plaines, les marais, sur les buissons, dans les grands bois, et particulièrement dans les contrées plantées d'arbres fruitiers. Là, en effet, elle trouve une nourriture plus abondante, grâce aux lichens qui recouvrent les troncs, et qui servent de retraite à une foule d'insectes. Constamment en mouvement, elle explore les branches, montant et descendant à la manière des pics.

Elle établit son nid dans les troncs des arbres caverneux, quelquefois dans les crevasses des murailles ; elle le compose de bourre, de mousse, d'herbes desséchées, de laine, en un mot de corps mous, très doux, propres à la conservation de la chaleur. Les petits, d'abord réunis, se séparent au printemps de l'année suivante.

Le chant ordinaire du mâle, celui qu'il fait entendre dans toutes les saisons de l'année, et plus fréquemment la veille des jours de pluie, imite à peu près le bruit produit par le frottement d'un lime contre le fer. Au printemps, son chant prend une autre modulation ; il est plus agréable, et si varié qu'on ne croirait pas qu'il provient du même oiseau.

Les mésanges charbonnières vivent par troupes ; elles sont très courageuses : Rien n'est amusant comme de les voir tenir entre leurs doigts un grain de chènevis ou une faîne, qu'elles assujettissent contre une branche, et qu'elles frappent du bec, à coups redoublés, pour percer l'enveloppe coriace qui recouvre l'amande.

La Petite Charbonnière, Mésange a tête noire ou des bois (*Parus ater*) doit également son nom à la couleur de son plumage : La tête est recouverte d'un capuchon noir qui s'étend jusqu'aux épaules et revient un peu vers la poitrine ; la face est d'un blanc clair ; la gorge est à peu près de la même teinte, d'apparence un peu salie ; le dos et gris cendré ; la partie postérieure du corps est d'un bleu noir, moucheté sur les côtés de quelques taches d'un blanc obscur ; le bec est noirâtre ; les jambes, les pieds et les ongles sont d'un gris bleuâtre.

Cette espèce habite plus volontiers les forêts et les bois taillis que les campagnes, les jardins et les vergers ; elle se plait où il y a des arbres toujours verts, particulièrement dans les bois de sapins. Elle a les mêmes habitudes que la grande charbonnière, mais elle est plus féconde.

La MÉSANGE BLEUE OU MARENGE DE BELON (*Parus cœruleus*) est de toutes la plus répandue. Le dessus de la tête de cet oiseau est orné de plumes longues, un peu effilées, d'une belle couleur bleue d'azur, qu'il hérisse ou relève à volonté, ce qui arrive fort souvent; la queue offre les mêmes teintes; le dessus du corps et le cou sont d'un vert blanchâtre; le bas-ventre, la poitrine, la partie inférieure de la gorge sont jaunes, avec une tache d'un bleu violet obscur à la naissance du cou; la face et la tête sont en outre ornementées de blanc clair qui tranche agréablement sur les autres teintes. Les mâles, un peu plus gros que les femelles ont des couleurs, plus vives et plus décidées. Le bec est noirâtre; les pieds et les ongles sont d'un gris bleuâtre.

La mésange bleue, très commune dans nos campagnes, nos jardins et nos vergers, se réfugie pendant l'hiver dans les troncs d'arbres, dans les crevasses des murs, pour y passer la nuit; et, c'est dans ces mêmes retraites qu'elles construit son nid, dans lequel elle dépose, au nombre de dix à quinze, quelquefois plus, des œufs d'un blanc mat, ou couleur chair, parsemés de taches rouges très irrégulières.

Cet oiseau est remarquable par ses couleurs brillantes, par sa fécondité, et aussi par sa vivacité, la pétulance de ses mouvements, et un air d'impatience violent jusqu'à l'emportement. Elle est querelleuse, elle provoque les autres oiseaux, elle crie, elle pince, elle mord même en expirant.

La MÉSANGE HUPPÉE (*Parus cristatus*) est à peu près de la grandeur de la grande charbonnière; elle doit son nom à la huppe étagée, formée de plumes noires, bordées de gris blanc, qu'elle porte au sommet de la tête; les joues sont blanchâtres; un trait noir s'étend de l'œil à l'occiput; une bande de la même couleur, courbée en arc, descend de l'occiput sous sa gorge, et s'étend sur le devant du cou; le reste du plumage inférieur est blanchâtre, les côtés un peu plus roux; le reste du plumage supérieur est d'un gris roussâtre; le bec est noirâtre; les ongles sont gris et les pieds bleuâtres.

Cet oiseau qui ne survit guère à la perte de sa liberté se rencontre assez fréquemment en Normandie; elle est très commune en Suède. Elle se plaît dans les friches, dans les lieux solitaires abondants en genévriers, et l'on prétend qu'elle contracte l'odeur des baies de cet arbrisseau.

La MÉSANGE A LONGUE QUEUE (*Parus caudatus*) n'est guère plus grosse

que le roitelet; mais les plumes longues, effilées dont elle est couverte, la font paraître beaucoup plus grosse qu'elle ne l'est en réalité,
et lui donnent un air si singulier que les paysans du Dauphiné la
considère comme un monstre; ils l'appellent *meunière*, *mâtérat*.

Cette mésange se reconnait facilement à sa paupière supérieure
d'un très beau jaune qui disparaît en partie à la mort de l'oiseau,
parce qu'il ne provient que de la coloration de la peau. Le sommet
de la tête est blanc; les tempes sont marquées d'une tache noire qui
entoure la tête; les parties inférieures sont blanches; le dos est
châtain, nué de pourpre sombre, bigarré de noir; le plumage des
ailes et de la queue est blanc et brun foncé. La queue est singulièrement étagée : Les deux plumes du milieu ne sont pas aussi longues
que les deux qui les suivent de chaque côté et qui sont les plus
longues de toutes. Les jambes et les ongles sont noirs; elle ressemble
du reste aux précédentes espèces pour les mœurs et la manière de
vivre.

La mésange à longue queue, plus rare dans les bois, fréquente en
hiver les jardins et les vergers; elle fait son nid à trois ou quatre
pieds de terre, l'attache aux branches dans leur enfourchement, le
construit de telle manière que l'ouvrage en entier ressemble à un
œuf placé sur une de ses pointes; il y a une et quelquefois deux
ouvertures latérales opposées l'une à l'autre, et servant à l'entrée et
à la sortie. Les œufs et les petits sont admirablement défendues
contre les intempéries; le dedans du nid est doublé de duvet; le
dehors est composé de mousses, de lichens, de laine et de toiles
d'araignées, le tout entrelacé avec beaucoup d'art. Elle est de tous
les oiseaux, celui qui pond le plus grand nombre d'œufs. De la grosseur d'une petite noisette, entourés d'une zône rougeâtre sur un
fond gris, leur nombre s'élève souvent jusqu'à vingt. Comment vingt
petits oiseaux peuvent-ils trouver place dans le nid de la mésange?...
Comment le père et la mère peuvent-ils suffire à la nourriture de
vingt petits?... La Providence veille; rien ne manque à cette
nombreuse famille qui est chaudement couchée et abondamment
pourvue d'insectes!...

Il existe encore dans nos contrées plusieurs autres espèces de
mésanges, mais on ne les rencontre guère dans les bois : Elles
fréquentent de préférence les marais, les bords des étangs, des
ruisseaux et des rivières.

Non moins querelleuses et beaucoup plus fortes que les mésanges
sont les Pies-Grièches qui mettent en fuite les corneilles et les crécé-
relles et qu'on a vues repousser des milans et des buses; elles poursuivent les petits oiseaux, s'attaquent aux jeunes levrauts,

percent le crâne de leurs victimes ou les étranglent avec leurs ongles. Elles rendent cependant d'importants services en immolant une grande quantité de souris, de mulots et autres petits mammifères nuisibles, et en détruisant des milliers de capricornes dont les larves rongent certains arbres et particulièrement les peupliers.

Les pies-grièches peuvent compter parmi les oiseaux les plus courageux : Elles entourent leurs petits des soins les plus affectueux et deviennent terribles quand on veut les leur ravir. J'ai vu des enfants abandonner le nid qu'ils allaient dérober et fuir épouvantés devant les attaques d'un couple de ces oiseaux.

La PIE-GRIÈCHE GRISE (*Lanius excubitor*) ou GRANDE PIE-GRIÈCHE, la plus grosse des espèces qui fréquentent nos contrées a le dos d'un gris cendré clair, le ventre blanc; une large bande noire interrompue par l'œil couvre l'orifice des oreilles; les ailes noires sont marquées de taches blanches qui se répètent sur la queue; le bec est les pieds sont bruns.

La qualification *excubitor*, qui signifie *sentinelle*, explique une des habitudes de cet oiseau qui aime à se tenir perché sur la plus haute branche d'un arbre d'où il peut explorer un vaste horizon. Là, toujours immobile, le corps droit, la queue pendante, a pie-grièche promène ses regards autour d'elle; et, ni le rapace qui fend l'air, ni le mulot qui regagne son trou, ni l'oiseau qui sautille dans le buisson, ni l'insecte qui voltige, n'échappent à son attention.

Certains auteurs ont prépendu qu'en occupant la position d'une sentinelle, la pie-grièche n'avait d'autre but que d'avertir les autres oiseaux de l'aproche des rapaces, et ils lui ont donné le nom d'*avertisseur*. Et en effet, dès qu'elle aperçoit un grand oiseau, elle pousse un cri perçant et fond courageusement sur lui.

Elle est d'autant plus dangereuse pour les petit oiseaux qu'elle affecte de vouloir vivre avec eux en bonne intelligence. En hiver, il n'est pas rare de la voir se chauffant au soleil au milieu d'une troupe de ces malheureux sans défense; puis, tout à coup, au moment où ils ne songent nullement à fuir parce, qu'ils se croient en sécurité, elle fond sur eux, s'empare du moins prompt à s'éloigner, le tue à coups de bec, ou l'étrangle avec ses griffes. Elle l'emporte dans un lieu où elle se croit en sûreté; et, si elle n'est pas trop pressée par la faim, elle embroche l'innocente victime dans une longue épine et la dévore ensuite tout à son aise après l'avoir dépecée.

En avril, les pies-grièches construisent leur nid sur quelque branche fourchue d'un arbre élevé : Elles le composent d'herbes sèches, de brindilles, de mousse, et le tapissent à l'intérieur avec de la laine et des poils. La ponte est de quatre à six œufs d'un gris verdâtre, parsemés de taches d'un brun olive ou d'un gris cendré. Les petits éclosent au bout de quinze jours. Les parents les entourent des soins les plus assidus et les nourrissent d'abord d'insectes; puis, plus tard de mulots, de souris et de petits oiseaux : Nous avions déjà dit qu'ils savent défendre leur progéniture, même au prix de leur vie; ils se conduisent avec une extrême prudence lorsque quelque danger les menace.

« Je poursuivais dans un bois, raconte Brehm, une famille de pies-grièches pour en tuer quelques-unes. Je n'y réussis point; chaque fois que je m'approchais, les parents avertissaient leurs petits en poussant des cris perçants. Je parvins enfin à arriver tout près d'un des jeunes, mais, au moment où je le visais, la femelle jeta un grand cri, et, comme le petit ne fuyait pas, elle le poussa violemment le fit tomber de la branche avant que j'eusse eu le temps de le tirer.

La Pie-Grièche méridionale (*Lanius meridionalis*) a la partie supérieure d'un gris foncé; la partie inférieure est blanche avec des taches à reflets d'un rouge vineux sur la poitrine; les quatre plumes du milieu de la queue sont noires.

Cette espèce se plaît particulièrement dans les bois, sur le versant des collines, dans les lieux secs, arides et pierreux.

« Audacieuse et cruelle à l'excès, dit Crespin, dans l'ornithologie du Gard, elle fait une grande destruction de petits oiseaux. Je l'ai vue en emporter un qu'elle tenait à son bec. Nos chasseurs au filet ne sauraient être trop attentifs, car souvent il arrive qu'elle leur tue les appelants; ce qui lui a valu de ces derniers l'épithète de *sagataïre*, que l'on peut traduire par *assassin*. »

La Pie-Grièche a poitrine rose (*Lanius minor*), Pie-Grièche d'Italie doit son nom à la couleur rose des plumes de sa poitrine. C'est la plus agréable et la plus inoffensive de toutes les pies-grièches. On prétend qu'elle n'attaque jamais les oiseaux et qu'elle se borne à chasser les papillons, les coléoptères, à capturer les chenilles et les chrysalides.

« On dit, rapporte Naumann, qu'elle est douée à un degré surprenant de la faculté d'apprendre et de répéter sans fautes le chant des autres oiseaux; jamais je n'ai pu m'en convaincre complètement. Souvent je l'ai entendue imiter le cri d'appel du verdier, du moineau, de l'hirondelle, du chardonneret, répéter quelques phrases de leur chant; mais toujours elle confondait ces divers airs en y mêlant son cri d'appel : du tout il résultait un chant assez agréable. »

Dans nos contrées, cette pie-grièche ne s'éloigne guère des habitations; elle construit son nid à une assez grande hauteur, au milieu des branches les plus touffues.

Moins innocente que la précédente, la Pie-Grièche rousse (*Lanius rutilus*) imite aussi le chant des oiseaux qui sont dans son voisinage ; mais elle abuse de cette faculté pour s'en emparer plus facilement ; souvent même elle fait entendre, pour surprendre les jeunes, le cri du père ou de la mère. Lorsque les pauvres petits s'approchent, croyant qu'on leur apporte la becquée, elle les saisit et les dévore.

La Pie-Grièche écorcheur (*Lanius collurio*), la plus petite de toutes les espèces d'Europe, niche dans les buissons touffus et quelquefois dans les ajoncs. Elle brise la tête de ses victimes et les dépouille complètement lorsque ce sont des petits oiseaux. La pie-grièche écorcheur n'est pas douée, comme la plupart des oiseaux de proie, de la faculté de vomir en pelote la peau et les os : L'opération à laquelle elle se livre est donc pour elle une nécessité et non pas un acte de cruauté inutile.

Après leur sortie du nid, les jeunes se tiennent sur les buissons, au bord des routes, à l'extrémité des branches ; elles semblent ne pas comprendre le danger, regardent curieusement les passants qui peuvent facilement les tuer avec un simple bâton.

CHAPITRE XI

Le grand Corbeau. — Une histoire des temps passés. — Le Corbeau dans l'antiquité. — Voracité du Corbeau. — La Corneille noire. — Ses habitudes. — Chasse de cet oiseau. — La Corneille cendrée ou Corneille d'hiver. — Le Corbeau freux ou Corneille moissonneuse. — Dégâts qu'il commet. — La Pie commune. — Ses habitudes. — Son nid. — Le Geai glandivore. — Ses habitudes. — Un oiseau imitateur. — L'Engoulevent ou Crapaud-Volant.

Le Grand Corbeau, Corbeau noir (*Corvus corax*), dont l'espèce tend peu à peu a disparaître est un oiseau au vol superbe, qui n'a pas moins de un mètre quarante centimètre d'envergure ; le corps de 'adulte a environ soixante cinq centimètres de longueur ; sa livrée est uniformément noire. Très connu dans l'antiquité, cet oiseau a eu, dans tous les temps, une assez mauvaise réputation basée, probablement, sur son extérieur et ses habitudes. Comme le vautour, il peut être considéré comme un agent de salubrité public; sa voracité n'a pas de bornes; et, rien ne lui répugne quand il s'agit de l'assouvir. Son odorat très développé lui fait deviner de loin les immondices qu'il recherche de préférence à toute autre nourriture; il absorbe ainsi les cadavres en putréfaction et les ordures qui pourraient, dans le voisinage des lieux habités, répandre des miasmes dangereux.

Il a été l'objet de supertitions nombreuses : On lui accordait volontiers de la finesse et de la sagacité; mais, on l'a accusé de ruse; et d'aimer à l'excès à dérober, à amasser et à cacher. Ses bonnes qualités même ont tourné à son désavantage et lui ont fait attribuer des intentions dont un animal de cet ordre n'est pas susceptible.

Que de fables les anciens n'ont-ils pas établies sur les présages qu'on pouvait tirer de son vol, et de sa voix dont les aruspices prétendaient distinguer et compter plus de soixante inflexions.

Que n'a-t-on pas dit sur ces armées de corbeaux qui, combattant dans les airs, annonçaient les combats des hommes sur la terre; sur son antipathie pour certains oiseaux ?

Que n'a-t-on pas raconté sur les vols, les fourberies, les filouteries de quelques-uns; sur la finesse, la ruse, l'instinct flatteur et courtisan des autres ?

Belon, notre vieux naturaliste français a emprunté à Pline le passage suivant, à propos du corbeau :

« Pline a escrit une histoire assez plaisante d'un corbeau, qui nous a semblé digne d'estre mise en ce lieu. C'est que les corbeaux peuvent apprendre à parler : dont il y en eut à Rome au temps de Tybère empereur, dont le petit estait venu de dessus le temple de Castor, qui vola en une boutique de cousturier, qui n'était guère loin de là. Le corbeau ayant esté nourry léans, n'arresta gueres qu'il n'eust apprins à parler : et par ainsi fut en recommandation au maistre de la boutique, et principalement pour la religion, d'autant qu'il était venu en sa boutique, de dessus le temple. Ce corbeau partait tous les matins pour aller vers le marché, et saluant premièrement Tybère puis Drusus, les empereurs, de là saluait le peuple qui passait, le nommant l'un après l'autre, puis après retournait à la boutique de son maistre : et ainsi dura plusieurs années. Mais un des voisins de la boutique s'estant courroucé un jour contre le corbeau, qui avait esmuty sur son soulier, ou bien courroucé d'enuie, tua le corbeau; pour laquelle chose le peuple romain fut si courroucé, que cest homme fut premièrement banny, et puis après mis à mort; mais au corbeau fist enterrement honorable, l'ayant mis sur un lict que deux mores portaient en pompe, ayants la trompette deuant eux, et plusieurs gens portants beaucoup de diversité de couronnes, et ainsi conduisirent jusque à son tombeau, lequel ils érigèrent au costé dextre du chemin nommé Via Appia : voulant le peuple romain que ce fust à uiste cause qu'on lui fist enterrement honorable pour son bon entendement, ou pour la punition de l'homme homicide citoyen romain. En Rome en laquelle ne s'estait trouué personne pour conduire les corps de beaucoup de princes trépassez, ne pour venger la mort de Scipion Emilian qui par sa vertu avait aboli Carthage et Numante. Cela ou chose semblable, escriuit Pline d'un corbeau nourrit à Rome par lequel il appert que de ce temps là l'on avait coutume d'apprêdre les oyseaux à parler. »

Tite-Live nous a conservé l'histoire de Valérius, tribun des soldats sous Camille, qui accepta le défi d'un Gaulois redoutable, de taille gigantesque; et qui le vainquit en combat singulier à l'aide d'un corbeau descendu sur son casque. En mémoire de cette victoire, le tribun reçut le surnom de *corvus*.

N'est-ce pas aussi un corbeau qui, d'après la légende grecque, fit connaître à Alexandre-le-Grand la route du temple célèbre et mystérieux de Jupiter-Ammon dont plus de cent prêtres desservaient l'autel?

Le grand corbeau ne doit pas être confondu avec d'autres oiseaux du même genre, très communs dans nos campagnes; il habite presque toute l'Europe; mais, il ne fréquente guère que les régions couvertes de vastes forêts, et se plaît surtout sur les montagnes; on ne le voit dans les plaines que pendant les mois d'hiver.

Son cri, auquel on a donné le nom de *croassement*, est rauque, sonore et grave.

Le corbeau à le gosier dilaté au-dessous du bec, ce qui forme une sorte de poche à l'aide de laquelle il peut porter sa nourriture. Il vit fort longtemps et est véritablement *omnivore*, c'est-à-dire qu'il mange de tout.

Enlevé jeune de son asile, cet oiseau s'apprivoise et se dresse assez facilement : Il devient familier, importun et même dangereux, à cause de la force et de la puissance de son bec; il apprend à parler et à prononcer assez distinctement quelques mots; il aime à gesticuler et est doué d'un certain talent d'imitation; il a surtout l'habitude de baisser, lever, plier et mouvoir le cou dans tous les sens, en même temps qu'il dilate fréquemment la pupille de ses yeux.

Ces différents gestes, ces mouvements attirent l'attention et inspire quelquefois au spectateur l'idée de lui prodiguer des encouragements sous forme de caresses; mais il faut se tenir sur ses gardes, car il est traître, hardi, méchant et très porté à donner

des coups de bec assez forts pour percer les vêtements, entamer la
peau et faire une plaie.

Dans une basse-cour, il ne craint aucun animal domestique, et
tous le redoutent avec raison. Il paraît n'être importuné ni par
l'excès de la chaleur, ni par l'excès du froid.

Le grand corbeau niche dans les forêts épaisses, sur les arbres
les plus élevés, dans les fentes des rochers, dans les tours abandonnées des vieux édifices; il le construit en mars et le compose à
l'extérieur d'un enchevêtrement de bûchettes et d'épines destinées à
le défendre contre l'ennemi; l'intérieur est formé de terre gâchée
avec de la fiente d'animaux; il y ajoute quelquefois, mais rarement,
des débris de mousse, de foin et de laine. La ponte est de quatre,
cinq ou six œufs d'un vert pâle, tirant sur le bleu, tachetés de points
ou de raies noirâtres. Le mâle marque un grand attachement pour sa
compagne; il prend soin de la nourrir pendant le temps de l'incubation qui dure environ vingt jours; une fois réuni, le couple ne se
sépare plus, et il revient au même nid pendant plusieurs années.

Les petits sont couverts d'un duvet gris au moment de leur
naissance : Le père et la mère les nourrissent fort longtemps et ce
qu'ils consomment chaque jour est effrayant.

« En Norwège, dit un observateur, je gravis un jour un rocher
sur lequel étaient de jeunes corbeaux encore nourris par leurs
parents. J'y trouvai les débris d'une soixantaine d'œufs d'eiders, de
mouettes, de pluviers, des os de poules, des ailes d'oies, des peaux
de lemmings, des coquillages, des restes de jeunes mouettes, de
glaréoles, de pluviers. Les quatre petits criaient sans cesse, demandant à manger, et sans cesse les parents leur apportaient de
nouvelles proies. Aussi n'y avait-t-il rien d'étonnant à ce que, dès
que les corbeaux se montraient, toutes les mouettes des environs
fondissent sur eux, et les attaquassent avec fureur; à ce que les
habitants des fermes voisines les détestassent au plus haut point. »

C'est vers la fin de l'été que les jeunes quittent leurs parents et
vont, par couples, se choisir un domaine qu'ils défendent suivant
leur pouvoir; leur domicile est fixe; ils y reviennent toujours passer
la nuit.

En Angleterre, on protège le corbeau parce qu'il mange les
charognes qui pourraient empoisonner l'atmosphère; il en est de
même en Suède et dans les Indes.

Mais, en revanche, dans les îles Féroë, où il est, dit-on, de tous
les oiseaux de proie le plus redoutable aux brebis, on lui fait une
guerre acharnée, et sa tête est mise à prix.

Autrefois, à certain jour de l'année, chaque habitant devait apporter à la Chambre de Justice, un bec de corbeau. On formait un monceau de toutes ces dépouilles dont on faisait un feu de joie, et on infligeait une amende à ceux qui n'avaient pas fourni leur contingent.

Les corbeaux sont très nombreux dans les solitudes et sur les rochers de l'Islande : Ces terribles oiseaux se jettent impitoyablement sur les petits agneaux, les dévorent, ou tout au moins leur crèvent les yeux avant que les paysans soient arrivés à leur secours.

Olafsen raconte qu'ils guettent les canards à duvet et les chassent de leurs nids pour manger leurs œufs, et que les chevaux qui ont quelques plaies ne sont pas à l'abri de leurs attaques. Il ajoute que lorsque les jeunes corbeaux tombent de leurs nids ou qu'ils en sortent trop tôt et que les parents ne peuvent les y faire rentrer, ces derniers les tuent et les dévorent.

Le grand corbeau a pour ennemi le milan ; la corneille et les autres oiseaux de sa famille sont impitoyablement bannis du canton où il s'est établi.

La CORNEILLE NOIRE, CORBEAU CORNEILLE *(corvus coronè)* d'un tiers plus petite que le corbeau, a environ un mètre d'envergure ; tout son plumage est d'un noir-violet. Elle se rapproche beaucoup du corbeau par un grand nombre d'habitudes ; elle se familiarise plus aisément ; comme lui, elle apprend à parler ; elle a les mêmes inclinations pour enlever, transporter, accumuler et cacher ce qu'elle rencontre ; elle n'a peut-être pas l'esprit imitateur aussi développé et elle est moins méchante.

Pendant l'automne et l'hiver, la corneille, *Corbine, graille, graillot, grolle, couale, couar, ou crouas* (suivant les contrées) se tient durant la journée sur les terres nouvellement labourées ou ensemencées. Le soir, vers le coucher du soleil, ces oiseaux forment des bandes, prennent leur essor, et regagnent les bois ou les forêts où ils se retirent sur certains arbres qu'ils ont adoptés pour y passer la nuit. Ils en redescendent au lever de l'aurore pour aller, comme la veille, chercher leur pâture. Leur vol, dans les trajets qu'ils font soir et matin, est assez élevé, mais lent, lourd et pesant : Elles croassent souvent en volant ; elles se suivent les unes les autres ; on voit les bandes se succéder ; et, il est à présumer qu'elles sont formées de quelques familles réunies avec les petits de la dernière nichée.

Au printemps, les corneilles se retirent dans les bois, et l'abondance des vivres de toutes espèces leur épargne de longues courses : Elles mangent beaucoup d'œufs des autres oiseaux, et spécialement ceux de perdrix.

A cette époque, elles s'isolent deux à deux, se choisissent, comme le corbeau, une certaine étendue de territoire, construisent sur des arbres élevés un nid formé en dehors de menues branches, mastiqué de terre et de fiente d'animaux et tapissé intérieurement de racines menues. La ponte est de quatre ou cinq œufs d'un blanc bleuâtre ; l'incubation est de vingt jours.

Le père et la mère ne se séparent plus ; ils ont beaucoup d'attachement l'un pour l'autre et non moins d'affection pour leurs petits. Les corneilles ont à se défendre, pendant qu'elles couvent, contre les attaques des oiseaux de proie et spécialement de la Pie-grièche qui parvient souvent à dérober leurs œufs.

Mais il faut bien dire que les corneilles ne se comportent pas mieux à l'égard des oiseaux plus faibles ; et, quand elles ne sont pas troublées, elles pillent les nids, s'emparent des œufs qu'elles ont l'adresse de percer et de transporter en volant, au bout de leur bec qui ferme l'ouverture qu'elles ont pratiqué.

On chasse les corneilles de différentes manières . On en tue beaucoup au fusil; on les empoisonne avec des morceaux de viande auxquels on a mêlé des râpures de noix vomique. Cette chasse est dangereuse en ce sens que des personnes mangent quelquefois la chair des corneilles et peuvent elles-même s'empoisonner.

Dans certaines campagnes, on perce des fèves de marais encore vertes avec une aiguille ou une épingle sans tête qu'on laisse dans la fève. Pendant l'hiver, on répand sur la terre ces appâts dont les corneilles sont très friandes; elles ne les ont pas plutôt digérés qu'elles languissent et meurent parce que l'aiguille ou l'épingle leur reste dans les intestins.

Mais la chasse la plus curieuse se fait pendant l'hiver, au temps des neiges, au moyen de morceaux de viande crue placés dans le fond de petits cornets dont l'entrée est enduite de glu. On dispose ces cornets dans la neige; et, dès que les oiseaux aperçoivent la viande, ils plongent la tête dans le piège qui les encapuchonne sans qu'ils puissent se débarrasser de cette singulière coiffure qui les aveugle. On les voit alors s'envoler, s'élever en ligne droite, monter à perte de vue, jusqu'à ce que, leurs forces étant épuisées, elles tombent excédées de fatigue.

Les charognes, les immondices, les vers, les limaçons, les chenilles, les grenouilles, le petit gibier, les œufs d'oiseaux constituent la nourriture ordinaire de la corneille qui est omnivore comme le corbeau.

La Corneille cendrée, Corneille d'hiver ou Corneille mantelée (*Corvus cornix*) n'habite nos campagnes que pendant l'hiver, et vit absolument comme la corneille noire avec laquelle on la rencontre fréquemment. En été, elle se retire dans les pays de montagnes où elle niche dans les pins élevés.

Son plumage d'un noir violet offre comme un mantelet cendré varié de taches noires.

Le Corbeau freux (*Corvus frugilegus*) *frayonne*, *grolle*, *ou graie*, est très charnu et tient le milieu entre le corbeau et la corneille; il est fort criard, et c'est l'espèce la plus nombreuse. Tout son plumage est d'un noir-violet, plus brillant sur le corps qu'au dessous. Ces oiseaux sont, chez nous, beaucoup plus nombreux en hiver qu'en été; lorsque leurs bandes se répandent dans nos champs, c'est un indice de l'approche de la mauvaise saison.

Beaucoup de personnes confondent le freux avec la corneille, mais les laboureurs distinguent facilement ces oiseaux. Ils ont observé que chez le freux la base du bec est entourée d'une peau nue, d'un gris-noirâtre, souvent farineuse, tandis que les autres corneilles ont, au même endroit, des plumes qui reviennent en avant. Ce n'est pas que naturellement il ne pousse aussi quelques plumes autour de la base du bec de ces oiseaux, mais à mesure qu'elles croissent, elles sont détruites par l'habitude qu'ils ont d'enfoncer le bec fort avant dans la terre, pour en tirer les graines et les vers qui s'y trouvent. A la longue, le germe de ces plumes s'épaissit; la peau se durcit, s'écaille, devient calleuse et couverte d'aspérité.

Le freux diffère encore de la corneille en ce qu'il n'a guère de goût pour la chair et qu'il ne s'approche pas des viandes putréfiées. Il se nourrit de grains et d'insectes, particulièrement de larves de hannetons ou vers blanc dont il fait une consommation extraordinaire.

Il vole pendant tout l'hiver par bandes nombreuses, se répand durant le jour sur les terres labourées, et retourne le soir coucher au bois.

On lui reproche de causer de grands dommages dans les terres nouvellement ensemencées, et de n'être pas moins nuisibles aux récoltes prêtes à moissonner; les torts qu'on lui impute font que, dans certains pays, sa tête est mise à prix.

Les cultivateurs cherchent à éloigner les freux en faisant beaucoup de bruit, en jetant des pierres, en attachant aux arbres des espèces de moulins à vent, en plaçant des épouvantails dans les terres ensemencées : Tous ces moyens sont le plus souvent infructueux. Ils donnent à ces oiseaux le nom caractéristique de *Corneille moissonneuse*.

Les freux placent leurs nids sur des arbres élevés, souvent près des lieux habités, il n'est pas rare de voir une douzaine de nids sur le même arbre.

Nous ne parlerons pas du CORBEAU CHOUCAS *(Corvus monedula)* qui élève ses petits dans les trous des vieux édifices et qui n'est pas un habitant des bois.

La PIE COMMUNE ou PIE VULGAIRE *(Garrula pica,* ou *Pica caudata)* est un oiseau omnivore par excellence, dont il n'est guère facile de prendre la défense, même quand on est convaincu que tous ont reçu une mission providentielle, et que cette espèce, en particulier, détruit des insectes, des vers de terre et beaucoup de larves de hannetons.

« La robe de la Pie vulgaire, dit un naturaliste, est simple, mais élégante en même temps, elle diffère peu dans les deux sexes.

La tête, le cou, le dos, la presque totalité de la poitrine, les sous-caudales, les jambes sont d'un noir profond, velouté, avec des reflets métalliques d'un vert bronzé, au front et au vertex; les scapulaires, les barbes externes des rémiges primaires, le bas de la poitrine et de l'abdomen sont d'un blanc pur; les ailes et la queue d'un noir à reflets verts, bleus-pourpres et violets; l'iris est brun foncé; le bec et les pieds sont noirs. »

Tout le monde connaît cet oiseau, dont la physionomie est tellement spéciale qu'il suffit de l'avoir vu une seule fois pour ne plus le confondre avec les autres espèces.

La pie habite de préférence les bouquets de bois isolés au milieu des champs, la lisière des forêts, les jardins et les vergers, les rives des cours d'eau.

On la voit souvent, au bord des grandes routes où elle vient fouiller les excréments des animaux, et plus fréquemment encore dans les pâturages où il lui est facile de se livrer à cet exercice qui semble beaucoup lui plaire. Elle marche tantôt gravement en balançant son corps et hochant la queue comme la bergeronnette, ou bien par petits sauts obliques; elle ne vole que lorsqu'elle y est forcée, et se borne à passer d'arbre en arbre, de buisson en buisson.

Elle aime à jacasser, à babiller continuellement et d'une manière assourdissante : Le soir et le matin on entend ces oiseaux qui font un tapage infernal dans les futaies ou dans les peupliers; aussi l'adage populaire; *causer comme une pie,* rend-il exactement la pensée qui s'y attache.

Comme le corbeau, elle s'empresse de recueillir et de cacher les petits objets qu'elle rencontre et surtout ceux qui sont brillants.

En captivité, elle s'apprivoise facilement; on la nourrit de viande, de pain, de fromage; on l'habitue à sortir de sa cage et à y rentrer;

elle apprend des mots et des airs qu'elle répète. *Margot* est le nom populaire de cet oiseau, parce que c'est le mot qu'on lui apprend le plus souvent, et qu'elle répète avec beaucoup de facilité.

La pie place son nid à la cime des arbres les plus élevés; quelquefois, pourtant, elle l'établit dans un buisson, dans une haie. Formé à l'extérieur de buchettes et d'épines entrelacées avec un certain art, l'intérieur se compose d'une espèce de coupe de terre gâchée avec du fumier et est tapissé de petites racines et de duvet emprunté à certains arbres du voisinage.

La femelle pond quatre, cinq ou six œufs verdâtres, avec des taches brunes; l'incubation dure trois semaines. Les deux parents nourrissent les petits et leur témoignent le plus grand attachement. C'est à cette époque que les pies exercent de terribles ravages dans les basses-cours des fermes; malgré l'active surveillance des ménagères, elles enlèvent chaque jour des poussins, des canetons et même de petits oisons; lorsque cette ressource leur manque, elles se mettent en quête de nids d'oiseaux, brisent les œufs ou tuent les petits.

Malgré toutes leurs déprédations, on ne peut nier qu'elles ne rendent de sérieux services à l'agriculture en détruisant une quantité innombrable d'insectes qui s'attaquent à nos récoltes et à nos arbres fruitiers.

Le GEAI GLANDIVORE (*Garrulus glandarius*) est plus petit que la pie dont il diffère essentiellement par son plumage. Le derrière de la tête de cet oiseau est roux; le dos, de couleur plus pâle, passe au cendré; les plumes voisines du croupion sont blanchâtres; la queue, tiquetée de blanc, est beaucoup plus courte que celle de la pie; la poitrine et le ventre sont d'un cendré pâle, ainsi que les pieds; des taches carrées, les unes d'un bleu clair, d'autres d'un bleu plus foncé se voient sur l'aile; les yeux sont gris-bleu; les ongles, un peu crochus sont noirs de même que le bec qui est fort et robuste. Le mâle est un peu plus gros que la femelle et les plumes de sa tête, plus noires, forment une espèce de huppe; celle de ses ailes sont d'un beau bleu.

Le geai a, à peu près, les habitudes de la pie : même pétulance, même brusquerie dans ses mouvements, même antipathie pour le repos; même propension à caqueter; mais il est moins défiant et tombe plus facilement dans les pièges qu'on lui tend.

La vue d'un carnassier, d'un chien, d'un renard, d'un oiseau de nuit, l'inquiète, l'agite. Aussitôt qu'il flaire un danger, il pousse un cri aigu, et ce signal rassemble tous les geais des environs qui continuent de crier tous ensemble comme si leur nombre et le bruit qu'ils font pouvait diminuer le péril qu'ils semblent craindre. Cette habitude, au contraire, leur est souvent funeste, et rend plus facile la chasse qu'on leur fait.

Elevé en cage, il apprend à parler et à siffler; il imite avec facilité les sons qu'il entend. Il contrefait la voix de plusieurs sortes d'oiseaux, se rend familier, et s'habitue facilement à sa domesticité pourvu qu'il ait été pris jeune. On le nourrit comme la pie; il n'est pas difficile sur le choix des aliments, et peut vivre ainsi huit à dix ans.

Il se plaît à dérober les objets qu'il rencontre, une pièce de monnaie, un dé à coudre, des bijoux, et il les cache avec le plus grand soin

Les geais vivent dans les bois d'où ils font de fréquentes excursions autour des habitations voisines. Ils placent, dans les chênes les plus touffus, leur nid composé de racines entrelacées, dans lequel la femelle dépose quatre ou cinq œufs d'un gris-verdâtre parsemés de taches plus foncées. Les petits restent avec les parents jusqu'au printemps de l'année suivante; leur plumage s'embellit à mesure qu'ils avancent en âge.

Ces oiseaux ont le gosier si ample qu'ils avalent, tout entier, les glands qui constituent le fonds de leur nourriture, en automne et en hiver. Pendant l'été, il vole des pois verts, des haricots, des groseilles, des pommes, des cerises; mais, pour être juste, il faut ajouter qu'il fait une grande consommation d'insectes de toutes sortes, qu'il détruit une grande quantité de sauterelles et de vers blancs de hanneton. Toujours comme la pie, il s'attaque aussi aux petits oiseaux.

Le geai emploie pour échapper au chasseur et pour détourner son attention, un stratagème bien curieux : Il contrefait la voix, le chant des hommes ou celui des oiseaux. Il aboie, il miaule, il bêle, et de temps en temps, il pousse un éclat de rire qui, répété par les échos du bois, produit l'effet le plus extraordinaire.

Lorsque, par une belle soirée d'été, vous longez la lisière des bois, il vous arrive parfois de rencontrer un de ces rôdeurs nocturnes dont le vol, habituellement silencieux comme celui de la chouette, devient bruyant quand il chasse, le bec ouvert, en fendant l'air avec vitesse. Cet oiseau est l'Engoulevent ordinaire ou Engoulevent d'Europe (*Cuprimulgus Europœus*), l'un de nos insectivores les plus utiles, qui poursuit sa proie pendant que les autres se livrent au repos.

L'Engoulevent, Tête-chèvre, Crapaud-volant, est à peu près de la grandeur d'un coucou; ses yeux sont très développés comme ceux des oiseaux de nuit; sa poitrine et le dessus de son corps sont ondulés de gris, de noir, de brun, de roux et d'un peu de blanc; le derrière de la tête est tiqueté de brun et ondé de noir, la queue est longue; elle est de la couleur du dos et des ailes avec des barres triangulaires transversales noires et rousses; elle est, en outre, marquetée de noir et de rouge. Le mâle a une grande tache blanche presque au milieu des ailes, les cuisses sont bien emplumées; les pieds sont petits et velus; les ongles sont noirs et celui du milieu est dentelé comme la lame d'une scie. Le bec de ces oiseaux largement fendu, est muni à sa base de poils longs et roides qui concourent à diriger les insectes dans leur gosier où ils sont retenus par une sorte de glu naturelle.

Les engoulevents sont des oiseaux de passage; ils arrivent vers le mois d'avril et repartent vers le milieu de septembre; ils se nourrissent de toutes sortes d'insectes nocturnes et détruisent des myriades de hannetons, de papillons et de larves. De temps en temps, pendant leur chasse, on les voit interrompre leur vol, se laisser tomber comme une balle, et saisir par terre, avec une rapidité incroyable, quelque proie qui veut fuir.

On appelle l'engoulevent *Crapaud-volant*, à cause du cri qu'il fait entendre; parce que, pendant le jour, il se tient à terre, étendu sur le ventre, comme un crapaud; et surtout parce que son bec court et large, a quelque ressemblance avec la gueule de cet animal. Son nom de *Tête-chèvre* est basé sur le préjugé absurde qu'il tête les chèvres pendant la nuit, et que cette succion; non seulement tarit leur lait, mais encore les fait fatalement mourir.

Son nom scientifique CAPRIMULGUS signifie *oiseau qui trait les chèvres*.

La femelle pond deux ou trois œufs brunâtres, son nid est sur la terre, presqu'à nu, dans un trou peu enfoncé ou dans une cavité entourée de pierrailles.

Le cri que fait entendre le mâle avant de commencer sa chasse est très sonore et ressemble au bruit que produit un rouet à filer.

CHAPITRE XII

La Buse vulgaire. — Ses chasses. — Son utilité. — Combats de buses contre des vipères. — La Buse boudrée. — Le Milan royal. — L'Epervier commun. — L'Autour. — La Crécerelle. — Le Hobereau. — L'Emérillon. — Le Faucon pèlerin. — Ses habitudes. — Ses mœurs. — Son courage. — Les exploits d'un faucon devant Sébastopol.

La BUSE VULGAIRE, BUSE COMMUNE, BUSE VARIABLE *(Buteo vulgaris ou variabilis)* est après l'aigle et le condor le plus grand de nos oiseaux de proie; elle a jusqu'à un mètre soixante centimètres d'envergure.

Le plumage de ces oiseaux est tellement variable qu'on trouve rarement deux buses absolument semblables : Il en est qui sont d'un brun noir presque uniforme, avec la queue rayée; d'autres qui ont le dos brun, de même que la poitrine et les cuisses, avec le reste du corps d'un gris brun clair marqué de taches transversales; quelques unes ont un plumage brun clair avec de longues bandes longitudinales; d'autres sont d'un blanc jaunâtre avec la poitrine tachetée et les plumes des ailes et de la queue plus foncée.

La buse, ainsi que tous les oiseaux de proie, a la vue perçante; elle est armée d'un bec noirâtre, pointu, un peu recourbé et de griffes noires puissantes et vigoureuses. Ses pieds et la membrane qui couvre la base du bec sont jaunes. Lorsqu'elle est en colère, elle ouvre le bec et y tient pendant quelque temps sa langue avancée jusqu'à l'extrémité.

Cet oiseau demeure pendant toute l'année dans nos forêts et Buffon prétendait qu'il était assez stupide soit à l'état de domesticité, soit à l'état de liberté : De là l'épithète de *Buse* appliquée à un individu peu intelligent. La buse, au contraire, est assez bien douée sous le rapport de l'intelligence; en liberté comme en captivité elle fait preuve de prudence, de ruse et de jugement, et de l'avis de tous les naturalistes contemporains, celui-là seul qui ne l'a pas observé ose la taxer de stupiditée.

S'il lui arrive quelquefois de dévorer des levrauts, des lapins, des perdrix et des cailles, elle vit surtout de grenouilles, de serpents, de lézards, d'insectes et d'une quantité de petits rongeurs qui causent le plus de dégâts dans nos champs et dans nos bois. Une buse en consomme de quarante à cinquante par jour; Blasius en compta trente dans l'estomac d'un seul individu; un autre observateur ouvrit les estomacs de cent buses et n'y trouva que des mulots et des campagnols. Comptons, en moyenne, dit Lenz, dix petits rongeurs par jour, pour une seule buse, cela fait par an 3.630 de ces ennemis dont un seul oiseau assure la destruction. On peut, sans exagération, porter la moyenne quotidienne à trente, et compter par conséquent 10.000 rongeurs pour la moyenne annuelle; et peut-être n'exagère-t-on pas en assurant qu'un couple de buse, avec trois petits, détruit en une année 50.000 rongeurs!

La buse choisit, pour construire son nid, un arbre qui lui convient :

Elle y porte des branches qu'elle dispose, les plus grosses en dessous, les plus petites en dessus; elle tapisse l'excavation avec de petites ramilles et y ajoute quelquefois de la laine ou d'autres matériaux légers; parfois aussi, elle s'empare tout simplement d'un nid abandonné de corneille ou de corbeau. La ponte est de deux ou trois œufs blanchâtres, tachetés de jaune; la femelle couve seule, mais les deux parents nourrissent et soignent les petits.

Nous avons parlé, tout à l'heure, des services rendus par la buse : Elle fait en outre une destruction considérable de vipères et ce n'est pas son moindre mérite. Lenz a fait de nombreuses et intéressantes observations sur les combats des buses avec les serpents.

Il offrit à de jeunes buses des couleuvres qui malgré leur résistance et leurs sifflements désespérés furent tuées, divisées en tronçons et avalées. Il présenta ensuite à ses pensionnaires une vipère de forte taille qui les fit battre en retraite. Les oiseaux se sentaient encore trop faibles et n'étaient pas suffisamment aguerris pour s'exposer aux morsures d'un reptile que leur instinct leur faisait deviner être venimeux.

« L'issue de cette expérience, dit Lenz, n'avait pas répondu à mon attente. Il était fort singulier de voir un oiseau, qui avait attaqué déjà des serpents et des rats, reconnaître ainsi instinctivement un serpent venimeux et refuser le combat. Cependant, mes buses n'étaient pas encore complètement adultes; la nombreuse assistance pouvait les avoir effrayées; je les avais vues, de plus, manger avec avidité des morceaux de vipère; l'odeur de ce serpent ne pouvait les avoir retenues, car la buse se guide par la vue et

nom par l'odorat. C'est du premier coup d'œil qu'elles avaient
reconnu leur ennemi mortel. Aussi, ne désespérai-je pas et recom-
mençai-je deux jours après une nouvelle tentative, mais devant
quelques personnes seulement.

» Je jetai d'abord à la buse un orvet qu'elle prit et avala tout
vivant. Je mis alors devant elle une petite vipère brune. Aussitôt
elle hérissa son plumage, leva les ailes, poussa un cri perçant,
puis, sûre cette fois de sa supériorité, fondit sur son ennemi, le
prit entre ses serres par le milieu du corps, et battit vigoureusement des ailes, en criant. Elle se comporta d'une manière toute
différente de ce qu'elle avait fait à l'égard des serpents non venimeux.
Consciente du danger, elle tenait la tête relevée. La vipère s'enrou-
lait autour de ses pattes, sifflait, donnait des coups de dents de
tous côtés, mais qui se perdaient sur les plumes hérissées et sur
les ailes. D'un coup de bec prompt et vigoureux, la buse lui fracassa
alors le crâne. La vipère eut encore quelques convulsions, et
lorsqu'elle fut morte, l'oiseau l'avala la tête la première

» Elle regarda fièrement de tous côtés, demandant à livrer un nouveau
combat. Je mis à peu de distance d'elle une jeune vipère, d'environ
13 pouces de long. Celle-ci eut le temps de s'enrouler; ses sifflements,
sa gueule largement ouverte, ses yeux flamboyants, fixés sur la
buse, indiquaient bien évidemment qu'elle avait reconnu une
ennemie. Prudemment, les ailes relevées, la buse s'avança ; c'était
un spectacle attachant que je n'osai pas troubler immédiatement. Je
finis cependant par jeter une grenouille sur la vipère. Aussitôt la
buse s'élança et prit entre ses serres la grenouille et le reptile.
Celui-ci se retourna, siffla, mordit tout autour de lui. La buse
agitait continuellement ses ailes, relevait la tête; puis elle porta
subitement un vigoureux coup de bec à la tête de la vipère. Celle-ci
se dégagea et chercha encore à mordre. Un nouveau coup sur la
tête l'étourdit, mais elle revint à elle et essaya encore une fois ses
dents. A ce moment, la buse lui fracassa complètement la tête et
attendit que ses forces fussent complètement épuisées pour l'avaler.

» Le deux août, mes buses avaient à peu près atteint l'âge adulte.
La plus petite était sur l'établi, la grande à terre. Je mis devant
celle-ci une grande vipère, qui siffla et chercha à mordre. La buse
restait tranquille, les plumes hérissées, attendant le moment
favorable pour attaquer. Ayant jeté une grenouille derrière la
vipère, la buse prit aussitôt son élan, saisit le reptile par le milieu
du corps, et se disposait à l'emporter dans un coin, lorsque la
seconde buse vint prendre le reptile par la queue. Les deux oiseaux
se disputèrent cette proie, chacun la tenant avec une patte et de

'autre frappant son compagnon. Je me hâtai de les séparer, et
laissai la vipère à celui qui l'avait saisie le premier. Il la tenait
dans ses serres, criant et battant des ailes; la vipère sifflait,
donnait des coups de dent, tantôt dans l'air, tantôt sur les plumes,
ou sur la cuirasse écailleuse des pattes, la tête étant en dehors de
ses atteintes. La buse lâcha le reptile, mais pour le ressaisir aussitôt
plus au milieu du corps, et d'un coup de bec lui broya la tête.
Elle attendit que ses mouvements eussent complètement cessé; puis
elle mangea la tête, le cou, et enfin le reste du corps. Ce lui fut un
bon morceau, car la vipère avait plus de deux pieds de long et
renfermait plusieurs œufs. Non seulement la buse ne laissa rien,
mais elle avala encore une grenouille immédiatement après.

» Pendant ce temps, je mis une nouvelle vipère en présence de la
seconde buse, qui, sans hésiter, fondit sur elle, la saisit en criant,
en battant des ailes, et attendit un moment favorable pour lui
broyer la tête. La vipère s'étant redressée aurait pu facilement
mordre son ennemie, si elle n'avait pas été trop maladroite. La
buse la lâcha, mais pour lui prendre la tête avec une de ses serres.
Au moment où le reptile faisait effort pour la dégager, un vigoureux
coup de bec la lui broya. L'oiseau fit ensuite son repas, en commen-
çant, comme toujours, par avaler la tête.

» Cependant la première buse n'avait pas remporté une victoire
sans péril. Pendant qu'elle était en train de manger, j'avais déjà
remarqué que sa patte gauche se paralysait, et elle ne tarda pas à
enfler à la naissance des doigts. A cet endroit, la patte n'est
protégée que par de petites écailles, et la dent venimeuse du serpent
avait pu l'entamer. Les dents du rat, quelque tranchantes qu'elles
soient, sont impuissantes à couper les écailles résistantes de la
patte de la buse; mais les dents des serpents qui ressemblent à
autant de fines aiguilles peuvent les traverser. Sans donner de signes
de douleur, la buse se contenta de relever le membre malade, et
digéra son repas tout tranquillement. La patte saine saignait aussi;
une écaille en avait été arrachée, non par une morsure de la
vipère, mais plutôt, à ce que je crois, par un coup donné par la
seconde buse. A la tombée de la nuit, le gonflement avait déjà
diminué; le lendemain, il était à peine marqué et l'oiseau commençait à se tenir sur sa patte; le troisième jour, il était complètement
remis. »

Il ne faudrait pas croire, cependant, que les buses soient réfrac-
taires à l'action du venin, et qu'elles luttent toujours impunément
contre les vipères. On a, de rares exemples, il est vrai, de buses

qui, atteintes à une partie vasculaires, sont mortes des suites de la morsure des terribles reptiles.

La Buse Bondrée (*Buteo apivorus*) a tant de traits de ressemblances avec la buse vulgaire qu'il est facile de confondre ces deux oiseaux, malgré la différence d'habitudes qui caractérise chacune de ces deux espèces.

Presque aussi grosse que la buse commune, la bondrée a environ un mètre quarante centimètres d'envergure; son bec est un peu plus long que celui de sa congénère; la peau nue qui en couvre la base est jaune épaisse et inégale; l'iris des yeux est d'un beau jaune; les jambes et les pieds sont de la même couleur, et les ongles, qui ne sont pas très crochus, sont forts et noirâtres; le sommet de la tête paraît large et aplati; il est d'un gris cendré tournant au bleuâtre.

Son nid est composé de bûchettes et tapissé de laine à l'intérieur; les œufs sont de couleur cendrée, marquetée de petites taches brunes. Elle niche quelquefois dans de vieux nids de corneilles, de corbeaux ou de milan.

La bondrée se nourrit de mulots, de lézards, de grenouilles, de divers insectes et spécialement de chrysalides de guêpes.

« Nous avons presque toujours rencontré dans l'estomac des bondrées, est-il dit dans la Revue de zoologie (juillet 1869) au mois de septembre, deux à trois décilitres de guêpes, sans mélange, dans ce cas particulier, d'autre nourriture; ce qui prouve que ces insectes forment leur aliment de prédilection. Elles n'ont pas même le défaut d'attaquer les abeilles; car, dans les litres de guêpes qui qui nous sont passés sous les yeux, nous n'avons jamais découvert une abeille. »

La femelle est, dans cette espèce, comme dans toutes celles des oiseaux de proie, notablement plus grosse que le mâle; tous deux piètent et courent, sans s'aider de leurs ailes, aussi vite que nos coqs de basse-cour.

La bondrée est moins commune que la buse. Sa manière ordinaire de chasser consiste à se placer sur les arbres, en plaine, pour épier sa proie. Elle ne vole guère que d'arbre en arbre et de buisson en buisson, toujours bas, et sans s'élever, comme le milan auquel elle ressemble assez par certaines habitudes, mais dont on pourra toujours la distinguer de près et de loin, tant par son vol que par sa queue qui n'est pas fourchue.

Le Milan royal (*Falco milvus*, *milvus regalis*) est un oiseau de haut

vol, qui ne pèse pas plus de un kilogramme, et qui a plus de un
mètre cinquante centimètre d'envergure. Son bec brun est noir vers
l'extrémité; ses yeux sont larges, avec l'iris d'un beau jaune pâle;
ses jambes et ses pieds sont également jaunes avec les ongles noirs;
la serre du milieu est tranchante. Sa queue est très fourchue, et ce
dernier caractère suffit à le faire reconnaître. Les plumes de la tête,
de la gorge et du haut du cou sont longues et étroites; sa couleur
dominante est une nuance grisâtre sur certaines parties, rousse sur
les autres, marquée de taches brunes oblongues dans le sens des
plumes; les cinq premières grandes pennes des ailes sont noires, les
autres sont brunes; celles de la queue sont rousses terminées par du
blanc.

Lorsqu'il vole, le milan royal étend ses longues ailes et se balance
dans l'air, où il demeure longtemps, pour ainsi dire immobile; il
dirige à son gré tous ses mouvements à l'aide de sa queue. Toujours
maître de son vol, il le précipite, le ralentit, s'élance ou demeure
suspendu au même point, suivant les circonstances; sa vue est très
perçante.

Quoiqu'il soit vigoureux, cet oiseau est lâche; il ne donne la
chasse qu'aux mulots et aux jeunes oiseaux; il n'accepte le combat
que lorsqu'il ne redoute aucun danger. A défaut d'oiseaux, il mange
des reptiles, des sauterelles, les corps en putréfaction. Il s'approche
des lieux habités enlève les jeunes canards, les oisons et les poulets;
mais, la colère d'une poule suffit pour le faire fuir.

Doué de toutes les facultés qui devraient lui donner du courage et
de la confiance, ne manquant ni d'armes, ni de force, ni de légèreté,
le milan refuse le combat; il fuit devant l'épervier, beaucoup plus
petit que lui, et s'élève, toujours en tournoyant pour se cacher dans
les nues, jusqu'à ce que son rival, plus actif, plus courageux,
l'atteigne, le rabatte à coups d'ailes, de serres et de bec, et le
ramène à terre, moins blessé que battu, et plus vaincu par la peur
que par la force de son ennemi.

Mais nous serons juste et indulgent en rappelant que la serre étant
la première arme des oiseaux de proie, c'est à elle que se mesure
leur courage. La serre du milan est courte et peu flexible; celle de
l'épervier, au contraire, est puissante et se prête à tous les mouvements.

L'ÉPERVIER COMMUN (*Falco nisus*, ou *Nisus communis*), très répandu
dans nos contrée, a le plumage supérieur brun avec une teinte roussâtre bordant chaque plume chez la femelle; tout le plumage inférieur
est d'un blanc moucheté de brun. Le fond de cette livrée varie

suivant l'âge et devient de moins en moins foncé. L'iris est jaune ; la base du bec est bleuâtre dans la femelle et l'extrémité est noirâtre ; le noir est plus étendu sur le bec du mâle ; la peau nue qui couvre le bec, à son origine, est d'un jaune verdâtre. Les cuisses sont fortes et charnues ; les jambes menues, longues, jaunâtres ; les doigts fort longs, très déliés ; les ongles noirs.

On donne le nom d'*épervier* à la femelle, et le nom de *petit épervier* ou *tiercelet* au mâle ; on appelle encore ce dernier *mouchet*, ou *émouchet*.

L'envergure de ces oiseaux est de trente-cinq à quarante centimètres.

L'épervier est plein d'ardeur et de feu ; il est docile et susceptible d'être dressé pour la chasse de la perdrix et de la caille. Dans l'état de liberté, il fait une guerre cruelle aux petits oiseaux en général ; il prend souvent les pigeons écartés, et c'est dans cette intention qu'on le voit rôder autour des colombiers. Il ne dédaigne pas les laperaux ; et, il est si hardi et si intrépide qu'il poursuit les faisans, le merle, l'étourneau, la grive, et qu'il attaque la pie et le geai.

L'Autour (*Astur palumbarius*) beaucoup plus grand que l'épervier auquel il ressemble néanmoins par certaines habitudes naturelles a les jambes plus longues que les autres oiseaux qu'on pourrait lui comparer. Ses yeux sont rouges, et cette couleur s'accentue à mesure qu'il vieillit. On observe, dans les autours de France, une grande variété de plumage, tant dans le mâle que dans la femelle : le même oiseau diffère essentiellement dans les différents âges de la vie. Avant sa première mue, c'est-à-dire pendant la première année, il porte sur la poitrine et sur l'abdomen des taches brunes perpendiculaires, longitudinales ; mais, lorsqu'il a subi les deux premières mues, ces taches longitudinales disparaissent, et il s'en forme de transversales qui durent ensuite pour tout le reste de la vie. Le mâle, bien moins gros que la femelle a été nommé *tiercelet d'autour ;* il est plus féroce que sa compagne, et ils sont l'un et l'autre assez difficiles à apprivoiser. Leur naturel est si sanguinaire que lorsqu'on laisse un autour en liberté avec des faucons, il les tue les uns après les autres. Ils se nourrissent de souris, de mulots, de petits oiseaux ; ils se jettent avec avidité sur la chair saignante et refusent la viande cuite ; on n'arrive à la leur faire accepter qu'en les faisant jeûner. Avant de manger les oiseaux, ils les plument proprement et les dépècent, tandis qu'ils avalent les souris tout entières.

Le cri de l'autour est rauque et finit toujours par des sons aigus d'autant plus désagréables qu'il les répète souvent. Cet oiseau marque une inquiétude continuelle dès qu'on l'approche ; il semble s'effaroucher de tout, en sorte qu'on ne peut passer près d'une volière où il est retenu, sans le voir s'agiter violemment et l'entendre jeter des cris répétés.

« Les autours, est-il dit dans la Revue de zoologie, posent leur aire sur les arbres, à une grande hauteur, et y reviennent plusieurs années de suite si elle n'a pas été détruite, bien que leurs petits aient été dénichés. Ils sont plus audacieux que les aigles lorsqu'ils ont à pourvoir à l'alimentation de leur famille. La présence du chasseur et même les coups de fusil ne paraissent pas alors les intimider. Les autours ont-ils plus de courage que les aigles, ou leurs petits, du reste plus nombreux, supportent-ils plus difficilement la faim que les aiglons ? L'excessive voracité des jeunes autours nous ferait incliner vers cette dernière hypothèse. »

La Crécerelle (*Falco tinnunculus*), *émouchet*, *épervier des alouettes*, *ratier*, *pitri*, *preneur de mulots* est un oiseau de proie très commun dans nos campagnes et autour des lieux habités.

La crécerelle a environ quatre-vingt centimètres d'envergure; sa tête est cendrée avec un trait noir au-devant de l'œil; le dessus du corps est d'un roux vineux et moucheté sur la poitrine et le ventre de raies noires; les pennes de la queue sont cendrées et se terminent par du noir et du blanc; les grandes plumes des ailes sont d'un brun noir, bordé de blanchâtre à l'extérieur. La femelle a le dessus du corps moins foncé que le mâle, mais son manteau est beaucoup plus chargé de mouchetures d'un brun noir.

Cet oiseau prend beaucoup de mulots qu'il avale sans les dépécer; il vit aussi de petits oiseaux, et enlève quelquefois des cailles, des perdrix et des pigeons; il rôde autour des colombiers; tue sa proie et, en arrache les plumes avant de s'en repaître.

Lorsque la crécerelle a découvert quelque victime à immoler, elle s'élance comme un trait et l'atteint du premier assaut; si elle échappe, elle la poursuit avec une telle vitesse et tant d'acharnement, qu'elle se précipite souvent dans le plus grand danger sans le prévoir. C'est ainsi qu'il n'est pas rare de voir une crécelle entrer dans un appartement en poursuivant un moineau qui, pour échapper à son ennemi, a profité d'une fenêtre ouverte.

Quelquefois, pour se choisir une proie, on la voit planer à une très grande hauteur en décrivant un cercle; il y a peu d'oiseaux qui, dans ce vol, emploient moins de mouvements et glissent avec plus d'aisance d'un lieu à l'autre, ou qui se soutiennent plus longtemps au même point par un battement d'ailes court et précipité.

Quoique la crécerelle fréquente souvent les bâtiments abandonnés, elle y niche rarement ; elle se retire dans les bois pour y faire sa ponte. Elle dépose ses œufs dans des troncs de vieux arbres, ou se construit, au haut des arbres les plus élevés, un nid composé de brindilles de bois et de racines grossièrement entremêlés ; quelquefois aussi, elle profite d'un vieux nid de pie, de corbeau ou de corneille. La ponte est de quatre œufs blancs, marqués de taches rousses. Les parents apportent aux jeunes des insectes comme première nourriture ; ils leur donnent ensuite des mulots.

Ces oiseaux s'apprivoisent facilement quand ils sont pris jeunes ; ils sont susceptibles d'être dressés et se montrent très courageux.

Le Hobereau (*Falco subbuteo*) est plus petit que l'épervier : Le plumage supérieur de cet oiseau est brun ; il existe deux petites bandes sur les côtés de la tête ; l'une horizontale et d'un blanc sale, au-dessus de l'œil ; l'autre oblique et brune au-dessous de l'œil. La gorge et le devant du cou sont blancs ; le dessous du corps est, antérieurement, moucheté de larges traits bruns, sur un fond blanchâtre ; le reste du ventre, les cuisses et la queue sont bruns ; l'iris est jaune, le bec bleuâtre ; les pieds sont jaunes et les ongles noirs.

A moins qu'il ne soit dressé, le hobereau est lâche ; il ne s'attaque qu'aux alouettes et aux cailles, mais il compense ce défaut de courage et d'ardeur par son industrie. Dès qu'il aperçoit un chasseur ; il le suit, plane au-dessus de sa tête, et tâche de saisir les petits oiseaux qui partent devant lui. Si le chien fait lever une alouette, une caille et que le chasseur les manque, le hobereau qui est aux aguets se précipite et s'en empare. Il paraît ne pas redouter l'effet des armes à feu, car souvent il s'approche assez pour se faire tuer au moment où il ravit sa proie.

Il fréquente les plaines voisines des bois, surtout celles où les alouettes abondent ; il en détruit un grand nombre, et elles connaissent si bien ce dangereux ennemi que, saisies d'effroi dès qu'elles l'aperçoivent, elles se précipitent du haut des airs pour se blottir et se cacher sous l'herbe et dans les buissons. C'est la seule manière dont elles puissent échapper ; car, malgré le vol élevé de l'alouette, le hobereau monte plus haut encore.

Ces oiseaux habitent et nichent dans les forêts où ils se perchent sur les arbres les plus élevés.

L'Émerillon-asalon, Faucon émerillon (*Falco œsalon*) est le plus petit des oiseaux de proie et aussi le plus léger et le plus rapide. Il est, à peu près, de la grosseur d'un merle : Tout son plumage est d'un roux vineux, bigarré de raies transversales noires.

Ardent à la chasse, l'émerillon est vif et hardi, et il déploie, à la poursuite des oiseaux qu'il attaque, un courage extraordinaire. Il tue les perdrix en les frappant de son bec, sur la tête, et l'exécution est faite en un clin d'œil. Le mâle et la femelle sont à peu près de la même grosseur.

Le FAUCON PÉLERIN (*Falco peregrinus*), ou *faucon commun* est un grand et bel oiseau qui doit son nom à ses griffes en forme de *faulx*. Il est de la grosseur d'une poule et n'a pas moins de un mètre vingt centimètres d'envergure. La base du bec, en dessus, est entourée de petites plumes blanchâtres, inclinées en arrière. Le plumage de la tête, du cou et du corps est d'un brun noirâtre; les couvertures des ailes sont d'un gris brun et chaque plume, à son extrémité, est rayée de brun noirâtre; une raie brune descend de chaque côté de la gorge et présente la forme d'une moustache; le plumage inférieur est blanc. Jusqu'à trois ans, il y a quelques mouchetures ou traits longitudi- naux, d'un brun noir; le ventre et les jambes ont ces raies en travers.

Les faucons se plaisent sur les lieux élevés, au milieu des rochers et dans la solitude des montagnes; ils n'en descendent en été que pour fondre sur leur proie, et en hiver pour chasser dans les plaines quand la rigueur de la saison et la disette les y contraignent. C'est dans les fentes des rochers les plus inaccessibles et à l'exposition du midi que ces oiseaux construisent leur nid. La ponte, qui a lieu dès la fin de l'hiver, est de quatre œufs; l'incubation et l'accroissement des petits sont si rapide qu'on trouve des adultes de l'année dès la fin du mois de mai.

Le faucon est l'oiseau de proie dont le courage est le plus grand et le plus franc relativement à ses forces; il fond sans détour et perpendiculairement sur sa proie; il tombe à plomb sur sa victime, la tue, la mange; ou, si elle n'est pas trop lourde, l'emporte en s'élevant perpendiculairement. Son apparition est tellement imprévue, tellement inopinée; il arrive si vite et de si haut qu'on croirait qu'il tombe de nues.

Les faucons sont susceptibles d'éducation : Bien dressés, ils pour- suivent le lièvre et même les bêtes fauves. Les annales de la faucon- nerie nous ont conservé une foule d'histoires de faucons apprivoisés. Je me bornerai à rapporter un fait plus rapproché de nous, laissant à l'auteur la responsabilité de certains détails dans lesquels l'imagi- nation à peut être joué son rôle.

« Devant Sébastopol, dit l'auteur de *Souvenirs de l'expédition de Crimée*, dans la journée du 4 novembre, au plus fort du bombardement, notre armée fit une perte regrettable : il ne s'agissait pourtant que d'un faucon, mais il faisait les délices des gardes des tranchées, par l'amusant spectacle qu'il leur donnait chaque jour.

» Il avait été amené en Crimée par un zouave, qui le tenait d'un chef arabe : les grands seigneurs Algériens ont presque tous un goût très prononcé pour la chasse au vol. Le zouave ne pouvant plus lancer son faucon contre le gibier, plus rare en Crimée qu'en Afrique, dressa l'oiseau à fondre sur un mannequin russe, coiffé d'une casquette, puis il l'habitua à rapporter cette casquette dans ses serres.

» Quand la nouvelle éducation du faucon fut terminée, il l'emporta avec lui dans les tranchées et le lança. L'oiseau prit son vol, aperçut des Russes couchés dans leurs embuscades, fondit sur l'un d'eux, enleva sa casquette et revint à tire d'aile, apportant son butin à son maître. On cria bravo sur toute la ligne des parallèles; les Russes étaient stupéfaits.

» Le faucon fut lancé une seconde fois ; les sentinelles ennemies lui envoyèrent une volée de balles qui se perdirent inutilement. L'oiseau s'enleva à une grande hauteur, et nos adversaires purent croire qu'il s'était envolé pour toujours ; ils se recouchèrent derrière leurs abris; soudain une sorte de pelote noire sembla se détacher du ciel, tomba avec une surprenante rapidité sur une embuscade, et décoiffa de nouveau une sentinelle. Les bravos redoublèrent dans nos lignes ; les Russes étaient furieux.

» Plusieurs officiers envoyèrent chercher des fusils de chasse à Sébastopol; ils attendirent le retour du faucon. L'oiseau ne tarda pas à s'abattre sur un factionnaire, après avoir plané quelque temps. Les chasseurs, qui le guettaient, tirèrent; ils le manquèrent; l'un d'eux envoya même une charge de plomb dans le dos d'un soldat qui, stupéfait de recevoir une blessure par derrière, et ahuri par la douleur, se mit à courir vers nos tranchées, où il fut reçu avec tous les égards dus au courage malheureux. Le faucon continuait néanmoins le cours de ses exploits ; toute la garnison était accourue derrière les remparts, chacun suivait anxieusement du regard les péripéties de cette chasse aux casquettes.

» Lorsque l'oiseau partait de nos lignes, les assiégés portaient aussitôt la main à leur coiffure; mais le faucon savait si bien choisir son temps, qu'il prenait toujours quelqu'un des assiégés en défaut.

» Les Russes commençaient à s'impatienter vivement de se voir à la merci d'un faucon : un oiseau bravant vingt mille hommes, il y avait de quoi exaspérer une armée ! Les rires de nos troupiers surtout outraient les Russes ; ils envoyaient des volées de mitrailles sur les points où ces rires éclataient. Un incident grotesque mit le comble à la fureur de l'ennemi.

» Un général, chargé de visiter les batteries, parut avec son état-major ; le faucon remarqua ce groupe qui se détachait du reste des troupes ; il trouva sans doute la casquette du général plus belle que les autres ; il la lui enleva. Il y eut dans l'armée ennemie un cri d'indignation générale ; cette clameur stridente dérouta probablement le faucon. Au lieu de revenir dans nos tranchées, il alla placer la casquette sur un grand mât de signaux, puis se percha sur les cordages ; on lui envoya plus de mille balles. Effrayé par les sifflements des projectiles, il parut hésiter un instant ; il prit son vol, laissa la coiffure du général à la cime du mât, et revint vers nous à tire d'aile. Aussitôt un Russe s'élança vers le mât et grimpa jusqu'au sommet pour rapporter la casquette du général ; malheureusement pour ce pauvre diable, les francs-tireurs tenaient à prolonger la plaisanterie ; le russe fut atteint par leurs balles avant d'être arrivé au but.

» Plusieurs des marins détachés au service des batteries renouvelèrent sans succès cette tentative dangereuse ; il fallut laisser la casquette où elle était. Nos soldats se mirent alors à chanter ce fameux refrain :

« As-tu vu la casquette au père Bugeaud ?
« Si tu ne l'as pas vue, la voilà !....

» Les clairons accompagnaient.

» Nos soldats savent au besoin improviser des couplets. On composa une complainte qui fit le pendant de celle du paletot noisette de Menschikoff. On la rédigea au crayon, on la roula autour d'une balle, et les avant-poste la lancèrent aux Russes. Ils avaient les paroles, et ils eurent le loisir d'entendre l'air. On chanta jusqu'au soir, le tout semé de coups de fusil et de coups de canon.

» La chasse au faucon avait trop égayé l'armée pour ne pas recommencer souvent ; on n'imagine pas à quel point en était arrivée la rage de la garnison. Chaque jour, on ajoutait de nouveaux couplets à la complainte ; on exposait au-dessus des parapets ics casquettes enlevées par l'oiseau, comme les sauvages exposent dans leurs camps les chevelures de ceux qu'ils ont scalpés.

» Enfin ces scènes décapitantes eurent un dénoûment tragique. Dans la journée du 4 novembre, le faucon fut sans doute rencontré par un boulet pendant qu'il s'élevait en l'air. Un bout d'aile tombé dans la tranchée nous annonça ce malheur.

» Les Russes furent ainsi délivré de leur persécuteur.

» Il y a lieu de croire qu'ils ne pleurèrent pas sur son trépas. »

TROISIÈME PARTIE

—▷—✶—◁—

LES ANIMAUX DES BOIS.

CHAPITRE PREMIER

L'Ours. — Les Ours dressés. — L'Ours brun. — Ses habitudes. — Les Ours des Pyrénées et des Alpes. — Leur régime. — Un chalet attaqué par un Ours. Un terrible fossoyeur. — L'hibernation des Ours. — L'Ours bon compagnon. — Une partie interrompue. — L'Ours du duc de Lorraine. — Une plaisante histoire. — Chasse en Transylvanie. — Chasse dans les Alpes.

La plupart de nos jeunes lecteurs connaissent l'*Ours* : Non pas, certes, qu'ils se soient trouvés face à face avec l'animal en liberté sous les sombres sapins de la forêt ou dans les gorges sauvages de la montagne, mais parce qu'ils l'ont vu, dans les rues de la ville ou du village, conduit en laisse par quelque montagnard en haillons. Au son de la flûte, du flageolet ou du tambourin du *montreur d'ours*, ils ont vu *maître Martin*, appuyé sur son bâton, marcher debout, faire de grotesques culbutes ou danser lourdement.

Quoiqu'il obéisse à son maître, ce n'est jamais qu'à contre cœur et en grognant; chaque fois qu'on l'invite à montrer son savoir, il s'irrite et fait entendre un murmure sourd qu'il accompagne d'un frémissement de dents significatif.

Tous les petits Parisiens connaissent les ours du Jardin-des-Plantes, dont l'éducation, faite librement, sous la seule influence du public, qui leur parle et qui leur distribue des gourmandises, donne, cependant, des résultats remarquables.

Ils ont, sans menaces et sans coups de bâtons, à l'aide de quelques gâteaux et de quelques paroles d'encouragement appris à faire une foule d'exercices qu'ils répètent avec le seul espoir d'être récompensés.

A ces mots : « *Martin, monte à l'arbre!* » un ours embrasse le tronc dénudé de l'arbre placé au milieu de la fosse et s'empresse de monter au sommet. « *Fais le beau!* » — L'ours se couche sur le dos et réunit ses quatre pattes. — Il en est ainsi de beaucoup d'autres commandements qui sont loin d'être exécutés avec grâce mais qui n'en réjouissent que davantage les habitués de la *fosse aux ours*.

Lorsque, il y a bien longtemps, notre pays était couvert d'épaisses et immenses forêts, l'*ours brun* y était très commun ; aujourd'hui, on le trouve encore dans les Alpes et dans certains cantons des Pyrénées Françaises ; et, c'est à ce titre que nous parlons de cet animal qui tend à disparaître à mesure que la culture, avançant partout, rétrécit de plus en plus le cercle de son domaine.

L'Ours brun ou Ours vulgaire (*Ursus arctos*) est l'ours de France, qui ne se trouve plus, qu'en petit nombre, sur les cimes les plus reculées et les plus inaccessibles des Pyrénées et des Alpes. Il semble être le type du genre et est aussi le plus répandu ; beaucoup de naturalistes lui ont rapporté presque toutes les autres espèces.

« Il a le corps gros, le dos bombé, faiblement incliné vers les épaules, le cou gros et court, le crâne aplati, le front bombé, le museau conique, tronqué, les yeux petits, fendus obliquement, la pupille ronde, les jambes fortes, longues ; les pattes courtes, les ongles longs et puissants. Son pelage crépu est formé d'un duvet long et mou et de poils soyeux plus longs ; les plus longs sont à la face, au ventre et entre les jambes, les plus courts au museau. Leur couleur est très variable, elle a toutes les nuance, depuis le brun pur, le brun jaune ou le brun roux, jusqu'au gris argenté, au noirâtre, au bigarré. » (1)

L'ours habite les vieilles forêts qui couronnent les montagnes, les sombres gorges que le pied de l'homme n'a jamais foulées ; il se retire dans les rochers, dans les cavernes, dans les antres des ravins qui lui offrent d'excellents abris. Quoiqu'il soit bien musclé et parfaitement armé pour la chasse, il préfère un régime végétal et il ne mange la chair que quand il y est poussé par la nécessité ;

(1) Brehm

et alors, quand la famine a aiguisé ses griffes, il poursuit les animaux et ne craint pas d'attaquer l'homme.

Sa nourriture habituelle se compose de glands, de pommes de pin, de fruits sauvages, de jeunes pousses, de bourgeons, de racines succulentes. Il commet quelquefois des ravages dans les champs de maïs, de blé ou d'avoine; il s'assied commodément, cueille d'énorme gerbes et dévore les épis.

Sa prédilection pour les fruits a plus d'une fois causé sa perte. A l'époque où les vignes les plus voisines de son repaire sont chargées de grappes appétissantes, quand les pêchers se courbent sous le poids de leurs fruits veloutés, maître Martin, par l'odeur alléché, quitte les épais taillis; il descend de la montagne et vient, sans plus de cérémonie prendre sa part de la récolte. Il arrache les ceps pour cueillir les raisins, casse les branches des arbres pour s'emparer des pêches, et le paysan, victime de ses méfaits, est bientôt sur sa trace. Mais comme l'ours n'est pas gourmand à demi, il s'est si bien gorgé de nourriture que le matin, incapable de regagner la montagne, il est rencontré, couché sous les sarments, et assommé par le propriétaire qui se dédommage, avec le prix de sa fourrure, de la perte qu'il a éprouvée.

L'ours brun fouille avec acharnement les fourmillières dont il dévore les larves et les fourmis; mais, ce qu'il aime par dessus tout, c'est le miel; cette nourriture constitue pour lui le plus grand des régals; aussi, dans plusieurs contrées, on exploite contre lui cette passion.

« Il arrive souvent, dit Steller, que, dans les troncs de pins svcltes et élancés de la Lithuanie, se forment des excavations naturelles, qui servent de ruches aux abeilles. Sur la branche d'un de ces arbres, on suspend horizontalement une roue par une corde bien solide; on la fait descendre jusqu'à la ruche, et on la fixe tout auprès à l'aide d'un ressort. L'ours, alléché par l'odeur du miel, grimpe sur le pin, et voulant plus commodément dénicher et manger sa nourriture favorite, il s'assied sur la roue; le ressort se détend à l'instant même, et le gourmand reste suspendu à une hauteur de quatre-vingts à cent pieds. N'ayant ni assez de courage pour sauter par terre, ce qui, du reste, l'exposerait à une mort certaine, ni assez d'agilité pour grimper à l'aide d'une mince corde aux branches supérieures de l'arbre, il attend, dans cette position gênante l'arrivée du propriétaire du miel, qui peut aisément s'en rendre maître. »

« Personne n'ignore, dit Viardot, combien l'ours est friand de miel, et avec quelle adresse il sait dénicher les ruches que les abeilles établissent dans le creux des vieux arbres. Lorsque les paysans voient une de ces ruches naturelles se former à la racine de quelque grosse branche, au sommet du tronc, sûrs que l'ours viendra y fourrer ses griffes et sa langue, ils lui tendent un piège, le plus simple du monde. Au bout d'une corde attachée plus haut que la ruche ; et descendant plus bas, pend une grosse pierre, ou une poutre, ou tout autre objet dur et pesant. Quand l'ours grimpe au tronc de l'arbre, comme un gamin au mât de cocagne, pour s'emparer du butin des abeilles, il rencontre en chemin cet obstacle. D'un coup de patte, il détourne la pierre ; mais, du bout de sa corde, et cherchant l'équilibre, la pierre retombe sur lui. Il la repousse au loin, elle tombe plus lourdement. La colère le gagne, et s'accroît avec la douleur. Plus il est frappé, plus il s'indigne ; et plus il s'indigne, plus il est frappé. Enfin, cet étrange combat de la fureur aveugle contre un ennemi inanimé, contre une loi physique, finit d'habitude par un coup si violent sur la tête, que l'ours tombe au bas de l'arbre, tué quelquefois, mais au moins tellement étourdi, que les chasseurs, embusqués près de là, n'ont plus qu'à lui donner le coup de grâce. »

Les bergers des Alpes et des Pyrénées prétendent que deux espèces d'ours existent dans leurs montagnes, et que l'une ne vit que de fruits et de racines, tandis que l'autre vit de proie, s'attaque aux troupeaux, et ne craint pas d'affronter la lutte avec l'homme.

Tous ces ours appartiennent à la même espèce ; mais les jeunes ont un régime absolument végétal ; quant aux vieux, ils ne dédaignent pas d'apaiser leur faim avec un mouton, quelqu'autre animal, ou même le berger si l'occasion se présente ; et rien n'est redoutable comme la rencontre d'un ours qui a goûté de la chair.

« C'est sans doute, dit Cuvier, pour avoir observé des ours placés dans des circonstances différentes, à l'égard de la nourriture qu'ils avaient été plus ou moins à même de se procurer, que quelques auteurs ont distingué ces mammifères en espèces carnassières et en espèces herbivores ; car, sous ce rapport, tous ont le même naturel, excepté l'ours blanc, qui, par le goût qu'il a pour la chair dans son état de nature, confirme ce que nous avons dit sur les effets de l'habitude. En effet, ces carnivores ne se nourrissent exclusivement de chair, que parce qu'ils ne peuvent trouver d'autre nourriture dans les régions glacées qu'ils habitent, et la preuve, c'est qu'en domesticité on les habitue sans peine à se nourrir presque exclusivement de pain. »

Ainsi, c'est en vieillissant que l'ours brun change son régime : Il a par hasard, attrapé un animal ; il a trouvé que la chair n'est

pas à dédaigner, et qu'il est plus facile d'assouvir sa faim avec une
grosse proie qu'avec des baies et des fruits épars dans la forêt; dès
ce moment, il est devenu un véritable carnassier. Il attaque tous
les animaux : les moutons, les chèvres, les chevaux et les bœufs
même.

Parfois il engage avec le taureau un combat terrible dont il sort
rarement victorieux. Le taureau le pousse devant lui, le harcèle,
et l'étouffé en le pressant contre un arbre ou contre un rocher.

Dans les montagnes, l'ours est surtout dangereux par les temps
de brouillard; il peu, sans être remarqué, s'approcher d'un troupeau et enlever un mouton ou une vache sans que personne ait
soupçonné sa présence et sans que les autres animaux du troupeau
aient donné l'éveil.

Le succès le rend hardi et téméraire; il pénètre dans les villages
et cherche à enfoncer les portes des étables.

« Des pâtres, raconte Tschudi, avaient l'habitude d'enfermer
soigneusement, chaque nuit, un petit troupeau de chèvres, dans
une étable isolée sur l'une des Alpes les plus sauvages de la chaîne
du Rhéticon; ils remarquèrent un matin, dans le voisinage de la
hutte, des fientes extraordinaires, virent que l'herbe épaisse qui
croissait à l'entour avait été foulée et grossièrement tordue; que la
porte était endommagée et rayée de coups de griffes. Les chèvres
sortirent pleines d'effroi, cependant il n'en manquait pas une. Les
pâtres ne reconnurent pas quel avait été le visiteur nocturne, mais
ils soupçonnèrent qu'un loup ou un lynx habitait le voisinage et
firent, sans succès, des recherches aux environs et dans une forêt
de sapins et d'arobes, qui s'élevait au-dessus du chalet. Néanmoins,
ils résolurent de se mettre à l'affût de la bête, et empruntèrent dans
le village le plus rapproché un vieux mousquet qui fut nettoyé et
chargé avec toutes les précautions d'usage. Pendant le jour suivant,
les chèvres s'obstinèrent à rester groupées en ne voulurent pas
s'éloigner du troupeau de vaches. Ce ne fut qu'à grand'peine qu'on
put les faire rentrer le soir dans leur étable. Deux pâtres se cachè-
rent alors derrière un rocher, à portée de fusil, et prêts, en cas
de danger, à réveiller leurs camarades qui couchaient dans le
chalet. La première nuit se passa sans incident; il en fut de même
de la seconde. Pendant la troisième, l'attention des deux sentinelles
commença à se lasser, elles s'endormirent, mais ne tardèrent pas
à se réveiller au bruit qui se fit entendre devant l'étable des chèvres.
C'était un ours qui, appuyé contre la porte, l'égratignait et tournait
autour de la hutte, pour découvrir une ouverture afin de s'y
introduire. Dans l'intérieur, les chèvres étaient apparemment éveillées

et inquiètes, car on entendait le bruit de leurs clochettes. Nos bergers, peu habitués à de pareilles rencontres, n'étaient guère à leur aise. L'un se glissa vers le chalet pour réveiller ses camarades, tandis que l'autre, tout tremblant, cherchait à mettre son mousquet en état de faire feu. Cependant, l'ours revint à la porte, s'appuya de tout son poids contre la serrure et finit par l'enfoncer. Aussitôt les chèvres se précipitèrent, en bêlant, hors de la hutte et se réfugièrent sur les rochers voisins. L'ours sortit le dernier, emportant une chèvre qu'il venait de tuer d'un coup de dent, et il se mit à la dévorer sur place, en l'attaquant par les pis. Les pâtres arrivèrent sur ces entrefaites, armés de pieux et de ces escabeaux à un seul pied sur lesquels ils ont l'habitude de s'asseoir pour traire leurs vaches; ils avançaient avec précaution. Un d'eux qui dans sa jeunesse avait chassé le chamois, prit le fusil des mains tremblantes de la sentinelle et marcha sur l'ours, qui se dressa en poussant un grognement de sinistre augure; il fit feu et lui laboura le côté droit de la poitrine sur quoi, les autres, enhardis, se précipitèrent sur la bête. Elle se défendait, à coup de griffes, mais ils finirent par l'assommer. C'était un ours brun pesant 240 livres. »

Il arrive que l'ours rassasié cache les restes de son repas dont il se nourrit le lendemain ou les jours suivants.

« On rapporte, dit Louis Enault, qu'un chasseur de Hermandsnaze manqua un ours de la plus belle taille. L'ours fondit sur lui, et, avant qu'il eût le temps de dégaîner, le renversa. L'homme perdit connaissance, l'ours le crut mort, et, comme il n'avait pas d'appétit (l'ours, plus tempérant que l'homme, ne mange que lorsqu'il a faim), il résolut de le garder pour son prochain repas. Il commençait à l'enterrer par précaution, et en attendant mieux. Par bonheur, l'homme reprit ses sens avant que l'opération fût complètement terminée, et, comme il ne se souciait pas de passer à l'état de provision, il parvint à dégager son bras, atteignit son couteau, et coupa la carotide à son terrible fossoyeur. »

Signalons en passant la singulière propriété qu'ont les ours de rester plus ou moins longtemps engourdis ou endormis : C'est ce qu'on appelle leur *hibernation*.

Pendant l'automne, ils ont de tout en abondance et deviennent extrêmement gras, leur propre corps est un véritable garde-manger où ils emmagasinent, sous forme de graisse, des provisions pour l'hiver. Mais, lorsque les pluies ont pourri les fruits tombés sur la terre, quand le sol, durci par la gelée ne permet plus de déterrer les racines succulentes, ces animaux rentrent dans leurs repaires et passent l'hiver dans un état de torpeur ou de douce quiétude qui n'est ni la veille, ni le sommeil. Pendant cette abstinence de plusieurs mois, c'est de leur graisse qu'ils se nourrissent, ou du moins, c'est elle qui suffit au soutien de leur existence dans les temps de froidure et d'inaction. Ils sont entrés dans leur tanière gras et pleins de vigueur; ils en sortent maigres, affamés et dangereux, en conséquence, quand les beaux jours sont revenus.

Ce sommeil est proportionnel comme durée et comme intensité à la durée et à l'intensité du froid : Si la saison est douce, ils demeurent éveillés ; si elle est rigoureuse, ils dorment. En domesticité, où ils ont de tout en abondance, ils demeurent éveillés en hiver comme en été.

« Il n'est point parmi les carnassiers, dit Tschudi, d'animal aussi amusant, aussi humoristique, aussi plein d'une aimable bonhomie. L'ours a le caractère franc, ouvert, sans ruse ni fausseté. Sa finesse et son imagination sont assez pauvres. La force lui en tient lieu, et c'est à elle qu'il se fie. Il est capable de faire sortir une vache d'une écurie par le trou qu'il a fait au toit, et de traîner un cheval au delà d'un torrent profond et encaissé. Il cherche à obtenir directement et par la force brutale ce que le renard doit à sa finesse, l'aigle à la rapidité de son vol. Non moins lourd que le loup, il n'est ni aussi vorace et féroce, ni aussi vilain et repoussant ; il ne reste pas longtemps à l'affût et ne cherche point à se dérober devant le chasseur pour l'attaquer par derrière. Il ne se sert pas tout d'abord de sa puissante mâchoire capable de déchirer tout ce qui tombe à sa portée, mais il cherche à étouffer la proie entre ses pattes et ses bras vigoureux, et ne la mord qu'en cas de besoin, sans paraître prendre grand plaisir à cette chair qui palpite dégouttante de sang; ses appétits sont peu carnassiers, et il mange des végétaux, des châtaignes, du lait, des raisins, du maïs et du miel, aussi volontiers que de la viande. »

Nous avons dit que l'ours n'attaque l'homme qu'en cas d'extrême nécessité; dans les pays où ces animaux sont le plus répandus, les femmes et les enfants ne se laissent pas intimider par leur présence et ne sont presque jamais victime de leur cruauté. On a vu des ours venir, sans cérémonie, manger des fraises dans la corbeille des enfants qui les cueillaient, sans donner le moindre coup de pattes à leurs pourvoyeurs.

« Deux enfants de quatre à six ans, dit Atkinson, s'étaient éloignés de la maison ; après quelque temps, on s'aperçut de leur disparition, on les chercha partout dans le village, puis dans la tourbière. Epouvantés, les parents les retrouvèrent jouant avec un ours. L'un d'eux lui donnait à manger, l'autre était monté sur son dos, et l'ours répondait par les plus amicales caresses à leur confiance enfantine. Au comble de l'effroi, les parents poussèrent un cri qui mit en fuite le camarade de jeu de leurs enfants. »

Voici un exemple célèbre de l'attachement dont sont capable les ours réduits en captivité :

René II, duc de Lorraine possédait un ours qui était enfermé dans une cage solide, au château de Nancy. Cet animal, appelé *Masco*, effrayait tout le monde par sa violence, sa fureur et les accès de rage dans lesquels il entrait dès qu'on l'irritait. Sa férocité était passé un proverbe et l'on disait, dans le pays : « *Mauvais comme Masco.* »

Or, il advint qu'un pauvre petit ramoneur, sans abri, sans parents, sans protecteur, sans un gîte pour se reposer, ne sachant où dormir par une froide nuit d'hiver, s'imagina d'entrer dans la cage de *Masco*, en passant entre deux barreaux, et de s'y blottir doucement dans la couche épaisse de paille qui servait de litière à la bête féroce.

Masco s'aperçut bientôt de la présence de ce compagnon improvisé qui, succombant à la fatigue, s'était profondément endormi ; mais au lieu de lui faire du mal, il le réchauffa contre sa fourrure en le pressant contre lui comme une mère presse son enfant ; il l'adopta, le caressa, et toutes les nuits lui laissa partager son domicile.

Tout à coup, l'enfant mourut de la petite vérole : Dès ce moment, l'ours fut inconsolable ; il refusa toute nourriture et malgré tous les soins qu'on lui prodigua, il se laissa mourir de faim.

Mais il ne faudrait cependant pas trop se fier aux manifestations sympathiques de ces dangereux animaux ; il faut les traiter avec circonspection, car leur nature grossière prend bientôt le dessus, et la période d'amabilité est loin de durer toujours.

On raconte, à cet effet, la terrible histoire de la baronne de W. qui avait élevé un jeune ours qu'elle tenait constamment dans sa chambre. Il était aussi propre et aussi docile que le chien le mieux dressé ; son attachement paraissait si sincère qu'on lui avait préparé un gîte moelleux près de la chambre à coucher de sa maîtresse dont il n'était jamais séparé. Son bon naturel ne se démentit pas pendant toute une année ; il n'entrait dans l'esprit de personne qu'un animal aussi apprivoisé pût devenir dangereux. Cependant, un matin les gens de la baronne trouvèrent la chambre en désordre ; un horrible drame s'était accompli pendant la nuit : Leur maîtresse avait été égorgée par son favori.

Viardot, que nous avons déjà cité, raconte une plaisante histoire d'ours :

« Il y a, dans le gouvernement de Yaroslaff, un village qui vit d'une singulière industrie : il fait le commerce des ours. On prend ceux-ci petits, assez loin à la ronde ; on les élève avec la muselière et le bâton ; puis, quand ils ont la taille militaire, et qu'ils savent faire proprement l'exercice à la prussienne, on les vend à des recruteurs étrangers. C'est de ce village que viennent à peu près tous les ours savants qu'on voit, dans le reste de l'Europe, étaler leurs grâces pesantes, au son du fifre et du tambour, dans les foires et les fêtes de campagne. Il s'y est passé naguère, s'il faut en croire le récit d'une personne qui mérite toute confiance, la plus singulière aventure. Un jour de fête, tandis que les femmes étaient à l'église et les hommes au cabarets, tous les ours muselés et batonnés, qui semblaient avoir reçu le mot de quelque Spartacus mangeur de fourmis, poussent de concert un hurlement de révolte. Les plus forts brisent leurs liens, vont délivrer les plus faibles, et tous ensemble, réunis en tumulte, saccagent le village abandonné. C'était vraiment la guerre des esclaves. Ensuite, munis de leur butin, ils vont établir un camp retranché sur une éminence voisine, comme la plèbe romaine sur le mont Sacré. Une fable n'aurait pas suffi pour les réduire ; on voulut employer la force. Mais ils repoussèrent toutes les attaques et firent même d'heureuses sorties. Il fallut se borner à un blocus d'observation. Alors la faim, l'ennui, la discorde, les eurent bientôt divisés. Plus tôt ou plus tard, chacun s'échappa pour retourner aux bois. Mais, une fois dispersés, presque tous furent repris un à un, ramenés à la case comme des fugitifs, et traités suivant les dispositions du code noir. On pourrait croire que je m'amuse en racontant cette révolte d'ours, à faire, en manière d'apologue, l'histoire des révoltes d'hommes. Il y a, je l'avoue, plus d'une analogie frappante. Mais je suis historien et non fabuliste ; à telles enseignes que l'autorité supérieure, avertie de l'évènement, décréta qu'à l'avenir il n'y aurait jamais plus de soixante élèves à la fois dans aucune université d'ours. »

En Transylvanie, on chasse l'ours comme le renard, avec des traqueurs ou des chiens et voici comment un auteur s'exprime à cet égard :

« On garnit une certaine étendue de forêt ou de taillis, d'un côté, de tireurs, de l'autre de traqueurs. L'ours, chassé par le bruit, se lève et court, presque toujours en ligne droite à l'encontre des chasseurs ; il suffit d'un ou de deux coups pour l'abattre. Ce que l'on dit du danger que courent les chasseurs est en général, de pure invention. L'ours, comme toutes les bêtes fauves, craint l'homme, et il ne l'attaque jamais que quand il se trouve avec son

adversaire, tellement face à face qu'il voit dans une lutte le seul
moyen de se sauver. Une lutte semblable est alors sans doute inégale :
car l'attaque est si prompte et, si violente que le chasseur, après
avoir tiré son coup, n'a pas le temps de saisir une autre arme ;
c'est pourquoi nous n'en emportons pas d'autre que nos carabines.
Si les deux coups n'ont pas abattu l'animal, le chasseur est dans une
position très critique ; aussi, règle générale, jamais on ne doit tirer
sur un ours à plus de dix ou quinze pas. En somme, cette chasse est
si peu périlleuse que nos paysans ne craignent pas de l'affronter
avec un simple fusil à un coup. L'ours est moins difficile à tuer que
d'autres grands animaux, par exemple le lion : une balle qui l'atteint
à la poitrine l'étend raide mort.

« J'espère par mon histoire avoir rétabli la réputation des ours ;
pour nous, du moins, ils sont des hôtes agréables ; ils mangent
bien un peu de maïs, des glands ou des pommes de pin, mais ne
font de mal à personne et sont assurément le plus beau gibier qu'on
puisse chasser en Europe. J'ai des ours à cinq cents pas de la
maison ; la nuit ils passent quelquefois par mon jardin ; cela n'a
jamais empêché personne de circuler et de jour et de nuit, ni de
laisser paître le bétail. Bien souvent on en a rencontré, mais ils
n'ont jamais attaqué âme qui vive ; ce sont, en un mot, chez nous,
des visiteurs inoffensifs. Chez eux, sur les hauteurs, c'est une autre
affaire, on ne les y poursuivrait qu'au péril de sa vie.

« Quoique nous vivions ici en si bons termes avec les ours, je veux
pourtant vous raconter un fait qui vous prouvera que la circonspection est quelquefois nécessaire : Dans l'épais fourré qui borde la route
par laquelle vous avez passé ce matin, un ours avait reçu un coup
de feu dans l'épaule ; tout à coup il se rencontre face à face avec un
autre chasseur, qui, surpris au moment où il s'y attendait le moins,
tira à côté. Sans lui laisser le temps de se reconnaître, l'ours se jeta
sur lui et se mit à l'étreindre dans ses bras puissants ; aux cris du
malheureux chasseur accourut mon frère, vieil et habile tireur, qui
avait déjà tué deux ours sur le coup, alors que dans leur fureur ils
avaient précipité par terre leur adversaire et l'écrasaient de tout
leur poids. L'animal se tourna aussitôt vers mon frère avec une
rapidité telle qu'il lui arracha sa carabine des mains, avant qu'il
eu le temps d'ajuster, et dressé sur ses pattes de derrière, il se mit
en posture de lui déchirer la figure à coups de griffes. Mon frère ne
trouva rien de mieux, tout en se défendant le visage avec un bras,
que de lui enfoncer l'autre dans la gorge, de sorte qu'il en fut
quitte pour une morsure à l'avant-bras et une profonde écorchure
à l'épaule. Pendant ce temps, le premier chasseur asséna à l'ours un

coup de crosse si violent sur la tête que l'animal lâcha prise une seconde, ce qui permit à mon frère, tout ensanglanté qu'il fût, de ramasser son fusil et de le décharger à bout portant sur son terrible adversaire : l'ours tomba pour ne plus se relever.

« Du reste, ajouta le narrateur, cette aventure ne prouve rien contre ce que je vous disais de la douceur habituelle de l'ours dans ces régions-ci ; car, après tout, il se trouvait cette fois dans le cas de légitime défense. » (1).

Il était aussi en cas de légitime défense l'ours dont Tschudi nous raconte la lutte énergique et désespérée :

« Dans les monts escarpés qui, entourent la petite ville de Dissentis comme un mur cyclopéen, eut lieu en décembre de l'année 1838, un rare et terrible combat. Clément Riedi, de Dissentis, avait suivi pendant toute une journée les traces d'un plantigrade ; il les perdit de vue, vers le soir, près d'une saillie dangereuse de rochers. C'était la retraite présumée de l'ours. Riedi essaya d'abord d'en faire sortir la bête au moyen de toute sorte de bruits ; n'ayant pas réussi, il s'avança le fusil en arrêt. Le sentier qui contournait la saillie, s'élevant comme la flèche d'une cathédrale, était si étroit que l'un des deux adversaires devait succomber dans une rencontre. Près de l'angle d'un rocher ; il aperçut une excavation qui lui paraissait être l'ouverture de la caverne. Il redoubla de précautions en s'approchant. Tout à coup les yeux du hardi chasseur se rencontrèrent avec les yeux étincelants de l'ours ; une patte sortait de la caverne, qui logeait le reste du corps. Riedi osa tirer ; deux fois l'arme rata : les yeux de la bête irritée paraissaient lancer des flammes. Enfin, la troisième fois, le coup partit : le tonnerre de l'arme à feu et le hurlement de la bête retentissent au loin, répétés par l'écho des solitudes rocheuses. Le chasseur battit aussitôt en retraite, puis il s'arrêta pour recharger son fusil. N'entendant plus aucun bruit, il revint vers la caverne ; la patte et les yeux avaient disparu, tout était rentré dans les ténèbres. Il écoute : le bruit de quelque chose qui gratte parvient à ses oreilles ; saisi d'une terreur panique, il quitte le lieu précipitamment. Quelle était la cause de ce bruit ? Peut-être était ce le râle de l'agonie, se disait-il à lui-même, en retournant au logis.

» Le lendemain il se remit en route, en compagnie de trois autres chasseurs, dont deux n'étaient même pas armés, dans la croyance que l'animal avait été frappé à mort. Ils approchèrent tous les trois de la caverne par en haut ; à l'aide de branches d'un sapin, ils se laissèrent glisser jusqu'au niveau de l'ouverture. Biscuolm, **de**

(1) D'après Klethe.

Dissentis, se trouvait en tête, le fusil sur l'épaule; mais à peine s'était-il dressé debout que l'ours, en deux bons, vint tomber sur lui. L'étreindre avec ses lourdes pattes et le jeter à terre, ce fut l'affaire d'un instant. Biscuolm appela de toutes ses forces ses compagnons à son secours, pendant qu'il roulait avec son terrible antagoniste sur la pente du précipice. Dans cette lutte désespérée le chasseur parvint à se dégager assez pour saisir son arme. Mais l'ours était sur pied en même temps que son agresseur; celui-ci n'eut que le temps de lui présenter la crosse : elle entra tout entière dans la gueule de l'animal. Cependant Riedi, accourue en toute hâte, eut le temps de tirer sur l'ours et de l'atteindre aux flancs. La bête fit quelques pas en arrière pour se jeter avec fureur sur les deux assaillants; au même moment, Biscuolm lui lâcha le dernier coup; l'ours était tué. En l'examinant, les chasseurs virent que la première balle lui avait brisé la denture; l'hémorrhagie qui s'en était suivi avait rendu le combat un peu moins dangereux. Mais il virent aussi avec épouvante que, dans cette lutte, ils avaient roulé jusqu'au bord du précipice. Ils n'oublièrent de leur vie le danger qu'ils avaient couru. »

CHAPITRE II

Le Loup. — Les Loups au xvᵉ siècle. — Description du Loup. — Appétit féroce. — Ravages exercés par les Loups. — Bandes de Loups. — Les Loups à la suite des armées. — Quatre-vingts soldats dévorés par des Loups. — Expéditions nocturnes. — Ruses de guerre. — Educations des jeunes. — Les Loups ne se mangent pas entre eux. — Force extraordinaire. — Pris au piège. — Poltronerie. — Un homme en danger. — Vieux Loups et jeunes Loups. — La chasse aux Loups. — Loups apprivoisés.

Dans son *Histoire agricole de la France*, Alexis Monteil fait ainsi parler des personnages qu'il met en scène :

« Antoine, lui ai-je dit, en prenant ce prétexte pour me lever de table, allons visiter un peu votre bergerie. Il s'est empressé de m'y

conduire. Oh! me suis-je écrié, quels barreaux! quelles portes!
quels verrous! — Frère gardien, m'a-t-il répondu, je voudrais que
le parc ne fut pas si loin; vous verriez quelles fortes claies, et, pour
les fixer, quelles grandes fourches! Heureux encore de pouvoir
défendre mes pauvres moutons contre les loups! Et aussitôt voilà
qu'il me fait plusieurs histoires des dévastations de ces terribles
animaux, qui, dans la mauvaise saison, couraient par troupes, se
jetaient dans les villages; il m'a même nommé des villes qui ont
souvent de la peine à les repousser. Sans les louvetiers, a-t-il dit,
et sans les grandes récompenses qu'on leur accorde, les loups fini-
raient par être les maîtres des campagnes. » . . . .

Et plus loin :

« Ici on prend toutes sortes de précautions pour la sûreté des
bestiaux ; les bergeries sont fort solides, bien bâties et les parcs ont
deux enceintes de claies. — Quand mon maître dit à ce même fermier
qu'en Espagne il suffisait d'entourer d'un simple filet, tendu par des
bâtons fichés en terre, les troupeaux de brebis, il s'écria tout
émerveillé : Et les loups ?

« Véritablement ces animaux sont en France tellement audacieux,
qu'ils ont pénétré, il n'y a pas longtemps, jusque dans Paris, où ils
ont mangé un enfant sur la place de Grève ; tellement nombreux, tellement féroces, que, dans les dernières guerres, ils ont forcé une
armée royale à sortir du Gévaudan. »

Nous somme loin, Dieu merci, de cette sombre époque dont il
est question dans le Journal d'un bourgeois de Paris, de ce
terrible XVe siècle pendant lequel les loups dévorèrent, en une
semaine, quatorze personnes entre Montmartre et la porte Saint-
Antoine.

C'était alors le bon temps des bandits de toute espèce, et malgré
leur nombre et leur férocité, les loups n'étaient peut être pas ce
que le voyageur devait le plus redouter quand il traversait une
forêt.

Le Loup (*Canis lupus ou Lupus vulgaris*) a le port d'un chien de
grande taille; il porte entre les jambes, au lieu de la relever, sa
queue grosse et touffue et couverte de longs poils grisâtres tirant sur
le jaune ; ses yeux bleus et étincelants sont obliques ; ses dents
sont rondes, inégales, aiguës et serrées ; l'ouverture de sa gueule est
grande.

Il a le corps maigre, les flancs rentrés, les pattes minces, les
oreilles droites; le pelage varie pour la coloration suivant le climat.
Son cou est si court qu'il ne peut facilement le fléchir, ce qui l'oblige,

en quelque sorte, à tourner tout son corps quand il veut regarder de côté; il a l'odorat fin, et il peut, à juste titre, passer pour le plus goulu et le plus carnassier de tous les animaux.

Le loup hurle au lieu d'aboyer comme le chien dont il diffère par des caractères essentiels : Ses mouvements sont différents; sa démarche est plus précipitée; son corps, beaucoup plus fort, est bien moins souple; ses membres sont plus fermes, ses mâchoires et ses dents plus grosses; son poil plus rude et plus fourré! Sa couleur ordinaire, dans notre pays est d'un fauve grisonnant, mêlé de brun noirâtre dans certains endroits. Le proverbe dit : « *Jeune loup gris, et vieux loup blanc.* »

Cet animal, dit Buffon, est l'un de ceux dont l'appétit pour la chair est le plus véhément : et quoique avec ce goût il ait reçu de la nature les moyens de le satisfaire, qu'elle lui ait donné des armes, de la ruse, de l'agilité, de la force, tout ce qui est nécessaire, en un mot, pour trouver, attaquer vaincre, saisir et dévorer sa proie, cependant il meurt souvent de faim, parce que l'homme lui ayant déclaré la guerre, l'ayant même proscrit en mettant sa tête à prix, le force à fuir et à demeurer dans les bois, où il ne trouve que quelques animaux sauvages qui lui échappent par la vitesse de leur course, et qu'il ne peut surprendre que par hasard ou par patience, en les attendant longtemps et souvent en vain dans les endroits où ils doivent passer

Il mord cruellement, et avec d'autant plus d'acharnement qu'on lui résiste moins; il prend des précautions avec les animaux qui peuvent se défendre. Il est naturellement grossier et poltron, mais il devient ingénieux par besoin et hardi par nécessité : pressé par la famine, il brave le danger, vient attaquer les animaux qui sont sous la garde de l'homme, ceux surtout qu'il peut emporter aisément, comme les agneaux, les chevreaux, les jeunes chiens; et lorsque cette maraude lui réussit, il revient souvent à la charge, jusqu'à ce qu'ayant été blessé ou chassé et maltraité par les hommes et les chiens il se cache pendant le jour dans son fort, n'en sort que la nuit, parcourt les campagnes, rôde autour des habitations, ravit les animaux abandonnés, vient attaquer les bergeries, gratte et creuse la terre sous les portes, entre furieux, met tout à mort avant de choisir et d'emporter sa proie.

Lorsque ces courses ne lui produisent rien, il retourne au fond des bois, se met en quête, cherche, suit la piste, chasse, poursuit les animaux sauvages, dans l'espérance qu'un autre loup pourra les arrêter, les saisir dans leur fuite, et qu'ils en partageront les dépouilles.

Enfin, lorsque le besoin est extrême, il s'expose à tout, attaque les femmes et les enfants, se jette même sur les hommes, devient furieux par ces excès qui finissent ordinairement par la rage et la mort. Il ne faut qu'un loup enragé pour causer des désordres affreux dans tout un pays, tant parmi les bestiaux que parmi les hommes; les blessures que fait cet animal sont presque toujours mortelles ou suivies de rage.

En 1868, un loup de forte taille, dont on avait signalé l'apparition dans la commune de Saint-Fréjoux, département de la Corrèze, jeta la consternation dans toute la contrée. Des brebis et des chiens, avaient été étranglés et ce qu'il y avait de plus grave, sept personnes avaient été mordus par la terrible bête; deux d'entre-elles dont la figure avait été littéralement dévorées moururent dans les vingt quatre heures.

Ce n'est qu'après cinq jours de poursuite continuelle que ce loup, atteint d'hydrophobie, a été abattu par quatre habitants de la commune de Courteix, au moment où il dévorait un troupeau et menaçait sérieusement le berger.

Cette année, 1881, restera gravée dans le souvenir des habitants des arrondissements de Confolens (Charente) et de Civray (Vienne).

Un énorme loup parcourut ces deux arrondissements semant partout autour de lui l'épouvante et la mort. Il se jetait sur les hommes et sur les animaux; et, plus de dix personnes furent l'objet de ses attaques : cinq sont mortes des suites des horribles blessures qu'elles avaient reçues et qui déterminèrent la rage.

Cette horrible bête a été tuée sur le territoire de la commune d'Availle-Limousine, département de la Vienne.

Le loup craint, dit-on, le feu et tous les sons aigus, on prétend qu'il font sur lui une impression qu'il ne peut supporter et qui le contraint de fuir. Il est difficile de croire, comme on l'affirme cependant, qu'un homme poursuivi de nuit, par un loup affamé, le fasse fuir, soit en tirant du feu d'un caillou, soit en sonnant du cor, soit en agitant un trousseau de clefs.

On croit, vulgairement, qu'un loup pressé par la faim mange de la terre; cette idée provient sans doute, de ce qu'on a vu des loups déterrer la proie qu'ils avaient enfouie et mise en réserve après être absolument repus, pour s'en servir en cas de besoin. Les chiens et plusieurs autres animaux prennent souvent la même précaution.

Le loup est ennemi de toute société : Pendant l'été, il est rare de les voir réunis en bandes. Lorsqu'on en voit plusieurs ensemble, ce n'est point une société de paix, c'est un attroupement de guerre, qui se fait à grand bruit, avec des hurlements affreux, et qui dénote un projet d'attaquer quelque gros animal ou de se défaire de quelque redoutable mâtin.

C'est pendant l'hiver, que des meutes assez considérables de ces carnassiers parcourent de grandes étendues de pays ; ils voyagent de préférence pendant la nuit et ne s'arrêtent, durant le jour, que lorsqu'ils trouvent un endroit convenable pour se cacher.

« A la vérité, dit Marcel de Serres, leurs excursions ou, si l'on veut, leurs passages sont toujours accidentels ; ils sont toujours déterminées par des circonstances particulières, dont il est facile de reconnaître l'influence. Tels sont ceux qui, au dire de Raoul Glaber, eurent lieu en 1033, par suite de la famine et de la peste qui désolèrent la France à cette époque, alléchés qu'ils étaient par le nombre des cadavres laissés sur le sol sans sépulture. »

Ils suivent les armées, ou plutôt les routes qu'elles ont parcourues, comptant sur des proies faciles.

« Pendant l'année 1812 (de fatale mémoire), raconte Louis Viardot, un détachement de soldats (on dit quatre-vingts hommes) qui changeaient de cantonnement dans un gouvernement du centre, furent attaqués, pendant la nuit, par une nombreuse troupe de loups et tous dévorés sur place. Au milieu des débris d'armes et d'uniformes qui jonchaient le champ de bataille, on trouva les cadavres de deux ou trois cents loups tués à coup de balles, de baïonnettes, et de crosses de fusil : mais pas un seul soldat n'avait survécu, comme ce Spartiate, noté d'infamie après les Thermopyles, pour raconter les horribles détails du combat. Une pierre tumulaire élevée sur les ossements des victimes conserve le souvenir de cet incroyable évènement. »

« On a vu souvent des loups se réunir en grandes troupes et désoler les campagnes, fort loin des lieux de leur départ. Ainsi dans l'hiver rigoureux de 1818, les départements de la Drôme et de l'Isère furent en quelque sorte inondés de loups. Ils parcouraient les campagnes en nombre fort considérable et donnaient l'épouvante à toutes les populations. Ces animaux, qui avaient tous quitté les montagnes et les forêts, causèrent de grands ravages dans les plaines où ils se répandaient. »

« De même, au mois d'août 1842, des troupes de loups ont désolé les communes d'Yville, d'Anneville et de Berville en Normandie. Ces animaux paraissaient venir de la forêts de Manny. Leur nombre était si considérable et leur voracité si grande, qu'ils causèrent de

grands ravages dans toutes les communes; ils y dévorèrent une
immense quantité de bestiaux. La présence des hommes ne les
effrayait pas; ces loups luttaient et s'élançaient même sur eux,
lorsqu'on voulait les empêcher d'emporter la proie dont ils s'étaient
emparés. »

Plus près de nous, après la terrible guerre de 1870, les loups
envahirent la France, particulièrement les contrées de l'est où ils
causèrent de nombreux ravages.

C'est surtout le soir, par les temps de brouillards, qu'ils entreprennent leurs expéditions : Ils prennent la file comme les Indiens
dans leurs expéditions guerrières; chaque animal marche dans les
traces de celui qui le précède, et il est bien difficile de reconnaître
leur nombre.

Un ancien auteur prétend que lorsqu'ils ont une rivière à traverser,
ils marchent également à la file, mais se prenant tous par la queue
avec les dents de peur que la force du courant ne les entraîne et ne
les sépare.

Ils ont, dit l'auteur des *lettres sur les animaux*, des sensations et de
la mémoire, et ils marquent une assez grande étendue d'intelligence
dans les détails ordinaires de la vie.

Veulent-ils attaquer un troupeau bien gardé, l'un d'eux se détache
de la bande; il s'approche des étables, gratte pour attirer l'attention :
Les paysans s'empressent de faire sortir les chiens; ils se mettent à la
poursuite du voleur, qui fuit précipitamment pour entraîner les
gardiens. Mais pendant que l'action est engagée et que les moutons
restent éloignés de tout secours, les autres loups qui sont au guet se
précipitent dans la bergerie, égorgent tout ce qui s'y trouve,
mettent tout en pièces et se retirent chargés de butin. Après ce bel
exploit, ils se séparent et retournent en silence dans leur solitude.

Les mêmes considérations, les mêmes ruses sont mises en usages
quand il s'agit d'attaquer un cerf, un cheval ou un bœuf.

C'est encore à l'auteur des *lettres sur les animaux* que nous empruntons les détails suivants.

Le loup est le plus robuste des animaux carnassiers des climats
tempérés de l'Europe. La nature lui a donné aussi une voracité et des
besoins proportionnés à sa force; il a d'ailleurs des sens exquis, avec
une vue perçante et une excellente ouïe; il a un nez qui l'instruit
encore plus sûrement de tout ce qui s'offre sur sa route. Il apprend
par ce sens, lorsqu'il est bien exercé, une partie des relations que
les objets peuvent avoir avec lui : Je dis quand il est bien **exercé**,

car il y a une différence très sensible entre les démarches du loup jeune et inexpérimenté, et celles du loup adulte et instruit.

Les jeunes loups, après avoir passé deux mois au liteau, ou le père et la mère les nourrissent, suivent enfin leur mère qui ne pourrait plus fournir seule à une voracité qui s'accroît tous les jours. Ils déchirent avec elle des animaux vivants, s'essaient à la chasse et parviennent par degré à pourvoir avec elle à leurs besoins communs.

L'exercice habituel de la rapine, sous les yeux et à l'exemple d'une mère déjà instruite, leur donne chaque jour quelques idées relatives à cet objet. Ils apprennent à reconnaître les forts où se retire le gibier; leurs sens sont ouverts à toutes les impressions; ils s'accoutument à les distinguer entre elles, et à rectifier par l'odorat les jugements que leur font porter les autres sens. Lorsqu'ils ont huit ou neuf mois, la mère les chasse et les abandonne à leurs propres forces.

Les jeunes restent encore unis pendant quelque temps, et cette association leur serait assez profitable; mais la voracité naturelle à ces animaux les sépare bientôt, parce qu'ils ne peuvent plus souffrir le partage de la proie. Les plus forts restent maîtres du terrain, et ceux qui sont plus faibles s'éloignent, et vont traîner une vie souvent exposé à se terminer par la faim. D'ailleurs leur manque d'expérience les livre à tous les périls que les hommes leur préparent. C'est alors, surtout, qu'ils vont chercher dans les campagnes les cadavres d'animaux, parce qu'ils n'ont encore ni la force, ni l'habileté qui y supplée.

Lorsqu'ils résistent à ce temps d'épreuves, leurs forces augmentées et l'instruction qu'ils ont acquise leur donnent plus de facilité pour vivre. Ils sont en état d'attaquer les grands animaux dont un seul les nourrit pendant plusieurs jours. Lorsqu'ils en ont abattu un, ils le dévorent en partie et cachent soigneusement les restes; mais cette précaution ne les ralentit point sur leur ardeur à la chasse, et ils n'ont recours à ce qu'ils ont caché que lorsqu'elle a été malheureuse. C'est ainsi qu'il vit dans les alternatives de la chasse pendant la nuit et d'un sommeil inquiet et léger pendant le jour.

Voilà son existence ordinaire, mais dans les lieux où il est constamment traqué par l'homme, la nécessité d'éviter les pièges et de pourvoir à sa sûreté le forcent à une plus grande circonspection.

Sa marche, naturellement libre et hardie, devient précautionnée et timide; ses appétits sont souvent suspendus par la crainte; il distingue les sensations qui lui sont rappelées par la mémoire de celles qu'il reçoit par l'usage de ses sens.

Aussi, en même temps qu'il éventre un troupeau enfermé dans un parc, la sensation du berger et du chien lui est rappelée par la mémoire, et balance l'impression actuelle qu'il reçoit par la présence des moutons. Il mesure la hauteur du parc, il la compare avec ses forces, il juge de la difficulté de le franchir lorsqu'il sera chargé de sa proie, et il en conclut l'inutilité ou le danger de sa tentative.

Cependant au mileu d'un troupeau répandu dans la campagne, il saisira un mouton, à la vue même du berger, surtout si le voisinage du bois lui laisse l'espérance de s'y cacher avant d'être atteint.

Il ne faut pas beaucoup d'expérience à un loup adulte qui vit dans le voisinage des habitations, pour apprendre que l'homme est son ennemi. Dès qu'il paraît, il est poursuivi; l'attroupement et l'émeute lui annoncent combien il est redouté et tout ce que lui-même il doit craindre. Aussi toutes les fois que l'odeur de l'homme vient frapper son nez, elle réveille en lui les idées de danger. La proie la plus séduisante lui est inutilement présentée, tant qu'elle a cet accessoire effrayant; et même lorsqu'elle ne l'a plus, elle lui reste longtemps suspecte. L'idée de l'homme réveille celle d'un piège qu'il ne connaît pas, et rend suspect les appâts les plus friands.

Cependant le loup est le plus brut de nos animaux carnassiers, parce qu'il est le plus fort : naturellement plus grossier que défiant l'expérience le rend précautionné !

La nécessité de la rapine, l'habitude du meurtre et la jouissance journalière de membres d'animaux déchirés et sanglants, ne paraissent pas devoir former au loup un caractère moral bien intéressant : Cependant, excepté le cas de rivalité, on ne voit pas que les loups exercent de cruauté directe les uns contre les autres. Tant que la société subsiste entre eux, ils se défendent mutuellement, et la tendresse maternelle est portée dans les louves jusqu'à l'excès de la fureur qui méconnaît entièrement le péril.

On dit qu'un loup blessé est suivi au sang et enfin achevé et dévoré par ses semblables : mais c'est un fait peu constaté, qui sûrement n'est pas ordinaire, et qui peut avoir été quelquefois l'effet du dernier terme de la nécessité qui n'a plus de loi.

Les relations morales ne peuvent pas être fort étendues entre des animaux qui n'ont nul besoin de société : tout être qui mène une vie dure et isolée, partagée entre un travail solitaire et le sommeil, doit être très peu sensible aux tendres mouvements de compassion.

La faim donne au loup une qualité qui lui manque ordinairement, le courage, et fait de lui un animal fort dangereux ; et, [il faut le reconnaître, quand il en est réduit à cette extrémité, il ne craint pas de faire mentir le proverbe : « *Les loups ne se mangent pas entre eux.* »

Hélas ! les hommes ne sont pas meilleurs que les loups quand ils ont été longtemps privés de nourriture. Nous avons de nombreux et terribles exemples d'anthropophagie auxquels nos estomacs satisfaits se refusent à croire !

C'est toujours au fond d'un bois, dans un endroit bien fourré, et au milieu duquel elle aplanit un espace assez considérable, en coupant, en arrachant les épines avec les dents, et en y apportant ensuite beaucoup de mousse pour en faire un lit commode, que la louve dépose ses petits. Ils sont ordinairement au nombre de six ou sept, rarement moins de trois. La mère les allaite pendant quelques semaines et leur apprend bientôt à manger de la chair, qu'elle leur prépare en la mâchant. Quelque temps après, elle leur apporte des mulots, des levrauts, des perdrix, des volailles vivantes. Les louveteaux commencent, à jouer avec elles, et finissent par les étrangler ; la louve ensuite les déplume, les écorche, les déchire et en donne un morceau à chacun.

Ils ne sortent du fort où ils ont pris naissance qu'au bout de six semaines ou deux mois ; ils suivent alors leur mère qui les mène boire quelque part ; elle les ramène au gîte, ou les oblige à se cacher ailleurs lorsqu'elle craint quelque danger ; ils la suivent ainsi pendant plusieurs mois. Quand on les attaque, elle les défend avec fureur et s'expose à tout pour les sauver.

« Si quelque danger se révèle, dit M. De Cherville, si seulement elle reconnaît dans le voisinage immédiat du liteau, les traces de son ennemi le plus redoutable, l'homme, elle n'hésite pas ; elle saisit les uns après les autres les petits dans sa gueule et les transporte à des distances considérables.

« Un sabotier découvrit un matin une portée de loups dans un buisson. Cet homme, tremblant de voir accourir la mère, n'eut pas le courage d'enlever les petits qu'il avait mis à l'air ; il courut à la loge avertir ses compagnons ; ils revinrent en force ; mais bien qu'il fît grand jour et que l'absence n'ait pas duré plus d'une heure, déjà la louve avait enlevé quatre louveteaux des cinq que son nid contenait. »

Le loup a beaucoup de force, surtout cans les parties antérieures du corps, dans les muscles du cou et de la mâchoire; il porte à sa gueule un mouton, sans le laisser toucher à terre, et court en même temps plus vite que les bergers, en sorte qu'il n'y a que les chiens qui puisse l'atteindre et leur faire lâcher prise.

« J'ai vu, raconte Blaze, l'endroit par où un loup s'était introduit pour voler une chèvre. Il avait démoli le seuil de la porte qui renfermait la pauvre bique; ce seuil était en briques maçonnées avec du ciment; tout cela ne faisait qu'un corps dur. L'animal avec ses pattes, avec ses dents, avait tout renversé, il avait creusé un trou assez grand pour entrer dans la cabane et repasser avec la chèvre. »

Lorsqu'on le tire et que la balle lui casse quelque membre, il pousse un cri, et cependant, lorsqu'on l'achève à coups de bâton, il ne se plaint pas comme le chien; il est plus dur, moins sensible, plus robuste; il marche, court, rôde des jours entiers et des nuits, et c'est, de tous les animaux, le plus difficile à forcer à la course.

Quoique féroce, il est timide : Lorsqu'il tombe dans un piège, il est tellement et si longtemps épouvanté qu'on peut le tuer sans qu'il se défende, ou le prendre vivant sans qu'il résiste; on peut lui mettre un collier, l'enchaîner, le museler, le conduire ensuite partout où l'on veut sans qu'il ose donner le moindre signe de colère ou de mécontentement.

GESNER raconte qu'une femme, un renard et un loup étant tombés la nuit dans la même fosse, ils restèrent chacun dans leur place, sans oser se remuer, jusqu'au lendemain matin. Grande fut la stupéfaction de ceux qui trouvèrent ensemble ces trois prisonniers. On commença par tuer le loup et le renard, puis on retira de la fosse la femme qui était plus morte que vive, quoiqu'elle n'eût éprouvé d'autre mal que la frayeur.

« Etant à Lipowski, dit Viardot, notre hôte propose de tuer un loup qu'il avait pris au piège huit jours avant, et que sa jambe blessée n'empêchait pas de bien vivre dans un grenier qu'on lui avait donné pour prison. Quelques chasseurs prirent aussitôt leurs fusils; mais le loup, bête de grande taille, avait coupé la corde qui l'attachait à un poteau, et il errait librement dans son grenier. Alors un paysan qui n'était pourtant ni jeune, ni grand, ni fort, y entra résolument, chercha le loup, le vit dans un coin, lui sauta sur le dos, le prit par les deux oreilles, et, tout en l'entraînant dans la cour, lui passa entre les dents une petite corde qu'il tourna trois ou quatre fois sur le nez pour en faire une muselière; puis il le jeta sans façon sur ses épaules, comme le bon Pasteur avait fait de la brebis égarée, et le porta dans un champ, hors du village. Nous l'avions tous suivi. Quand deux ou trois d'entre nous eurent leurs fusils prêts, le paysan lâcha son loup et lui ôta même la corde du museau. Mais l'animal, penaud et lâche (on sait qu'un loup pris n'est pas brave) se tenait blotti sur la neige sans vouloir avancer. Que fit mon paysan? — Il alla le rouler du pied et le frapper de la main pour le faire courir. Alors, se sentant libre et retrouvant enfin son courage, le loup s'élança sur lui, l'œil en feu, la gueule béante. Le pauvre homme n'eut d'autre ressource que de se jeter, à son tour, le ventre dans la neige. Heureusement nous accourûmes en tirant nos poignards circassiens, et tandis que je mettais le mien entre les dents du loup, mon camarade lui porta dans le flanc une légère estocade qui pénétra plus qu'il n'aurait voulu. La lame était entrée jusqu'aux poumons, et il fallut achever l'animal sur place. »

Cet animal féroce a de tout temps excité contre lui la haine et l'adresse de l'homme qui voudrait pouvoir en exterminer la race. On a été quelquefois obligé d'armer tout un pays pour se défaire des loups. Dans le siècle dernier, on a organisé dans le Gévaudan, des chasses composées de plusieurs milliers d'hommes armés sans pouvoir détruire le loup féroce, *la bête du Gévaudan*, qui a causé tant de terreur, et occasionné tant de désastres, dans ce pays forestier et montagneux. C'est un porte-arquebuse du roi, un sieur *Antoine*, qui a eu l'honneur de jeter bas le terrible animal dont le souvenir s'est conservé dans le pays.

Les chasseurs distinguent les loups en *jeunes loups, vieux loups, et grands vieux loups*. Ils les connaissent par les *pieds* ou *voies*, c'est-à-dire par les traces qu'ils laissent sur le sol. Plus le loup est âgé, plus il a le pied gros; la louve l'a plus long et plus étroit, elle a aussi le talon plus petit et les ongles plus minces.

On a besoin d'un bon limier pour la quête du loup; il faut même l'animer, l'encourager, lorsqu'il tombe sur la voie.

« Tous les chiens ne chassent pas le loup, dit M. de Cherville. J'ai cité des faits qui démontrent qu'entre les deux races le rapprochement est possible; mais ces rapprochements ne sont que l'exception et n'infirment nullement l'antipathie profonde et vivace qui les sépare; cette antipathie se traduit, le plus souvent, dans l'espèce canine, par la terreur. Mieux doués que nous sous ce rapport, les animaux n'ont pas besoin d'un acte de guerre pour distinguer l'ennemi de leur espèce; ils le reconnaissent à une odeur spéciale, caractéristique, dont leur instinct à la prescience, et qui les remplit d'épouvante, même dans leur plus jeune âge, même lorsqu'ils la sentent pour la première fois. Un cheval sur lequel on essaye de charger le cadavre d'un loup se cabre, se défend et lutte longtemps avant de se résigner à cet odieux contact; la plupart des jeunes chiens prendront la fuite lorsque la brise leur apportera les émanations d'un loup; s'ils ne fuient pas, ils se réfugient dans les jambes du maître, le poil hérissé, l'œil hagard, tremblants, donnant tous les signes de l'effroi. »

La chair du loup est si mauvaise, l'odeur en est si caractéristique, qu'il n'y a guère que les loups qui la mangent volontiers; les chiens ne l'acceptent que lorsqu'elle a subi certaines préparations et qu'on y a joint certains assaisonnements.

On force les loups avec des chiens courants; mais comme ils marche toujours en avant et qu'il court tout un jour sans être rendu, cette chasse n'est pas toujours fructueuse, malgré les nombreux relais disposés par les chasseurs.

Dans les campagnes on fait des battues, on tend des pièges, on présente des appâts, on prépare des affûts, on fait des fosses, on répand des boulettes empoisonnées. Tout cela n'empêche pas que l'on ne rencontre encore beaucoup de ces animaux, surtout dans les pays couverts de bois et de forêts.

Les louveteaux pris jeunes s'apprivoisent, s'attachent à leur maître et sont susceptibles d'une certaine éducation. Au commencement, c'est-à-dire la première et la seconde année, ils sont dociles, même caressants; mais il est bon de veiller sur eux, car leur naturel farouche prend souvent le dessus; on est alors forcé de les enchaîner pour les empêcher de nuire.

Valmont de Bomare raconte qu'herborisant, en 1762, dans les bois de Monthoiron, près Châtellerault, département de la Vienne, il fit la rencontre de six petits loups qui étaient au gîte et qui n'avaient pas plus de huit jours. « J'en pris un, dit-il, et le mis dans un petit lit convenable que je lui fis faire dans ma voiture; je le nourris d'abord de lait, ensuite de pain et de lait, puis de soupe. Il prenait des forces comme s'il eût été nourri par sa mère; ni la fatigue du voyage, ni le changement de nourriture ne l'altérèrent sensiblement Je le caressais beaucoup et le mettais coucher avec moi. Il me léchait, venait quand je l'appelais, et commençait déjà à rapporter ce que je lui jetais à une certaine distance. J'essayai de lui faire manger les entrailles d'un poulet qu'on venait de vider; jamais il n'eût si bon appétit, ses caresses redoublèrent : mais, je manquai d'être la victime de ma tentative, qui probablement développa en lui le goût naturel de son espèce, qui est carnivore et même anthropophage dans certains cas; car la nuit suivante rêvant que j'étais en proie à des loups, je me réveillai par l'effet de la peur et de la douleur. Mon louveteau était parvenu à me mordre les cuisses, et suçait le sang qui en sortait. Je ne tardai pas à me défaire de cet animal; et j'ai appris depuis qu'on avait été obligé de le tuer, tant il était disposé à mordre les enfants de la maison où je l'avais laissé. »

Après avoir dit beaucoup de mal du loup, citons en terminant un trait d'attachement qui est tout à l'avantage de ce féroce carnassier :

« Le conseiller d'Etat Mounier, dit Dupont de Nemours, avait lorsqu'il était préfet d'Ille-et-Vilaine, apprivoisé une louve. On lui donnait largement à manger toutes les deux heures : Elle était devenue obéissante, caressante, si attachée à Melle Mounier, que ayant été malheureuse et moins soignée en son absence, elle mourut de joie en la revoyant, comme le pauvre et bon chien d'Ulysse.

CHAPITRE III

Le Renard. — Curieux instincts. — Un animal rusé. — Les Renards chasseurs. —
Extrême prudence. — Le terrier. — Les jeunes Renards. — Leur nourriture.
— Le renard d'après Buffon. — Esprit et finesse. — Un associé exigeant. —
Le Renard calomnié. — Un Renard étranglé. — La chasse au Renard. — Des
parents prévoyants. — Un Renard apprivoisé.

Le RENARD (*Vulpes vulgaris ou canis vulpes*) ressemble beaucoup au chien, dont il se distingue cependant par la tête qu'il a plus grosse à proportion du corps, et surtout par son intelligence et par les mœurs. Il a aussi les oreilles plus courtes, la queue plus grande, le poil plus long et plus touffu, les yeux plus inclinés. Il en diffère encore par une très forte odeur qui lui est particulière.

Il s'apprivoise difficilement, jamais parfaitement, languit quand il n'a pas sa liberté, et meurt d'ennui quand on le garde trop longtemps en domesticité.

Le renard a les mêmes besoins que le loup et la même inclination pour la rapine : Il a les sens aussi fins, plus d'agilité et de souplesse, mais beaucoup moins de force ; cependant, il sait remplacer cette qualité par l'adresse, la ruse et la patience.

Un des premiers effets de l'industrie par laquelle il est supérieur au loup, c'est de se creuser un terrier qui le met à l'abri des injures de l'air et lui sert en même temps de retraite. Pour s'épargner de la peine, il s'empare ordinairement de ceux qu'habitent les lapins ; il les en chasse et s'y établit. Lorsque quelque raison le détermine à changer de pays, son premier soin est d'aller visiter tous les terriers dont la position peut lui convenir, surtout ceux qui ont été anciennement habités par des renards. Il les nettoie successivement ; et ce n'est qu'après les avoir tous parcourus, qu'il se fixe à la fin : Mais s'il est troublé, même légèrement, dans celui qu'il a choisi, il en change bientôt, et il ne souffre pas que l'inquiétude approche du lieu qu'il destine à sa demeure.

Le renard ainsi établi parcourt en peu de temps tous les alentours de son terrier à une assez grande distance ; il prend connaissance des villages, des hameaux, des maisons isolées, et il évente les volailles. Il s'assure des cours où l'on entend des chiens et du mouvement, et de celles où le repos règne ; il reconnaît les haies et les lieux couverts qui pourraient, en cas de péril, favoriser son évasion.

Cet attirail de précautions, tant de possibilités prévues, ajoute l'auteur des *lettres sur les animaux*, à qui nous empruntons une partie de ces détails, supposent nécessairement beaucoup de faits déjà connus : Toujours guidé dans sa marche par une défiance raisonnée, il se laisse rarement emporté par l'ardeur de poursuivre une proie qui fuit ; il arrive près d'elle en se traînant, et s'en saisit en sautant légèrement dessus. Lorsqu'il est bien assuré que la tranquillité règne dans une basse-cour où il a éventé des volailles, il tâche d'y pénétrer, et son agilité naturelle lui en donne aisément les moyens.

Alors, s'il n'est point troublé, il en profite pour multiplier les meurtres, et il emporte ce qu'il a tué, jusqu'à ce que les approches du jour lui fassent craindre moins d'assurance pour sa retraite. Il amasse ainsi des vivres pour plusieurs jours et cache avec soin tous ses restes pour les retrouver au besoin.

Si le renard est établi dans un pays giboyeux, son industrie a d'autres formes à prendre peu assurer sa voracité : Tantôt il parcourt les campagnes, marche le nez au vent, prend connaissance ou de quelque lièvre au gîte, ou de perdrix couchées dans un sillon ; il en approche en silence, ses pas, marqués à peine sur la terre molle, annoncent sa légèreté et l'intention qu'il a de surprendre : Il réussit souvent.

« Le lièvre saisi au bon endroit, dit M. Jobey, se débat vainement sous l'étreinte terrible d'une machoire dont les dents acérées lui pénètrent dans la gorge, pousse un cri d'angoisse, et tout est dit. — Le perdreau n'a pour ainsi dire aucune agonie ; un seul *frou-frou* de ses ailes, et le voilà passé du sommeil au trépas. »

Quelque fois sa ressource est dans la patience ; il se glisse le long des bois, observe le passage d'un lapin, se cache, attend, et le saisit lorsqu'il rentre sans se douter de la présence d'un ennemi.

Mais la chasse n'est pas toujours immédiatement l'objet des courses du renard :

Quoique déjà rassasié, sa prévoyance active le fait marcher encore, moins dans l'intention de chercher une nouvelle proie, que pour prendre des connaissances plus sûres et plus détaillées du pays qui lui fournit à vivre.

Ils revient souvent aux différents terriers qu'il a nettoyés d'abord ; il en fait le tour avec beaucoup de précautions, il y entre et en examine avec soin les différentes gueules ; il s'approche par degrés des objets qui lui sont nouveaux ; chacun de ses pas vers un objet suspect indique la défiance et l'examen. Cependant avec des appâts dont ils sont friands ; on les fait donner dans des pièges qui ne leur sont pas encore connus ; mais, dès qu'ils sont instruits, les mêmes moyens deviennent inutiles. Il n'est point d'appât qui puisse alors faire braver au renard le danger qu'il reconnaît ou qu'il soupçonne. Il évente le fer du piège ; et cette sensation, devenue terrible pour lui, l'emporte sur toute autre impression.

S'il aperçoit que les embûches soient multipliées autour de lui, il quitte le pays pour en chercher un plus sûr. Quelquefois cependant, enhardi par des approches graduelles et réitérées, guidé par le sentiment sûr de son nez, il trouvera le moyen de dérober légèrement et sans s'exposer, un appât placé sur un piège.

Si c'est pour lui un avantage naturel d'avoir une retraite et d'être domicilié, c'est aussi un moyen de plus qu'à son ennemi pour l'attaquer : Il découvre aisément sa demeure et vient l'y surprendre ; mais l'homme a besoin lui-même de beaucoup d'expérience, pour n'être pas mis en défaut par la prudence et les ruses du renard. Si toutes les gueules des terriers sont masquées par des pièges, l'animal les évente, les reconnaît, et plutôt que de s'y faire prendre, il s'expose à une faim cruelle.

Dans les bois.   14

On en a vu s'obstiner ainsi à rester jusqu'à quinze jours dans le terrier, et ne se déterminer à sortir que quand l'excès de la faim ne leur laissait plus de choix que celui du genre de mort.

Cette frayeur qui retient le renard n'est ni machinale, ni inactive. Il n'est point de tentative qu'il ne fasse pour s'arracher au péril; tant qu'il lui reste des ongles, il travaille à se faire une nouvelle issue, par laquelle il échappe souvent aux embûches du chasseur.

Si quelque lapin enfermé avec lui dans le terrier vient à se prendre à l'un des pièges, ou si quelque hasard le détend, l'animal juge que la machine a fait son effet, et il y passe hardiment et sûrement.

La seule passion qui fasse oublier au renard une partie de ses précautions ordinaires, c'est la tendresse pour sa famille : La nécessité de la nourrir lorsqu'elle est enfermée dans le terrier rend le père et la mère plus hardis qu'ils ne le sont pour eux-mêmes, et cet intérêt pressant leur fait souvent braver le péril. Les chasseurs savent bien profiter de cette tendresse du renard pour sa famille.

La communauté de soins et d'intérêts suppose des affections qui s'étendent au-delà des besoins physiques proprement-dites. Ces animaux, familiarisés avec les scènes de sang, n'entendent pas sans être émus les cris de leurs petits souffrants.

Les poules ont sans doute le droit de ne pas les regarder comme des animaux compatissants; mais leurs femelles, leurs enfants, tous ceux de leur espèce n'ont pas à s'en plaindre. Cette tendre inquiétude qui porte la femelle du renard à s'oublier elle-même la rend infiniment attentive à tous les dangers qui peuvent menacer ses petits. Si un homme approche du terrier, elle les transporte pendant la nuit suivante : et elle est souvent exposée à déloger ainsi, parce que, c'est précisément quand ils ont des petits, que les renards signalent leur voisinage par des ravages plus grands, et qu'on est plus intéressé à s'en défaire.

On trouve de jeunes renards dès le mois d'avril; il leur faut dix-huit mois ou deux ans pour atteindre toute leur croissance. Le père et la mère les nourissent en commun, et vont pour cela souvent en quête, surtout quand les petits commencent à devenir voraces : Ils leur apportent des volailles, des perdrix, des lapins, des oiseaux gros ou petits, des taupes et des rats. Parfois, parcourant le bord des étangs, ils saisissent des cannetons, des poules d'eau, en rampant avec précautions au milieu des roseaux et des plantes aquatiques. Faute de grives, on mange des merles, dit le proverbe : faute de

gibier succulent, maître renard se contente de lézards, de sala-
mandres et de grenouilles.

« En novembre, à l'époque du frai, dit Tschudi, le renard attrape
souvent, dans les ruisseaux limpides, quelques truites ou des
écrevisses, qu'il aime beaucoup, et qu'il attire, dit-on, en plongeant
sa queue dans l'eau. Ses habitudes le mettent en conflit avec les
pêcheurs et les oiseleurs, car, lorsqu'il arrive le premier près d'un
filet ou d'un piège, comme il a des notions assez larges sur la propriété, il fait son profit de tout ce qui s'y trouve pris. »

Le gaillard sait varier son régime ; et, de temps en temps il ajoute
des fruits à sa nourriture ordinaire : Les fraises des bois, les cerises
qui tombent des arbres, et surtout les raisins qu'il se procure plus
facilement, lui constituent un excellent dessert.

Comme l'ours, il est grand amateur de miel, son instinct le
conduit près des ruches qu'il ne se fait pas faute de dévaster. Il
serait heureux, compère renard, si l'homme, son terrible ennemi
n'employait toutes sortes de moyens pour l'exterminer.

« Le renard, dit Buffon, est fameux par ses ruses et mérite en
partie sa réputation ; ce que le loup ne fait que par la force, il le fait
par adresse, et réussit plus souvent. Sans chercher à combattre les
chiens et les bergers, sans attraper les troupeaux, sans traîner les
cadavres, il est plus sûr de vivre. Il emploie plus d'esprit que de
mouvement ; ses ressources semblent être en lui-même ; ce sont,
comme on le sait, celles qui manquent le moins. Fin autant que
circonspect, ingénieux et prudent même jusqu'à la patience, il
varie sa conduite ; il a des moyens de réserve qu'il sait n'employer
qu'à propos. Il veille de près à sa conservation ; quoiqu'aussi infatigable et même plus léger que le loup, il ne se fie pas entièrement à
la vitesse de sa course ; il sait se mettre en sûreté en se pratiquant un
asile où il se retire dans les dangers pressants, où il s'établit, où il
élève ses petits ; il n'est point animal vagabond, mais animal domicilié ; il s'attache au sol lorsque les environs peuvent lui fournir de
quoi vivre.

... Le renard n'habite pas toujours son terrier ; c'est une retraite
dont il use dans le besoin ; mais il passe la plus grande partie
de son temps à se tenir couché dans les lieux les plus fourrés des
bois. »

Il a les sens aussi perfectionnés que le loup, le sentiment plus fin,
l'organe de la voix plus souple et plus parfait. Le loup ne signale sa
présence que par des hurlements affreux : le renard glapit, aboie,

pousse un son triste. Il a des tons différents suivant les sentiments
dont il est affecté : Il a la voix de la chasse, l'accent du désir, le
son du murmure, le ton plaintif de la tristesse, le cri de la douleur
qu'il ne fait jamais entendre qu'au moment où il reçoit un coup de
feu qui lui casse quelque membre. Il ne crie pas pour toute autre
blessure; et, comme le loup, il se laisse tuer à coups de bâton sans
se plaindre, mais toujours en se défendant avec courage; il mord
dangereusement, opiniâtrement, et on est obligé de se servir d'un
ferrement ou d'un bâton pour le faire lâcher prise.

Son glapissement est une espèce d'aboiement qui se fait par des
sons semblables et très précipités; c'est ordinairement à la fin du
glapissement qu'il donne un coup de voix plus fort, plus élevé, plus
aigu et semblable au cri du paon. En hiver, surtout pendant la neige
et la gelée, il ne cesse de donner de la voix; en été, au contraire,
il est presque muet.

Les renards dorment une partie du jour; ce n'est à proprement
parler que la nuit qu'ils commencent à vivre; leurs projets ont
besoin, pour être exécutés, de l'obscurité profonde, de l'absence de
l'homme et du silence de la campagne. Leur nez les dirige sûrement dans la recherche de leur proie, et les avertit des dangers
qui peuvent les menacer : aussi marchent ils toujours le nez au
vent.

Voici comment Buffon reproduit les traits qui caractérisent l'esprit
et la finesse du renard qui a toujours été regardé comme le symbole
de la ruse :

« Cet animal se loge aux bords des bois, à la portée des hameaux;
il écoute le chant des coqs et le cri des volailles, il les savoure de
loin; il prend habilement son temps, cache son dessein et sa
marche, se glisse, se traîne, arrive et fait rarement des tentatives
inutiles. S'il peut franchir les clôtures ou passer par dessous, il ne
perd pas un instant; il ravage la basse-cour, il y met tout à mort,
et se retire ensuite lestement, en emportant sa proie qu'il cache sous
la mousse ou qu'il porte à son terrier; il revient quelques moments
après en chercher une autre qu'il emporte et qu'il cache de même,
mais dans un autre endroit; ensuite une troisième, une quatrième
fois, jusqu'à ce que le jour ou le mouvement dans la maison l'aver-
tissent qu'il faut se retirer et ne plus revenir.

« Il fait la même manœuvre dans les pipées et les boqueteaux où
l'on prend les grives et les bécasses au lacet : Il devance le pipeur,
va de grand matin et souvent plus d'une fois par jour, visiter les
lacets, les gluaux, emporte successivement les oiseaux qui sont

empêtrés, les dépose tous en différents endroits, surtout au bord des chemins, dans les ornières, sous la mousse, sous un genévrier, les y laisse quelquefois deux ou trois jours, et sait parfaitement les retrouver au besoin : Il chasse les jeunes levrauts en plaine, saisit quelquefois les lièvres au gîte, ne les manque jamais lorsqu'ils sont blessés, déterre les lapereaux dans les garennes, découvre les nids de perdrix, de cailles, prend la mère sur les œufs, et détruit une quantité prodigieuse de gibier. »

Quelquefois deux renards s'associent pour chasser ensemble le lièvre ou le lapin. L'un des renards poursuit le gibier en jappant comme un chien basset, pendant que l'autre se tient au passage ou sur le bord du terrier, prêt à s'élancer sur le gibier lorsqu'il passera à sa portée. Lorsque le coup réussit les deux braconniers se partagent le butin.

« Si l'affûteur a manqué son coup, dit M. Ch. Jobey, il essaye de se rendre compte de sa maladresse; il se remet à son poste, s'élance de nouveau dans le chemin comme si le lièvre y passait encore; il recommence plusieurs fois ce manège; mais, sur ces entrefaites, son associé arrive et devine sur-le-champ la mésaventure. Dans sa mauvaise humeur, le dernier venu se jette sur le maladroit, et les deux renards se battent pendant quelques minutes, puis ils se séparent; l'association est rompue, et chacun s'en va chasser pour son propre compte. »

Sans avoir l'intention de travailler à la réhabilitation du voleur de poules, dont un grand nombre de fermières ont pu apprécier les méfaits, nous empruntons au même auteur les lignes suivantes :

« Les menées de maître renard sont tellement connues du monde entier, qu'il semblerait impossible de calomnier cet astucieux animal; néanmoins, nous devons dire que sa mauvaise réputation sert quelquefois à couvrir les méfaits de certains braconniers, maraudeurs de villages, qui aiment mieux souvent trouver du *poil* et de la *plume* dans la basse-cour de leurs voisins que d'en aller chercher dans les champs et dans les bois environnants.

« C'est ordinairement à l'occasion des mariages, des baptêmes, des fêtes de Noël, des Rois, des jours gras et enfin de la fête patronale du pays, que les maraudeurs de basse-cour se mettent en campagne. Ils ne laissent pas de courir quelques dangers, car il leur faut guetter le moment favorable pour faire leur opération, attendre l'absence des propriétaires et la nuit noire; tromper la vigilance des chiens de garde, etc...

« S'il n'est pas difficile de casser les reins à un lapin de choux, il est plus dangereux de tordre le cou à une poule, à une oie et une dinde; les volailles crient pour un rien, et elles ont la voix perçante. Le coup fait, on met cela tout naturellement sur le dos du renard! car il a bon dos; le renard; à la campagne, il évite souvent de fâcheuses enquêtes. Dans tous les cas, on a le droit d'en médire, et pardieu! de le calomnier : on ne prête qu'aux riches. »

« Il est incroyable, dit Dietrich de Winckell, avec quelle prudence le renard s'approche des pièges qu'on lui dresse. J'eus un jour le plaisir d'en être témoin. C'était en hiver; la trappe avait été placée sur le passage d'un renard; le crépuscule tombait, quand il s'approcha. Il saisit avidement et sans crainte les morceaux les plus éloignés. En mangeant, il s'asseyait en remuant la queue. En approchant de la trappe, il devenait plus prudent, hésitait avant de prendre quelque chose, et tournait autour de l'endroit; il resta bien dix minutes immobile devant l'appât, le regardant avec convoitise, n'osant y toucher; enfin, s'étant rassuré, il le toucha avec la patte, ne put l'amener, fit une nouvelle pause, puis se précipita dessus; mais à l'instant, la trappe jouait, et il était pris au cou. »

La chasse du renard exige moins d'apprêts que celle du loup, elle est plus facile et plus amusante. Tous les chiens ont de la répugnance pour le loup; tous, au contraire, chassent le renard avec plaisir. Dès qu'il se sent poursuivi, il court à son terrier, où les bassets à jambes torses le suivent aisément : De cette façon, on peut capturer une famille entière. Le plus souvent, on le reçoit à coups de fusil.

Le renard est mis au ban de la forêt; on ne lui laisse pas un moment de répit; jamais pour lui la chasse n'est fermée; tous les moyens pour le détruire sont bons. On le tire, on l'empoisonne, on le prend dans des pièges, on le force, on l'assomme à coups de bâton, on le poursuit partout et de toutes manières. Si cet animal était moins fin, moins rusé, moins circonspect, l'homme en aurait depuis longtemps fait disparaître la race.

Nous avons dit que les renards sont remplis de sollicitude pour leur petits; un fait cité par Eckström, naturaliste Suédois, indique qu'ils ne les abandonnent pas, même quand ils sont réduits en captivité :

« Dans le voisinage d'une ferme était un terrier où vivait un couple de renards avec ses petits. Le fermier les chassa, mais ne put les saisir. On mit des journaliers à l'œuvre pour découvrir le terrier; on tua deux petits; le troisième, le fermier l'emmena chez lui, lui mit

un collier et l'attacha à un arbre devant sa fenêtre. Cela se passait
le soir; le lendemain matin, on s'empressa d'aller voir ce qu'était
devenu le jeune renard; il était à la même place, ayant devant lui
une grosse dinde avec la tête dévorée. On appela la servante qui avait à
veiller sur le poulailler, et elle avoua, les larmes aux yeux, qu'elle
avait négligé d'enfermer les dindons. Les vieux renards étaient venus
dans la nuit, avaient égorgés quatorze dindes et dindons, dont on
trouva les débris dispersés dans les cours, et en avaient apporté un
à leurs petits. »

Lorsqu'ils ont été capturés jeunes, les renards s'apprivoisent
assez facilement; ils s'habituent à la nourriture des chiens; et lorsqu'on s'occupe d'eux avec persévérance, ils deviennent gais et
pleins de gentillesse.

« J'ai élevé plusieurs renards, dit Lenz; et le dernier que j'ai eu
fut le plus apprivoisé; je l'avais eu très jeune. Il commençait seulement à manger, et cependant, il était méchant, enclin à mordre,
grondait, rongeait la paille, le bois qu'il avait près de lui, même
quand rien ne le troublait. Les bons traitements adoucirent bientôt
son caractère et il s'apprivoisa au point qu'il me fut possible de lui
retirer de la gueule un lapin qu'il venait d'égorger; je mettai même
mes doigts entre ses mâchoires sans qu'il essayât de me mordre. Il
jouait volontiers avec moi, manifestait la plus vive joie lorsque je le
visitais, remuait la queue comme un chien, sautait, gambadait,
deci, delà. Il se montrait aussi familier vis-à-vis des étrangers; il
les reconnaissait à cinquante pas de distance lorsqu'ils arrivaient au
coin de la maison et les invitait, par ses cris à s'approcher de lui,
honneur qu'il ne nous accordait pas à mon frère et à moi, probablement parce qu'il savait que nous viendrions quand même.

« Quand un chien s'approchait, il s'élançait sur lui, les yeux étincelants, et en grinçant des dents. Il était aussi gai le jour que la
nuit. Il aimait à ronger une chaussure bien graissée. Au commencement, je l'avais laissé seul dans une écurie; si je lui donnais un
hamster gros, fort et méchant, ses yeux brillaient, il s'avançait en
rampant et guettait. Le hamster grondait, crachait, montrait les
dents et commençait l'attaque. Le renard l'évitait, sautait autour de
lui, par dessus lui, lui donnant tantôt un coup de patte, tantôt un
coup de dent. Le hamster était obligé, pour éviter ces attaques, de
se retourner rapidement; il finissait, de guerre lasse, par se jeter
sur le dos, cherchait dans cette position à se défendre avec ses
griffes et ses dents. Le renard savait que le hamster, renversé de la
sorte, ne pouvait se mouvoir; il décrivait alors autour de lui des

cercles de plus en plus étroits, le forçait ainsi à se lever, l'attrapait à la nuque et l'égorgeait. Le hamster se campait-il dans un coin, le renard ne pouvait l'y saisir. Cependant il finissait par s'en emparer; il le provoquait jusqu'à ce qu'il fit un bond, et le saisissait au moment où il retombait.

« Il avait atteint la moitié de sa taille, et n'était pas encore sorti, lorsqu'un jour de fête, où quatre-vingts personnes, au moins, étaient rassemblées, je le mis, pour le montrer, sur la marge, large d'un mètre environ, d'un petit bassin. Toute la société se réunit autour de la balustrade. Surpris de se trouver en lieu inconnu et en aussi nombreuse compagnie, le renard fit le tour du bassin, baissant les oreilles, puis les relevant, regardant de tous côtés, montrant qu'il se sentait en danger; il chercha à s'enfuir à travers la balustrade par un endroit que personne n'occupait. Mais il ne put y parvenir. Se figurant alors qu'il serait plus en sûreté au milieu du bassin, il fit un bond et tomba dans l'eau; fort effrayé au moment où il fit le plongeon, il chercha ensuite à se soutenir à la surface, et nagea jusqu'au moment où je vins le retirer.

« Une nuit de brouillard, il quitta son écurie, se promena dans la forêt, et le lendemain se montra à Reinhards-Brunn; là, il se laissa attirer par des gens qui le prirent et me le ramenèrent. La seconde fois qu'il alla ainsi se promener sans permission, je le rencontrai par hasard dans la forêt; il me sauta dessus, plein de joie, et je pus le reprendre. La troisième fois, je le cherchai dans le parc d'Ibenhain, accompagné de seize jeunes garçons. Nous arrivions en masse; il ne parut pas vouloir se laisser reprendre; il s'assit, pensif, près d'une haie et nous regarda avec méfiance. Je m'approchai de lui à pas lents et lui parlai amicalement, espérant pouvoir le saisir, mais, au moment où je me baissais, il saute par dessus ma tête, s'enfuit et s'arrête de nouveau à cinquante pas. Je renvoyai toute ma bande, je parlementai avec lui, et bientôt il était sur mes bras.

« La première fois que je lui posai un collier, il bondit de colère, puis il gémit, se tordit, donnant tous les signes des plus fortes coliques, et pendant plusieurs jours refusa obstinément toute nourriture.

« Un jour, je jetai un gros chat dans son écurie, il devint furieux, il grondait, hérissait ses poils, faisait des bonds prodigieux, mais n'osa pas l'attaquer. Vis-à-vis de moi, au contraire, il montra un certain courage. Un jour que j'avais lassé sa patience, il me mordit la main, je lui donnai un soufflet; nouvelle morsure, nouveau soufflet; enfin à la troisième morsure je le saisis au collier, le soulevai, lui donnai une volée de coups de bâton; il en devint furieux, transporté de rage, cherchant toujours à me mordre. Ce fut d'ailleurs, la seule fois où il mordit quelqu'un avec intention, quoique je l'aie conservé pendant des années, et que tous les jours il jouât avec des gens qui souvent le tourmentaient. »

CHAPITRE IV

Le Blaireau. — Description. — Son terrier. — Un propriétaire chassé. — Défense courageuse. — Les Blaireaux apprivoisés. — Les jeunes. — Les mœurs du Blaireau. — Un animal égoïste et paresseux. — Combats de Blaireaux contre des vipères. — Observations sur des Blaireaux apprivoisés.

Le BLAIREAU COMMUN (*Taxus ou meles vulgaris*) connu vulgairement sous le nom de *Taisson*, est un habitant des bois que tous les naturalistes considèrent comme le type de l'égoïste.

Cet animal, qui ressemble au chien par le museau, est bas sur jambes; il a le corps allongé, le cou court, les oreilles courtes et arrondies, assez semblables à celles du rat domestique, le poil long, très épais, rude comme des soies de porc. Son dos est mêlé de noir et de blanc, ce qui lui a valu dans les campagnes le surnom de *grisart*. Les poils du ventre sont presque noirs contrairement à ce qui se passe dans presque tous les autres animaux dont la coloration du dessous du corps est toujours moins foncée que celle du dos.

Les jambes du blaireau, quoique courtes, sont très fortes ainsi que la mâchoire et les dents; les ongles, surtout ceux des pieds de devant, sont très longs et très fermes. Rangé pendant longtemps parmi les *ours*, à cause de son corps lourd, massif, et de sa marche plantigrade, cet animal est encore maintenu dans cette famille par certains naturalistes; mais, le plus grand nombre le réunissent aux *mustélidés*, dont il se rapproche par son squelette, sa dentition, et la disposition des parties molles.

Le blaireau a des caractères bien tranchés et dignes de remarque qui lui sont propres : Tels sont les bandes alternativement noires et blanches qu'il a sur la tête, et l'espèce de poche qui règne entre l'anus et la queue. Cette poche, assez large, ne communique point à l'intérieur ; elle pénètre environ à trois centimètres de profondeur, et il en suinte continuellement une liqueur onctueuse, d'assez mauvaise odeur, qu'il se plaît à sucer. La queue est courte et garnie de poils longs et forts.

Cet animal est paresseux, défiant, solitaire ; il se retire dans les lieux les plus écartés, dans les bois les plus sombres, s'y creuse une demeure souterraine où il passe les trois quarts de sa vie, et d'où il ne sort que pour chercher sa subsistance. Cette demeure, pratiquée sur le flanc le plus exposé au soleil des collines boisées, est tortueuse, oblique, compte de quatre à huit ouvertures et plusieurs couloirs aboutissant à la pièce principale appelée *donjon*.

Maître renard, qui n'a pas la même facilité pour creuser la terre, vient souvent comme un voleur s'emparer du domicile du paisible blaireau. Ne pouvant le contraindre par la force, il n'est pas de moyen qu'il ne mette en œuvre pour l'obliger à quitter sa demeure. La rusée bête l'inquiète en faisant sentinelle à l'entrée du repaire ; et, connaissant l'excessive propreté du blaireau, elle l'attaque par son côté faible, se glissant dans le terrier, y déposant des ordures fétides, renouvelant ce stratagème jusqu'à ce que le solitaire n'y tenant plus, et recherchant avant tout sa tranquillité, cède la place, non toutefois, sans pousser force grognements.

Le peu scrupuleux compère s'installe dans le souterrain, l'élargit, l'approprie à sa convenance et s'en fait une habitation confortable.

Le blaireau ne change pas, pour cela, de pays ; il va un peu plus loin se pratiquer un nouveau gîte, d'où il ne sort guère que la nuit, d'où il ne s'écarte guère, et où il revient dès qu'il craint quelque danger.

C'est pour lui le meilleur moyen de se mettre en sûreté, car ses jambes courtes ne lui permettent guère d'échapper par la fuite.

Lorsqu'il est surpris par les chiens, il se jette sur le dos, comba longtemps, se défend courageusement et jusqu'à la dernière extrémité, avec ses griffes et ses dents qui font de profondes blessures. Quelquefois, il s'accule comme le sanglier et se lance comme lui sur les chiens. Sa peau, comme sa vie, est si dure, qu'il est peu sensible à leurs morsures ; il paraît cependant qu'on le tue facilement en le frappant sur le nez.

La chasse du blaireau est laborieuse ; son extrême prudence la rend toujours difficile. Il n'y a guère que les bassets à jambes torses qui puissent entrer dans les terriers. Le blaireau se défend en reculant, et éboule de la terre afin d'arrêter ou d'enterrer les chiens. Lorsqu'on juge qu'il est acculé au fond de sa demeure, on se met à ouvrir le terrier par dessus ; on serre l'animal avec de grandes tenailles, et on peut le museler pour l'empêcher de mordre.

Les petits s'apprivoisent aisément ; ils jouent avec les jeunes chiens et, comme eux, suivent la personne qu'ils connaissent et qui leur donne à manger ; mais ceux que l'on prend vieux demeurent toujours sauvages.

Ils ne sont ni malfaisants, ni gourmands, comme le renard et le loup ; ils mangent de tout ce qu'on leur offre : du pain, de la chair, des œufs, etc... mais ils préfèrent la viande cru à toute autre nourriture ; ils dorment beaucoup, sans être cependant sujets à l'espèce d'engourdissement qu'éprouvent pendant l'hiver, les marmottes et les oirs. Ce sommeil fréquent fait qu'ils sont toujours gras, quoiqu'ils ne mangent pas beaucoup ; et c'est par la même raison qu'ils supportent aisément la diète, et qu'ils restent souvent dans leur terrier trois ou quatre jours sans en sortir, surtout dans les temps de neige.

Les blaireaux, nous l'avons dit, aiment beaucoup la propreté ; leur domicile, ventilé par de nombreuses ouvertures, est toujours en ordre ; ils n'y font jamais leur ordure et n'y en souffrent d'aucune sorte.

Lorsque la femelle du blaireau a des petits, elle leur apporte à manger dans le terrier. Elle ne quête que la nuit, va plus loin que dans les autres temps ; elle déterre les nids des bourdons et en emporte le miel ; elle prend les jeunes lapereaux, saisit aussi les mulots, les lézards ; les serpents, les sauterelles, enlève les œufs des oiseaux et tout ce qu'elle peut attraper, pour le porter à ses petits, qu'elle fait souvent sortir sur le bord du terrier, soit pour les allaiter, soit pour leur donner à manger.

Les blaireaux sont naturellement frileux ; ceux qu'on élève dans la maison ne veulent pas quitter le coin du feu et s'en approchent de si près qu'ils se brûlent les pattes.

On peut, rigoureusement, manger la chair du blaireau ; on fait, de sa peau, des colliers pour les chiens, et des couvertures pour les chevaux de trait.

Différents observateurs avaient avancé que le blaireau ne sort jamais d'un terrier tant que le soleil est au-dessus de l'horizon ; ce fait est démenti par Tschudi :

« Les mœurs nocturnes du blaireau, dit-il, son aversion pour la lumière, la rudesse de son poil, la ténacité de sa peau, et la ténacité plus considérable encore de sa vie, caractérisent cet animal égoïste et abruti. N'y aurait-il point, comme à propos de toute individualité animale, un parallèle saisissant à établir entre le caractère de certains personnages et celui du blaireau ?

« Quoi qu'il en soit, le blaireau ne craint pas autant le jour qu'on le suppose : il craint plutôt les hommes, et ne passe la journée dans son terrier que pour ne pas être dérangé. Un chasseur qui eut le rare bonheur d'observer longtemps et commodément un blaireau en liberté, nous a fourni à cet égard des renseignements qui pourront servir à redresser quelques erreurs. Il fit de fréquentes visites à son terrier qui s'ouvrait au bord d'une crevasse, de manière à laisser pénétrer dans son intérieur les regards d'un observateur placé sur le revers opposé. Ce terrier était fréquenté ; la terre nouvelle déposée devant l'ouverture était si unie et tellement battue, qu'il était impossible de remarquer des traces qui pussent faire conclure à la présence de petits dans l'intérieur.

« Lorsque le vent était favorable, le chasseur rampait sur le bord opposé et se glissait à proximité du trou, d'où il ne tardait pas à voir sortir un vieux blaireau qui, tout en s'étendant en grognant, semblait se trouver fort bien au soleil. Le fait se répéta, et chaque fois que, de jour, le chasseur observa le terrier, il en vit le propriétaire couché au soleil, passer son temps dans une douce quiétude et un *far niente* complet. Tantôt il regardait autour de lui, fixait son regard avec plus d'attention sur certains objets, puis se balançait sur ses pattes de devant, à la manière des ours. De temps en temps son repos était subitement troublé par ses parasites, que quelques coups de griffes et de dents remettaient bientôt à l'ordre. Satisfait de sa vengeance, le blaireau s'étendait alors au soleil avec une recrudescence de bonheur, se plaçait aussi commodément que possible, tournant vers la chaleur tantôt son large dos, tantôt son ventre rebondi. Puis, ce passe-temps paraissant l'ennuyer, il levait le nez, se tournait de tous côtés en flairant et, ne trouvant rien, ces velléités de prudence le faisaient rentrer dans sa demeure. Dans une autre occasion, il se réchauffa sur sa terrasse, trotta à quelque distance pour se débarrasser des résidus de la nourriture prise la nuit précédente, revint sur ses pas, puis, conformément à ses instincts de prudence et de propreté, il retourna au même endroit et se mit à

couvrir de terre ses déjections, afin qu'elles ne pussent pas le trahir.
En revenant lentement, il flaira le sol sans s'arrêter à paître,
recommença à s'étendre et à s'amuser au soleil, et enfin, lorsque
l'ombre des arbres voisins vint l'atteindre, il rentra péniblement et
comme à regret dans son terrier, pour y dormir probablement
quelques heures et se préparer aux fatigues de la nuit.

« Il n'est peut-être pas d'être plus occupé de lui-même, plus égoïste,
défiant et hypocondre que cet animal. »

Le célèbre Lenz, cet observateur si judicieux et si consciencieux,
voulut savoir à quoi s'en tenir au sujet de prétendus combats que
les blaireaux livreraient à des vipères. Il s'en procura un, grand et
fort, qui avait été capturé dans son terrier, et qu'il plaça dans une
grande caisse. L'animal restait immobile toute la journée, couché
dans le même coin; il ne s'éveillait que vers dix heures du soir et
commençait alors à se mettre en mouvement.

« Si je voulais, rapporte Lenz, le faire changer de place, il me
fallait le pousser fortement avec une pelle. A ce moment, il soufflait
violemment, et produisait, en secouant fortement son ventre, une
sorte de bruit de tambour tout particulier; quand il s'élançait pour
mordre, il criait comme crie un grand chien ou un ours au moment
où il attaque.

« Le premier jour je lui donnai des carottes, et mis dans sa cage
un orvet et deux couleuvres.

« Le lendemain, il n'avait encore rien mangé; il avait seulement
mordu fortement une couleuvre au milieu du corps; mais elle vivait
encore. Le soir, je lui mis deux vipères. Il ne parut pas y prendre
garde; leurs sifflements n'arrivèrent pas à troubler son repos; il ne
dormait cependant pas, et il les laissa ramper autour de lui comme
avaient fait les couleuvres.

« Le troisième jour, il n'avait encore rien mangé, si ce n'est
environ dix centimètres de la couleuvre qu'il avait blessé la
veille. Je lui donnai encore une mésange morte, un morceau de lapin
et des raves.

« Le matin du quatrième jour, je trouvai qu'il avait mangé
l'orvet, les deux vipères, une bonne partie des deux couleuvres et
de la viande de lapin; il n'avait touché ni à la mésange, ni aux
raves, ni aux carottes. Il paraissait très éveillé, les vipères lui
avaient fait du bien. Je voulus me donner le spectacle de les lui voir
dévorer; mais comment y arriver, l'animal étant très timide et ne
mangeant que la nuit ?

« J'avais déjà une ruse en vue. Le blaireau aime beaucoup à boire
de l'eau fraîche ; il arrive que lorsqu'il ne quitte de longtemps son
terrier, par suite de pièges qu'on lui a tendus, il court à l'eau dès
qu'il peut s'échapper, et y boit tant qu'il en meurt. Je laissai donc
mon blaireau deux jours sans lui donner à boire, je lui présentai une
grande vipère que je venais de plonger dans l'eau fraîche. Dès qu'il
sentit l'eau, il se leva et lècha le serpent ; celui-ci chercha à échapper ;
le blaireau le maintient avec ses pattes, lui déchira le corps et parut
le dévorer avec plaisir ; la vipère ouvrait une gueule menaçante,
mais ne mordait pas. Je plaçai alors dans la caisse une gamelle
pleine d'eau, le blaireau abandonna la vipère et but avec avidité. Il
ne boit pas en lappant, mais il plonge tout le museau dans l'eau et
fait aller sa mâchoire inférieure comme pour mâcher. »

Voici d'autres observations rapportées par Brehm, et faites par
M. De Pietruski, sur des blaireaux en captivité :

« En mai 1833, raconte-t-il, je reçus une paire de jeunes blaireaux,
âgés au plus de quatre semaines. Les premiers jours de leur captivité,
ils étaient très craintifs et restaient ramassés en boule toute la journée et toute la nuit. Au bout de cinq jours, cette timidité disparut
et ils arrivèrent à prendre leur nourriture dans ma main. Ils mangeaient tout, du pain, des fruits, du laitage, mais ils préféraient
surtout la viande crue. Je les tenais dans mon antichambre, et ils
accouraient quand on les appelait par leur nom. Cela dura trois
semaines, mais toute la nuit ils étaient agités, ils cherchaient sans
cesse à creuser ; cela me força à les enfermer dans une cage garnie
de barreaux en fer, comme celles que l'on voit dans les ménageries, et que j'établis hors de mon appartement ; ils y passèrent tout
l'été. J'eus soin de tenir cette cage très propre. Mais, en automne,
je vis qu'il m'était impossible de les y conserver plus longtemps,
leur poil devint sale dès le commencement d'octobre : je résolus
alors de les mettre dans les mêmes conditions qu'à l'état de liberté, et cela me réussit parfaitement.

« Je fis établir une forte palissade autour d'une fosse murée,
qui avait 20 mètres de diamètre, et dans laquelle on pouvait descendre par un escalier. Dans le fond, je fis construire une petite cabane de 2 mètres de long, 2 mètres de large, et environ un demi-
mètre de haut. J'y mis mes blaireaux, et ils ne tardèrent pas à s'ac-
coutumer à ce nouveau logis. Au bout de dix jours, ils commencè-
rent à se creuser un terrier. Leur activité était infatigable. Ils foui-
saient avec leurs pattes de devant et rejetaient avec celles de derrière

la terre qu'ils avaient detachée. La femelle montrait plus d'activité que le mâle. En quinze jours, le terrier avait 2 mètres de profondeur, mais il était tout entier dans la cabane qui avait été établie. Les blaireaux se mirent alors à l'élargir, de manière qu'ils y pussent dormir commodément. Ils manquaient de bonne couchette ; je remarquai qu'ils ramassaient toute l'herbe qu'ils pouvaient trouver ; je leur fis donner du foin, ils surent bien l'employer, et c'était un spectacle très intéressant que de les voir prendre ce foin entre leurs pattes de devant comme font les singes et le transporter dans leur terrier. Ils continuaient cependant à creuser ; à côté de leur première pièce, qui leur servait de chambre à coucher, ils en firent une autre, comme chambre de provisions, et trois autres petites, où ils déposaient leurs ordures. Ils n'avaient encore fait qu'une ouverture à l'intérieur de la cabane ; ils ne furent satisfaits que lorsqu'ils eurent creusé une sortie à l'extérieur. A ce moment, ils furent parfaitement libres, et purent entrer et sortir à leur gré, et même pénétrer dans le jardin à travers des trous de la palissade.

« C'était charmant que de les voir jouer au clair de lune. Ils aboyaient comme de petits chiens, grognaient comme des marmottes, s'embrassaient tendrement comme des singes, faisaient mille et mille tours.

« Lorsqu'un mouton ou un veau périssaient dans les environs, mes blaireaux étaient aussitôt près de son cadavre. On ne se figure pas quels gros morceaux de chair ils apportaient dans leur terrier de plus d'un quart de lieu de distance. Le mâle s'éloignait peu, mais la femelle me suivait dans toutes mes promenades.

« Ils restèrent les mois de décembre et de janvier blottis dans leur terrier, et ne sortirent qu'en février ; je ne pus, malheureusement continuer mes observations sur ces deux animaux : Le premier avril la femelle fut prise dans la forêt voisine dans un piège à renard et tuée. »

CHAPITRE V

Le Sanglier. — Description. — La Laie et les Marcassins. — Une marâtre. —
Termes de chasse. — La chasse au Sanglier. — Mort héroïque. — Un intré-
pide bûcheron. — Les dangers de la chasse au Sanglier. — Anecdotes. —
Armes terribles. — Comment on chassait les Sangliers.

Parmi les hôtes de nos forêts, il en est un qui fait la joie des
chasseurs, dont il exerce l'adresse et qu'il met à même de montrer
leur intrépidité ; mais qui fait le désespoir des cultivateurs dont il
dévaste les récoltes, en causant des dégâts très considérable : C'est
le Sanglier (*Aper ou sus scrofa*).

Tous les sangliers ne sont pas aussi terribles que le monstre qui
désolait l'Arcadie et dont Hercule s'empara sur la montagne
d'Erimanthe ; tous ne sont pas aussi redoutables que celui qui avait
été suscité par Diane pour ravager le pays de Calydon et dont
Atalante, qui l'avait blessé la première, reçut la hure des mains
de Méléagre. Cependant, ces récits des temps fabuleux indiquent que le
sanglier est un terrible adversaire qui vend chèrement sa vie et ne
succombe qu'après avoir bravement combattu.

Le sanglier est la race sauvage dans l'espèce du cochon. Quoique
ces animaux n'aient à chaque pied que deux doigts qui touchent la
terre, et que ces doigts soient terminés par un sabot, ils diffèrent
essentiellement des animaux à pieds fourchus. Ils s'en éloignent,
non seulement par la conformation des jambes et des pieds, mais
encore parce qu'ils n'ont point de cornes, parce qu'ils ont des
dents incisives à la mâchoire supérieure, des canines très longues
connues sous le nom de défenses et de crochets, et par beaucoup
d'autres caractères.

Le sanglier ne diffère à l'extérieur du cochon domestique, qu'en
ce qu'il a les défenses plus longues, le boutoir plus fort, la hure
plus grosse ; il a aussi les pieds plus gros, les pinces plus séparées,
et le poil toujours noir.

La partie du groin des sangliers et des cochons, à laquelle on donne le nom de *boutoir*, est formée par un cartilage rond qui renferme un petit os.

Le boutoir est percé par les narines et placé au-devant de la mâchoire supérieure; cette partie qui forme le nez a beaucoup de force et sert à l'animal à percer, fouiller et retourner la terre.

Le sanglier à la tête plus longue, la partie intérieure du chanfrein plus arquée, et les défenses plus grandes et plus tranchantes que ne sont les crochets du cochon; sa queue est courte et droite; il est couvert de soies dures et pliantes, mais il a, de plus, un poil doux et frisé, à peu près comme de la laine. Ce poil est entre les soies; il a une couleur jaunâtre, cendrée ou noirâtre sur différentes parties du corps de l'animal ou à ses différents âges.

Tant que le sanglier est dans son premier âge, on le nomme *marcassin :* Il porte alors des couleurs qu'il perd dans la suite et qu'on appelle sa *livrée*. Elle forme des bandes qui s'étendent le long du corps, depuis la tête jusqu'à la queue, et qui sont alternativement fauve clair, et de couleur mêlée de fauve et de brun. La bande qui se trouve sur le garot et le long du dos est noirâtre; il y a sur le reste du corps de l'animal un mélange de blanc, de fauve et de brun.

Lorsque le sanglier est adulte, il a le groin et les oreilles noirs, le reste de la tête mélangé de blanc, de jaune et de noir dans quelques endroits. Les soies du dos sont les plus longues; elles sont couchées en arrière, et si serrées que l'on ne voit que la couleur brune roussâtre qu'elles affectent à la pointe, quoiqu'elles aient aussi du blanc sale et du noir dans le reste de leur étendue.

Les soies des côtés du corps et du ventre ont les mêmes couleurs que celles du dos; mais, comme elles sont moins serrées, le blanc y paraît avec le brun; celles de jointures sont de couleurs plus pâles; le bout de la queue et les jambes sont noirs.

Le sanglier a les sens de la vue, de l'ouïe, de l'odorat meilleurs que le cochon; comme le cochon il est omnivore, mais il ne dévore pas, comme lui, toutes sortes d'ordures; il vit ordinairement de graines, de fruits, de glands, de racines, et n'est pas sujet à devenir ladre. Il fouille la terre plus profondément que le cochon et presque toujours en ligne droite dans le même sillon. Il semble aussi qu'il a plus de sentiment et d'instinct. Les petits sont fidèlement attachés à leur mère, qui paraît aussi plus attentive à leurs besoins que ne l'est la truie domestique.

« La Laie, dit M. de Cherville, reste dans son fort avec ses marcassins pendant trois ou quatre mois; elle est, à cette époque, sans cesse aux aguets, et, en raison de la finesse de son ouïe et de son odorat, il est fort difficile de la surprendre. Si les petits sont attaqués, elle les défend avec un courage, avec un acharnement sans égal, non seulement contre les loups et les chiens, mais contre l'homme lui-même.

« M. Lavallée raconte qu'un bûcheron ayant enlevé un marcassin, fut attaqué par la laie et forcé de se réfugier dans un baliveau; celle-ci se mit à couper avec ses dents le pied de l'arbre, et elle eût fini par le jeter bas, si on ne l'eût elle-même abattue de plusieurs coups de feu.

« Cependant, un ancien piqueur, Clamart, qui a publié les observations puisées dans une pratique de cinquante années, prétend que seule entre toutes les femelles des autres animaux, la laie chassée ne retourne pas à ses marcassins : « Ce sont ceux-ci, dit-il, qui, si jeunes qu'ils soient vont la rejoindre en prenant la fuite dès qu'ils n'entendent plus le bruit de la chasse. » Quelle que soit l'autorité de Clamart, j'ai peine à croire à ce fait qui se concilie si peu avec l'attachement maintes fois prouvé de la laie pour sa progéniture. »

En terme de chasse, on appelle *bête de compagnie* les sangliers qui qui n'ont pas passé trois ans parce que, jusqu'à cet âge, ils ne se séparent pas les uns des autres, et qu'ils suivent tous leur mère commune : ils ne vont seuls que quand ils sont assez forts pour ne plus craindre les loups.

Ces animaux forment donc, d'eux-mêmes, des espèces de troupes, et c'est de là que dépend leur sûreté lorsqu'ils sont attaqués; ils résistent par leur nombre, ils se secourent, ils se défendent; les plus gros font face en se pressant en rond les uns contre les autres, et en mettant les plus petits au centre.

On chasse le sanglier à force ouverte, avec des chiens, ou bien on le tue par surprise, pendant la nuit, au clair de la lune. Comme il fuit très lentement, qu'il laisse une odeur très forte, qu'il se défend contre les chiens et les blesse dangereusement, il ne faut pas le chasser avec les bons chiens courants destinés au cerf et au chevreuil; des mâtins bien dressés suffisent pour cette chasse.

« On chasse, dit M. De Cherville, le sanglier comme le chevreuil, à cheval et à forcer, à cheval ou à pied pour le tirer. Dans certains département, et particulièrement dans ceux de l'est et du nord, on se sert contre lui de chiens spéciaux, de *mâtins* qui le coiffent et fournissent ainsi au chasseur le moyen de tuer l'animal, soit au couteau, soit avec une carabine. Enfin, on le chasse encore à l'affût et en battue. L'équipage que l'on emploie contre le sanglier, se nomme le *vautrait.* »

On attaque de préférence les plus vieux que l'on connaît aisément aux traces. Une jeune sanglier de trois ans est difficile à forcer, parce qu'il court très loin sans s'arrêter, tandis qu'un sanglier plus âgé se laisse chasser de près, n'a pas grand'peur des chiens, et s'arrête souvent pour leur faire tête. C'est un véritable combat dans lequel la défense est toujours digne de l'attaque.

« Que l'on me cite, dit encore M. De Cherville, beaucoup de sangliers qui aient été portés bas par une meute seule et sans aide? Il se retranche devant un arbre, devant un rocher, et le combat commence sur le terrain qu'il s'est choisi, combat terrible, au moins pour les chiens. Ses petits yeux jettent des flammes, son poil hérissé double le volume de son corps; ses défenses choquent ses grais avec un bruit étrange, sinistre; de son énorme poitrine sort un souffle puissant que l'on entend à de grandes distances; il est monstrueux et il est superbe de résolution et d'audace. Les chiens forment un large cercle autour de lui, et jettent aux échos des abois particuliers qui font palpiter le cœur de tous les chasseurs; tantôt, immobile, il semble défier ses ennemis, tantôt il piétine dans un cercle étroit avec une agilité indicible, et tantôt enfin, las d'attendre, il s'élance, charge à droite, charge à gauche, ayant un coup de boutoir pour tous les coups de dents, refoulant les masses d'assaillants, les couchant les uns sur les autres, le ventre ouvert, les entrailles pendantes, se débarrassant des plus vaillants qui se sont pendus à ses écoutes, sans se laisser plus décourager par l'acharnement que par le nombre de ses adversaires; tellement enivré de sa fureur meurtrière, qu'il ne recule plus même quand l'homme est devant lui, quand l'œil béant de la carabine, qui va vomir la mort, croise son regard; il tombe aussi fièrement, aussi intrépidement qu'il a combattu, et son dernier soupir, entre ses dents contractées, est encore une menace. »

Telle est, en quelques mots, cette chasse fort dangereuse pour les imprudents. Le sanglier n'attaque pas l'homme s'il n'est pas provoqué; mais il ne souffre pas volontiers une offense; et, s'il est excité, il se précipite en aveugle sur l'assaillant.

Un sanglier de forte taille, harcelé par les chiens, en avait éventré plusieurs ; échappant à la meute, il se précipita sur un pauvre bûcheron qui prenait tranquillement son repas à quelque distance, à la porte de sa hutte, et qui fut roulé par terre avant d'avoir aperçu son agresseur. Le sanglier allait lui labourer le corps avec ses terribles défenses ; mais, le courageux bûcheron fut debout en un clin d'œil ; il saisit à deux mains sa lourde hache et l'abattit à plusieurs reprises sur la tête du monstre qu'il n'aurait peut être pas vaincu, si les chiens, restés valides, n'étaient arrivés à son secours suivis bientôt par les chasseurs qui achevèrent la besogne si vaillamment commencée.

Dietrich raconte que, dans sa jeunesse, il fut un jour forcé de pousser son cheval à toute vitesse, pour se soustraire à la fureur d'un sanglier, auquel, en passant, il avait lancé un coup de fouet.

« Le chasseur, dit-il, doit se tenir en garde d'un sanglier blessé. Il fond sur lui avec une vitesse surprenante. Ses boutoirs font des blessures dangereuses ; mais rarement il s'arrête, et plus rarement encore il revient sur ses pas. Si l'on ne perd pas la tête, il faut laisser le sanglier arriver tout près de soi, puis se réfugier derrière un arbre, ou seulement faire un saut de côté ; le sanglier n'étant pas habile à se retourner passe outre. Si l'on ne peut se sauver ainsi, il ne reste plus qu'à se jeter par terre, l'animal ne pouvant frapper que de bas en haut, et nullement de haut en bas. »

Plus d'un amateur consommé a failli perdre la vie à cette chasse, Hœfer rapporte le fait suivant : « Napoléon Ier, dit-il, raconte, dans le *Mémorial de Saint-Hélène*, le danger qu'il avait couru dans une de ces chasses, comment, dans le bois de Marly, il tint bon, avec Soult et Berthier, contre trois énormes sangliers qui les chargeaient à bout portant. « Nous les tuâmes roide tous les trois, dit-il ; mais je fus touché par le mien, et j'ai failli en perdre le doigt que voilà. » — La dernière phalange de l'avant-dernier doigt de la main gauche portait en effet, une forte cicatrice. « Mais le risible, ajouta l'empereur, c'était de voir la multitude, entourée de tous ses chiens et se cachant derrière les chasseurs, crier à tue-tête : à l'empereur ! Sauvez l'empereur ! Mais personne n'avançait. »

« A voir les boutoirs du sanglier, dit Brehm, on juge que cette arme est terrible. Les mâles se distinguent des laies en ce qu'ils sont mieux armés. A deux ans, ces dents apparaissent ; à trois ans, celles de la mâchoire inférieure prennent un plus grand développement, se dirigent en haut, et se recourbent légèrement. Les supérieures se recourbent de même en haut, en s'écartant de la mâchoire, mais elles n'ont pas la moitié de la longueur des inférieures. Les boutoirs sont d'un blanc brillant, aigus et pointus, et le deviennent toujours plus par le frottement. Plus l'animal est âgé, plus leur courbure est prononcée, plus aussi ils deviennent forts et longs. Chez le vieux sanglier, le boutoir inférieur se recourbant presque par-dessus le groin, il ne lui reste plus que le boutoir supérieur pour combattre. Les blessures faites par ces armes sont très dangereuses; elles sont mortelles, quand un organe noble est atteint. Le sanglier les enfonce dans les jambes ou le ventre de son adversaire, puis, relevant la tête et la renversant en arrière, il fait d'un coup une plaie profonde et étendue; il perce tous les muscles de la cuisse jusqu'à l'os, ou découd les parois abdominales et déchire les intestins.

« De forts sangliers attaquent des animaux beaucoup plus grands qu'eux; ils peuvent ouvrir à un cheval le ventre et la poitrine. Ceux de six et de sept ans sont plus dangereux que ceux d'un âge plus avancé dont les boutoirs sont fortement recourbées en dedans. ».....

... « On se servait autrefois, pour lui faire la chasse, de chiens spéciaux, forts, courageux, rapides. Les uns levaient le sanglier, les autres le coiffaient. Avant qu'ils eussent pu saisir leur ennemi aux oreilles, plus d'un était blessé, avait le ventre décousu. Des deux côtés on déployait la même valeur, mais sous les coups de huit ou neuf chiens, le sanglier devait finalement succomber. Il cherchait à se couvrir les derrières; il s'acculait à un tronc d'arbre, à un buisson, et frappait à droite et à gauche. Les premiers assaillants étaient les plus meurtris. Mais une fois que l'un avait mordu, il ne lâchait plus, et se laissait plutôt traîner plusieurs centaines de pas. Le sanglier était ainsi maintenue jusqu'à l'arrivée des chasseurs. »

Le marcassin ou jeune sanglier, quand il a passé l'âge de six mois, prend, jusqu'à un an, le nom de *bête-rousse;* à un an, il devient *bête de compagnie;* passé la deuxième année, on le nomme *ragot;* à trois ans faits, il est *sanglier,* ou sangliers à son *tiers ans;* à quatre ans, on le nomme *quartennier;* enfin, à cinq ans, il s'appelle *vieux sanglier,* et ne porte plus d'autre nom.

CHAPITRE VI

Nous suivons, par une fraîche matinée du mois de mars, la belle
route qui traverse la forêt. De chaque côté s'élèvent de hautes futaies
de beaux chênes dont les bourgeons gonflés laisseront bientôt s'épanouir leurs feuilles. La flore printanière orne déjà les talus des fossés
à la lisière des bois : Des pulmonaires aux feuilles tachetées comme
par des gouttes de lait étalent leurs jolies corolles bleues, à côté des
grappes de fleurs jaunes des primevères ; partout on sent circuler la
sève ; encore quelques jours et la verdure aura envahi et transformé
le paysage.

Tout à coup une joyeuse fanfare à laquelle se mêle les aboiements
d'une meute, éclate dans les profondeurs de la forêt. Nous nous
arrêtons pour écouter : Au même instant, les halliers s'écartent,
les rameaux se brisent sous les efforts d'un être que nous n'aperce-
vons pas encore ; mais qui d'un bond prodigieux, franchit un
buisson, et se trouva en travers du chemin, presque sous nos yeux.
C'est le premier, le plus grand, le plus distingué des habitants de
nos bois ; c'est le CERF D'EUROPE, ou CERF COMMUN (*Cervus elaphus*)
que nous reconnaissons à sa forme élégante et légère, à sa taille aussi
svelte que bien prise, à ses membres flexibles et nerveux, à sa tête
parée d'un bois superbe.

Pendant que nous l'examinons à loisir, il tient la tête haute, les
oreilles dressées : Il écoute !...

Le son du cor devient de plus en plus distinct, la voix des chiens
résonne comme un tonnerre, répercutée par les échos des bois : Le
noble animal prend une détermination ; il rentre sous bois et semble

vouloir revenir au point d'où il est parti. Evidemment, il cherche à dépister les chiens.....

« Au printemps, dit Buffon, lorsque les feuilles naissantes commencent à parer les forêts, que la terre se couvre d'herbes nouvelles et s'émaille de fleurs, leur parfum rend moins sûr le sentiment des chiens, et comme le cerf est alors dans sa plus grande vigueur, pour peu qu'il ait d'avance, ils ont beaucoup de peine à le rejoindre. Aussi les chasseurs conviennent-ils que cette saison est celles de toutes où la chasse est la plus difficile, et que dans ce temps, les chiens quittent souvent un cerf mal mené pour tourner à une biche qui bondit devant eux; et de même, au commencement de l'automne, les limiers quêtent sans ardeur : l'odeur forte de l'animal leur rend peut-être la voie plus indifférente ; peut-être aussi tous les cerfs ont-ils, dans ce temps, à peu près la même odeur. En hiver, pendant la neige, on ne peut pas courre le cerf, les limiers n'ont point de sentiment, et semblent suivre les voies plutôt à l'œil qu'à l'odorat. Dans cette saison, comme les cerf ne trouvent pas à brouter, à *viander* dans les forêts, ils en sortent, vont et viennent dans les parages les plus découverts, dans les petits taillis, et même dans les terres ensemencées. »

De ce qui précède nous conclurons que l'été est la saison la plus convenable pour courre le cerf. Mais, continuons l'histoire de ce gracieux animal.

Le cerf a l'odorat exquis, l'oreille excellente; lorsqu'il écoute, il lève la tête, dresse les oreilles, et alors, il entend de fort loin. Lorsqu'il sort de l'épaisseur du bois et qu'il se trouve dans un taillis, ou dans quelqu'autre endroit à demi découvert, il s'arrête pour regarder de tous côtés et cherche ensuite le dessous du vent pour sentir s'il n'y a pas quelqu'un qui puisse l'inquiéter. Il est d'un naturel assez simple, et cependant il est curieux. Lorsqu'on le siffle ou qu'on l'appelle de loin, il s'arrête tout court et regarde fixement et avec une espèce d'admiration les voitures, le bétail, les hommes; et, s'ils n'ont ni armes, ni chiens, il continue à marcher d'assurance et passe fièrement et sans fuir : Il paraît aussi écouter avec autant de plaisir que de tranquillité le chalumeau ou le flageolet des bergers, et les veneurs se servent quelquefois de cet artifice pour le rassurer.

En général, il craint beaucoup moins l'homme que les chiens, et témoigne d'autant plus de confiance qu'il n'a jamais été inquiété.

Il mange lentement, choisit sa nourriture; et, lorsqu'il est repu, il cherche un endroit tranquille pour se reposer et ruminer à loisir.

Il a la voix d'autant plus forte, plus grosse et plus tremblante, qu'il est plus âgé. A certaines époques, il *rait* d'une manière effroyable; il est alors si transporté qu'il ne s'inquiète ni ne s'effraie de rien. Ces symptômes se manifestent en automne; on peut, à cette époque, le surprendre aisément; et comme, dans ce moment, il est surchargé de chair, il ne tient pas longtemps devant les chiens. En revanche, il devient dangereux quand poussé à bout, près d'être pris, il est aux abois; il se jette sur la meute avec une espèce de fureur, et souvent il tue ou estropie plusieurs de ses adversaires, avant de tomber lui-même sous le coup de couteau ou de carabine du chasseur.

Le cerf ne boit guère en hiver et encore moins au printemps : L'herbe tendre, fraîche, chargée de rosée lui suffit; mais dans le chaleurs et les sécheresses de l'été, il va boire aux ruisseaux, aux mares, aux fontaines; à certains moment, il cherche l'eau partout, non plus seulement pour apaiser sa soif mais pour se baigner et pour se rafraîchir le corps. Il nage bien, traverse de larges rivières, et l'on prétend même qu'il se jette à la mer et peut passer d'une île à une autre distante de plusieurs lieues. Il saute très légèrement et quand il est poursuivi, il franchit des haies, des palissades de plus deux mètres de hauteur.

La nourriture des cerfs diffère suivant les diverses saisons : En automne, ils recherchent les bourgeons des arbustes verts, les fleurs de bruyère, les feuilles de ronces; en hiver, lorsque la neige couvre la terre, ils pèlent les arbres, se nourrissent d'écorce, de mousses, de lichens; lorsque le temps est doux, ils vont paître dans les blés; au commencement du printemps, ils broutent les chatons des trembles, des saules, des coudriers, les fleurs et les boutons du cornouillier; en été, ils n'ont que l'embarras du choix; mais ils préfèrent les seigles, à tous les autres grains, et les pousses de bourdaine, à tous les autres bois.

Les chasseurs distinguent le *daguet*, ou jeune cerf portant les *dagues*, c'est-à-dire sa première *tête* ou son premier *bois* qui lui vient au commencement de la seconde année; le *jeune cerf*, qui est dans la troisième, la quatrième, ou la cinquième année de sa vie; le *cerf de dix cors jeunement*, qui est dans sa sixième année; le *cerf de dix cors*, qui est dans la septième; et le *vieux cerf*, qui a dépassé la huitième année.

En général, ces animaux sont portés à demeurer ensemble et à marcher de compagnie; ils se rassemblent en petites troupes, ou *hardes*, dès le mois de décembre; et pendant les grands froids, ils cherchent à se mettre à l'abri dans des endroits fourrés où ils se tiennent serrés les uns contre les autres, et se réchauffent de leur haleine. A la fin de l'hiver, ils gagnent le bord des forêts et sortent souvent dans les blés.

Au printemps, leur bois tombe; la *tête*, c'est-à-dire le bois entier, se détache d'elle-même, ou par un petit effort qu'ils font en accrochant à quelques branche; il est rare que les deux côtés tombent exactement en même temps, et souvent il y a un ou deux jours d'intervalle entre la chute de chacun des côtés de la tête.

La *biche* se distingue du cerf en ce qu'elle n'a pas de cornes; mais le cerf qui a perdu son bois serait souvent confondu avec la biche si les veneurs ne savaient discerner les empreintes du pied que ces animaux laissent sur le sol.

Le bois des vieux cerfs tombe vers la fin de février ou au commencement de mars; ceux des dix cors, vers le milieu ou la fin de mars, et toujours de plus en plus tard suivant l'âge des sujets.

Dès que les cerfs ont perdu leurs bois, ils se séparent les uns des autres, et il n'y a plus que les jeunes qui demeurent ensemble; ils s'éloignent des forêts, gagnent les beaux pays, les buissons, les taillis clairs où ils demeurent une partie de l'été pour y refaire leur tête. Dans cette saison, ils marchent la tête basse; ils craignent de la froisser entre les branches, car elle est très sensible, tant qu'elle n'a pas pris son entier accroissement. La tête des plus vieux n'est encore qu'à moitié refaite vers le milieu de mai, et n'est tout à fait allongée et endurcie que vers la fin de juillet.

Peu de temps après ils reviennent dans les forêts : ils raient alors d'une voix forte; on les voit quelquefois, en plein jour, traverser les guérets et les plaines; ils se livrent entre eux de grands combats, luttent à outrance, et par fois se blessent à mort.

La production rapide du bois du cerf, dépend de la surabondance de nourriture : Quand il habite dans un pays plantureux, où il n'est troublé ni par les chiens, ni par les hommes, il aura toujours la tête belle, haute, bien ouverte; l'*empaumure*, ou racine du bois, sera large et bien garnie; le *mérain*, ou tige des cornes sera gros et bien perlé, avec des *andouillers*, ou branches, forts et longs. L'animal, au contraire, qui séjourne dans un pays où il n'a ni repos, ni nourriture suffisante, n'aura qu'une tête mal nourrie, dont l'empaumure sera serrée, le mérain grêle, les andouillers menus et en petit nombre.

Ceux qui se portent mal, qui ont été blessés, ou seulement inquiétés ou courus, prennent rarement une belle tête et beaucoup de viande.

Le bois du cerf est d'une substance très différente de celle des cornes et des défenses des autres animaux; il est solide dans toute son épaisseur, et croît par son extrémité supérieure, comme les arbres; c'est une véritable production végétale par la manière dont il se développe, dont il se ramifie, se durcit, se sèche et se sépare; car il tombe de lui-même après avoir pris son entière solidité, comme un fruit dont le pédicule se détache de la branche au temps de sa maturité. Il est d'abord tendre comme l'herbe et se durcit ensuite comme le bois.

La peau qui s'étend et qui croît avec lui est son écorce; tant qu'il croît, l'extrémité supérieure demeure toujours molle. Il se divise aussi en plusieurs rameaux : Le mérain est l'arbre; les andouillers en sont les branches.

La tête des cerfs va chaque année en augmentant en grosseur et en hauteur, depuis la seconde année de leur vie jusqu'à la huitième; elle se soutient toujours belle pendant toute la vigueur de l'âge et décline quand ces animaux deviennent vieux. Il est rare que les plus beaux portent plus de vingt ou vingt-deux andouillers.

La grandeur et la taille des cerfs varient suivant les lieux qu'ils habitent : Les cerfs de plaines, de vallées ou de collines abondantes en grains ont le corps beaucoup plus grand et les jambes plus hautes que les cerfs des montagnes sèches arides et pierreuses.

« Dans les pays où l'on ne le chasse pas, dit Brehm, le cerf est très confiant. Au Prater de Vienne, il y a continuellement des troupeaux nombreux de ces superbes animaux; ils se sont parfaitement habitués à la foule des promeneurs, et, comme je m'en suis assuré moi-même, ils laissent sans crainte approcher un homme jusqu'à trente pas.

« Un d'entre eux était même devenu assez hardi pour s'approcher des restaurants, pour courir entre les tables et lécher la main des dames; c'était sa façon de demander du sucre ou des gâteaux. Jamais il ne fit de mal à qui le traitait bien. Le tourmentait-on, il montrait son bois ; ce cerf périt d'une manière fort malheureuse. Par un mouvement maladroit, il eut un andouiller pris dans le dossier d'une chaise, et renversa, en voulant se dégager, la personne qui occupait le siège. La frayeur lui fit engager plus encore le bois ; irrité, excité par ce fardeau, il courut alors comme un fou dans les promenades, effarouchant les autres cerfs, se précipitant sur les passants : C'est au point qu'on fut forcé de le tuer. »

« A. Dessau, dit Dietrich de Winckell, il y a dans chacun des deux parcs, de soixante-dix à quatre-vingts cerfs. Se sont-ils éloignés pour paître, un chasseur à cheval peut facilement les ramener. Quand on a mis du foin dans leurs rateliers, jeté à terre de l'avoine ou des glands, ils arrivent à l'appel ; ils sont tellement tranquilles que le chasseur, qu'ils connaissent, peut circuler autour d'eux, en toucher même quelques-uns. C'est un spectacle charmant pour les amateurs de la chasse.

Il en est autrement quand le cerf est enfermé dans un petit espace. La moindre chose l'irrite, et il peut devenir dangereux. Il fronce la lèvre supérieure, son œil étincelle ; il baisse subitement la tête, dirige la pointe des andouillers d'œil contre son ennemi, et fond sur lui avec une rapidité telle qu'il est bien difficile d'échapper. Quoiqu'il arrive rarement qu'un cerf attaque son adversaire, les faits de ce genre ne manquent cependant pas, et l'on en connaît quelques exemples. Les anciens traités de chasse sont remplis d'histoires de cerfs qui, sans aucun motif, ont attaqué, blessé et même tué des personnes. « En 1637, raconte Flemming, on nourrissait chaque jour de la cuisine du château de Hartenstein un jeune cerf et une pauvre fille. En automne, le cerf rencontra la malheureuse enfant dans la forêt et la tua. Il paya cette action de sa vie et fut jeté aux chiens. »

Dans les jardins zoologiques où ils perdent peu à peu leur timidité, ils sont encore plus dangereux que dans les parcs ou dans les forêts.

Lenz a vu près de Cobourg un cerf qui avait tué deux enfants ; il était devenu également dangereux pour son gardien et se précipitait sur lui quand il feignait de ne pas vouloir lui donner à manger.

« Ce furieux quadrupède, raconte-t-il, quand je le vis, avait perdu son bois et n'avait que des saillies encore molles ; il était donc peu dangereux. Je priai son gardien de chercher du fourrage, de me le passer par poignée dans la main gauche, ma main droite étant armée

d'un fort gourdin. Je lui donnai à manger. Quand je ne lui en fournis-
sais qu'une poignée, il se reculait comme pour prendre un élan,
fronçait méchamment le museau, me regardait en louchant d'un air
furieux, mais se retirait dès que j'agitais mon bâton; il revenait
ensuite paisiblement quand je lui tendais de nouveau de la nourriture. »

« A Gotha, dit encore Brehm, un cerf apprivoisé, dans un accès de
fureur, donna à son gardien qu'il semblait beaucoup aimer, un coup
de corne dans l'œil, qui pénétra jusqu'au cerveau. A Potsdam, un
cerf blanc apprivoisé tua de même son gardien, auquel il montrait
d'ordinaire beaucoup d'attachement.

« La biche n'a jamais de pareils accès de méchanceté; son œil
roux et ouvert est le fidèle miroir de ses sentiments. Elle ne le cède
pas en prudence au cerf, et c'est toujours une biche qui conduit le
troupeau, jusqu'à ce que les vieux cerfs s'y soient joints. »

CHAPITRE VII

Une gracieuse famille. — Le Chevreuil. — Mœurs. — Habitudes. — Régime. —
Une histoire originale. — Ivrognes et gendarmes. — Difficulté d'apprivoiser
les Chevreuils. — Les Chevreuils dangereux. — Brocarts et Chevrettes. —
Chien et Chevreuil. — Un charmant animal. — La chasse au Chevreuil. —
Chasses réprouvées.

Lorsque vers la fin de mai ou le commencement de juin le naturaliste fait une excursion silencieuse à travers bois, il a quelquefois
la bonne fortune de rencontrer dans une clairière toute parfumée de
la suave odeur du muguet et de la jacinthe, les animaux les plus
charmants de la forêt.

Ils sont là tout gracieux, tout séduisants. La famille est au
complet : Le mâle portant avec une coquette désinvolture sa jolie

tête bien proportionnée, et ornée d'un bois chargé de quatre andouillers ; la femelle avec son regard profond et mystérieux qui s'arrête avec inquiétude sur deux jeunes faons, frêles créatures entourées d'amour et de sollicitude.

Le CHEVREUIL COMMUN (*Cervus capricolus* ou *capricolus vulgaris*) est un animal très élégant qui pourrait inspirer nos poètes comme la gazelle inspire les poètes de l'Orient.

« Il a, dit Buffon, plus de grâce, plus de vivacité et même plus de courage que le cerf ; il est plus gai, plus leste, plus éveillé ; sa forme est plus arrondie, plus élégante et sa figure plus agréable ; ses yeux surtout sont plus beaux, plus brillants et paraissent animés d'un sentiment plus vif. Ses membres sont plus souples, ses mouvements plus prestes ; il bondit sans effort avec autant de force que de légèreté. Sa robe est toujours propre, son poil net et lustré ; il ne se roule jamais dans la fange comme le cerf ; il ne se plaît que dans les pays les plus élevés, les plus secs, où l'air est le plus pur. Il est encore plus rusé, plus adroit à se dérober, plus difficile à suivre ; il a plus de finesse, plus de ressources, d'instincts. »

Il diffère du cerf par sa taille qui est plus petite, par son tempérament, par ses mœurs, et presque par toutes ses habitudes naturelles.

Ces animaux savent se soustraire à la poursuite des chiens par la rapidité de leur course, par leurs détours multipliés. Ils n'attendent pas, pour employer la ruse, que les forces viennent à leur manquer. Ils reviennent sur leurs pas, retournent, reviennent encore ; et, lorsqu'ils ont confondu par leurs mouvements opposés la direction de l'aller avec celle du retour, lorsqu'ils ont mêlé les émanations présentes avec les émanations passées, ils s'enlèvent de terre par un bond rapide, et se jetant de côté, ils se mettent ventre à terre, laissant, sans bouger, sans que rien trahisse leur présence, passer là, tout près d'eux, la troupe entière de leurs ennemis.

Les chevreuils ne se mettent pas en *hardes ;* ils ne marchent pas en troupes, comme les cerfs, mais ils demeurent en famille. Le père, la mère et les petits vont ensemble ; ils ne s'associent jamais avec des étrangers ; ils sont constants dans leur union.

Comme la chevrette produit ordinairement deux faons, ces jeunes animaux élevés, nourris ensemble, prennent une si forte affection l'un pour l'autre qu'ils ne se quittent jamais ; après s'être éloignés de leurs parents, ils vont tous deux s'établir à quelque distance des lieux où ils ont pris naissance.

La chevrette cache ses petits dans le plus fort du bois, pour éviter le loup qui est son plus dangereux ennemi. Au bout de dix ou douze jours, les jeunes faons ont déjà pris assez de force pour suivre leur mère. Lorsque la petite famille est menacée de quelque danger, elle les conduit dans des endroits fourrés et se laisse chasser pour les préserver.

Vers la fin de la première année, leur bois commence à paraître sous forme de deux *dagues* beaucoup plus petites que celles du cerf.

Le chevreuil perd son bois vers la fin de l'automne et le refait pendant l'hiver. Lorsqu'il refait sa *tête*, il touche au bois, comme le cerf, pour la dépouiller de la peau dont elle est revêtue.

A la seconde *tête*, il porte déjà deux *andouillers* sur chaque côté; à la troisième, il en a trois ou quatre; ce nombre est de quatre ou cinq l'année d'après, mais on n'en voit rarement davantage.

Tant que la *tête* des chevreuils est molle, elle est extrêmement sensible; ils marchent avec précaution, et la portent basse pour ne pas toucher aux branches.

En hiver, les chevreuils se tiennent dans les taillis les plus fourrés où ils vivent de ronces, de genêts, de bruyères, de chatons de coudriers, de saule marsaut, etc. Au printemps, ils se rendent dans les taillis plus clairs, broutent les boutons et les feuilles naissantes de presque tous les arbres; cette nourriture chaude fermente dans leur estomac, et les enivre de manière qu'il est alors très aisé de les surprendre; ils ne savent où ils vont; ils sortent même assez souvent hors du bois, et approchent quelquefois du bétail et des endroits habités.

M. De Cherville raconte à ce sujet, avec beaucoup de verve et d'*humour*, une singulière histoire de chevreuil :

« Il y a deux ou trois ans, dit-il, un homme du village de la Queue, dans le département de Seine-et-Marne, revenait chez lui dans cet état de jubilation bachique, qui fait d'un simple mortel l'égal des Dieux. Notre homme s'en allait, battant non pas les murailles, mais les tas de pierres, lorsqu'à deux kilomètres du bourg, au moment où il essayait de recouvrer son équilibre qu'un malencontreux fossé avait gravement compromis, il aperçut à dix pas de lui un animal, au pelage fauve, qui lui parut endormi. C'était un chevreuil qui, sous l'influence pernicieuse du *brout*, était venu induire les passants

en tentation. Sans se laisser attendrir par la similitude de leurs
situations réciproques, recouvrant immédiatement ce qu'il lui
fallait de raison pour calculer la valeur de l'aubaine, — il n'y a
rien de telle que la cupidité pour dégriser les ivrognes, — il le
saisit et s'en empara. N'ayant point d'armes pour le mettre à mort,
et tenté peut-être par le prix supérieur que la marchandise vivante
conserve sur celle qui ne l'est plus, il lui attacha les pattes avec un
mouchoir, et, l'ayant chargé sur ses épaules, il essaya de l'emporter Malheureusement ces préparatifs, dissipant les vapeurs des
pousses de bourdaine, avaient aussi rendu au chevreuil le sentiment de la situation : il se débattit si bien, qu'il fallut poser le
fardeau par terre pour aviser. Le paysan était inventif; il ôta sa
blouse, fit passer la tête du chevreuil par le collet, en noua les
manches autour du cou de l'animal, et, en rapprochant le bas en
forme de sac, il se trouva avoir improvisé une camisole de force
qui devait paralyser tous les mouvements du prisonnier. Il venait de
terminer ces dispositions, lorsqu'il entendit une voix railleuse lui
demander s'il avait besoin d'aide : en se retournant, il vit deux
gendarmes qui, sans autre préambule, lui déclarent un procès-
verbal; — il paraît que, plus heureux que nous, qui y laissons
notre supériorité humaine, le chevreuil ne perd point, dans l'ivresse,
ses droits au beau titre de gibier. — Le braconnier improvisé avait
beau protester de son innocence, l'un des gendarmes enregistrait
sur son carnet, les noms, prénoms et qualités du délinquant, tandis
que l'autre s'occupait à rendre le captif à la liberté. Malheureusement, celui-ci, dans l'élan de l'acte généreux qu'il allait accomplir,
en combina mal les incidents; il commença par dénouer les nœuds
du mouchoir qui enserraient les pattes de l'animal, et celui-ci ne
fut pas plus tôt débarrassé de ses entraves, 'que, renversant son
libérateur, il s'élança dans la direction du bois, un peu gêné dans
sa marche par la blouse qu'il n'avait pas eu le temps de restituer
à son propriétaire, mais cependant, assez rapidement, grâce aux
nombreux accrocs que ses sabots y pratiquèrent, pour enlever à ce
dernier l'espoir de la recouvrer promptement. Je vous laisse à penser
quelle dut être l'étonnement de la chevrette lorsqu'elle vit son con-
joint revenir à elle sous ce déguisement. Quant à l'autre ivrogne,
j'ignore si la perte de sa blouse lui fut comptée dans son procès
comme circonstance atténuantes. »

En été, les chevreuils restent dans les taillis élevés, et n'en
sortent que rarement, pour aller boire à quelque fontaine, dans
les grandes sécheresses; car pour peu que la rosée soit abon-

dante, ou que les feuilles aient été mouillées par la pluie, ils se passent de boire.

Ils cherchent la nourriture la plus fine et ne mangent pas avidement comme les cerfs; ils ne broutent pas non plus indifféremment toutes les herbes, et ne vont que rarement aux gagnages, parce qu'ils préfèrent la bourdaine et la ronce aux grains et aux légumes.

Ils ne raient pas aussi fréquemment, ni avec autant de force que les cerfs; leur voix est claire et brève, plus grave dans le mâle que dans la femelle. Lorsqu'ils sont blessés, ils font entendre une sorte de bramement plaintif.

Les jeunes ont un cri particulier, une petite voix courte et plaintive : « *Mi... mi...* » par laquelle ils marquent le besoin qu'ils ont de nourriture. Les braconniers imitent aisément ce cri d'appel, et la mère ainsi trompée, arrive jusque sous le fusil du chasseur.

Les chevreuils sont très difficiles à élever; leur délicatesse sur le choix de la nourriture, et le besoin qu'ils ont de mouvement, d'air et d'espace, font qu'ils ne résistent que pendant les premières années de leur jeunesse aux inconvénients de la vie domestique.

On peut les apprivoiser, mais non pas les rendre obéissants, ni même familliers; un rien les épouvante et ils se précipitent contre les murailles, avec tant de force, que souvent ils se brisent quelque membre. Même quand on les croit apprivoisés, il faut se méfier d'eux : Les mâles, surtout, sont sujets à des caprices dangereux quand ils prennent certaines personnes en aversion; alors ils s'élancent, donnent des coups de tête assez forts pour renverser un homme, et ils foulent ainsi avec les pieds lorsqu'ils l'ont renversé.

« Il faut apprivoiser des chevrettes et non des brocarts, dit Brehm, car ceux-ci, en vieillissant deviennent méchants et impudents. Ils ont perdu leur timidité innée; ils connaissent l'homme, savent qu'ils n'ont rien à craindre, ni de sa part, ni de celle des chiens, et, incommodes pour tous, ils sont même dangereux pour les enfants.

« Un jeune chevreuil qu'avait un ami de mon père, s'était mis dans la tête que la niche du chien lui était une couchette très convenable; il y allait quand l'idée lui en prenait. *Basco,* le légitime propriétaire, y était-il, il le frappait de ses pattes de devant, jusqu'à ce que le pauvre chien eut pris la fuite la tête basse, la queue entre les jambes. Il savait bien qu'il ne pouvait toucher au favori de son maître; il était obligé de lui céder.

» De vieux brocarts s'élancent parfois sur des enfants, et surtout sur des femmes, et peuvent les blesser grièvement avec leurs cornes ; il ne faut donc pas les élever. »

« Un de mes frères, dit Winckell, avait une chevrette apprivoisée qui paraissait se complaire dans la société des hommes. Souvent elle se couchait à nos pieds, ou profitait volontiers de la permission qu'on lui donnait de se coucher sur le canapé, aux côtés de ma belle-sœur. Elle jouait avec les chiens et les chats. Ceux-ci la maltraitaient-ils, elle les en punissait en leur donnant des coups de pattes. Elle sortait soit avec nous, soit toute seule ; mais alors un brocard se joignait d'ordinaire à elle et l'accompagnait jusqu'à l'entrée du village. . . . .

« Me croirait-on, si je disais que ce charmant animal, qui portait, pour se distinguer, un collier avec une clochette, fut tué par quelque méchant qui nous est toujours resté inconnu. Un jour, nous la trouvâmes dans les blés, atteinte d'un coup de feu, et à une époque, où, dans nos environs du moins, aucun de ceux qui avaient le droit de chasse n'aurait tiré sur une chevrette. »

C'est malheureusement la fin de la plupart des animaux apprivoisés qui sortent librement.

La chair des chevreuils est estimée ; mais sa qualité dépend beaucoup du pays qu'ils habitent ; ceux des pays élevés et des collines sont les plus délicats.

Il paraît que ceux dont le pelage est brun, ont la chair plus fine que les roux. Les mâles qui ont passé deux ans, et que l'on appelle *vieux brocards*, sont durs et d'assez mauvais goût ; les chevrettes mêmes plus âgées ont la chair plus tendre ; celle des faons de un an à dix-huit mois est parfaite.

Il faut des bois assez vastes pour assurer la multiplication du chevreuil ; il est nécessaire d'en assurer la tranquillité en détruisant les renards, en restant plusieurs années sans tuer un chevreuil ; et, plus tard, en ne chassant que les brocards. Ce qui est indispensable, surtout, c'est de garantir le gibier de l'atteinte des braconniers.

On chasse le chevreuil aux chiens courants et en battues ; mais le *collet* demeurera longtemps le plus grand de tous les destructeurs.

M. De Cherville raconte, comment, dans le département des Ardennes, les braconniers tuent une grande quantité de chevreuils, pendant l'hiver :

Dans les Bois.   16

« Quatre ou cinq individus, dit-il, armés de fusils, se réunissent. L'un d'eux est muni d'une de ces clochettes que l'on attache au col des vaches avant de les lâcher dans les bois. Ils cherchent sur la neige une voie de chevreuil : lorsqu'ils l'ont trouvée, les tireurs cernent l'enceinte dans laquelle la rentrée est indiquée.

« L'homme à la cloche marche dans le pied du chevreuil, et par le bruit de la sonnette, il indique de temps en temps, à ses compagnons, la direction dans laquelle il avance. On fouille successivement plusieurs enceintes, jusqu'à ce que l'on arrive à celle ou le chevreuil est rembûché. Trompé par le tintement monotone que l'habitude lui a rendu familier, celui-ci ne bondit ordinairement que lorsqu'il aperçoit le chasseur, auquel il fournit ainsi l'occasion de faire feu de ses deux coups. S'il échappe, l'homme fait résonner sa sonnette à tour de bras; l'animal épouvanté s'enfuit sans songer à tenter un hourvari et va passer où il est attendu. J'espère pour l'honneur des Ardennes, que les gardes de ce pays font preuve de plus de sagacité que le chevreuil, qu'ils savent comprendre, au moindre bruit de clochette, que nul de leurs compatriotes n'a été assez ennemi de sa propriété pour envoyer ses bestiaux trouer la neige, et qu'ils ne laissent que bien rarement l'occasion de constater une aussi agréable multiplication de délits. »

CHAPITRE VIII

Le LIÈVRE COMMUN (*Lepus timidus*), est peut être, de tous les animaux le moins favorisé de la nature; ses ennemis sont innombrables ; et, cet « éternel proscrit de la création » est toujours et partout environné de dangers, de pièges et d'embûches.

Ce tremblant animal ne sait que fuir ; ce sont des craintes, des transes de tous les instants ; il n'ose presque, se montrer dans les champs. Il passe la plus grande partie du jour au gîte, où il dort, mais d'un sommeil léger, et les yeux ouverts ; et il n'est pas possible de mieux exprimer les inquiétudes qu'il éprouve que ne l'a fait, lui-même, le lièvre de La Fontaine :

> « Les gens de naturel peureux
> « Sont, disait-il, bien malheureux !
> « Ils ne sauraient manger morceau qui leur profite ;
> « Jamais un plaisir pur ; toujours assauts divers.
> « Voilà comme je vis : Cette crainte maudite
> « M'empêche de dormir sinon les yeux ouverts. »

Le lièvre ne semble vivre et respirer que la nuit : C'est alors qu'il prend sa nourriture, qu'il joue, qu'il saute, qu'il gambade avec ses compagnons ; et encore, un souffle, une ombre, un rien..... le bruit d'une feuille qui tombe, suffit pour mettre le désarroi dans cette réunion nocturne dont tous les membres fuient dans des directions différentes :

> « Corrigez-vous, dira quelque sage cervelle.
> « Eh ! la peur se corrige-t-elle ? »....

Les lièvres se nourrissent d'herbes, de racines, de feuilles, de fruits, de grains, et préfèrent les plantes dont la sève est laiteuse ; ils rongent l'écorce des arbres pendant l'hiver, et il est à remarquer qu'ils ne s'attaquent jamais à l'aulne et au tilleul.

Quand on les saisit ou qu'on les blesse, ils font entendre un son assez fort qui se rapproche de la voix humaine.

Dans le premier âge, on peut les apprivoiser ; ils sont doux, deviennent même caressants et sont susceptibles d'une sorte d'éducation ; mais, ils ne s'attachent jamais assez pour devenir animaux domestiques ; et, il faut dépenser beaucoup de temps et de patience pour dompter l'humeur farouche qui est la conséquence de leur excessive timidité.

On en voit qui s'acquittent parfaitement de leur emploi dans un barraque de bateleurs : Comme ils s'asseyent volontiers sur leurs pattes de derrière et qu'ils peuvent se servir de celles de devant comme de bras, on les dresse à battre du tambour ou à gesticuler en cadence. Il en est qui, comme les serins et les chardonnerets savants, tirent des coups de pistolet.

Si le lièvre dort les yeux ouverts, c'est que ses paupières sont trop petites pour recouvrir l'œil, même pendant le sommeil; sa vue est médiocre; ses yeux, placés obliquement de chaque côté de la tête, sont comme deux sentinelles qui surveillent à droite et à gauche, mais qui ne voient rien de ce qui se passe en face; aussi, un lièvre en marche vient, de fort loin, droit au chasseur qui l'attend. En revanche, l'ouïe et très fine; les oreilles sont des intruments d'acoustique admirablement façonnés, que l'animal peut, à son gré, diriger dans toutes les directions; ils les remue avec une extrême facilité, et ce sont elles qui servent à le diriger dans sa course.

Il a les jambes de devant beaucoup plus courtes que celles de derrière aussi court-il plus facilement en montant qu'en descendant; lorsqu'il est poursuivi, son premier soin est de gagner la colline ou la montagne. Son mouvement dans la course est une espèce de galop, une suite de sauts très preste et très pressés; il marche sans faire aucun bruit, parce qu'il a les pieds garni de poils, même par dessous.

Les lièvres multiplient rapidement, mais la destruction de ces animaux est si grande, qu'il n'y a pas à s'inquiéter des dommages qu'ils peuvent causer; on ne saurait, au contraire, prendre trop de mesures pour assurer la conservation de ce précieux gibier.

Les petits levrauts ont les yeux ouverts dès leur naissance; la mère, ou *hase*, les allaite pendant une vingtaine de jours, après quoi ils s'en séparent en trouvant eux-mêmes leur nourriture. Ils ne s'écartent pas beaucoup les uns des autres, ni du lieu où ils sont nés. Cependant, ils vivent solitairement et se forment chacun un gîte à une distance, de soixante ou quatre-vingts pas environ. La plupart ont, au sommet de la tête, une petite marque blanche que l'on appelle l'*étoile*, qui, ordinairement disparaît à la première mue et reste, quelquefois, jusqu'à un âge plus avancé. Ils prennent, en une année, presque tout leur accroissement, et la durée de leur vie est d'à peu près sept à huit ans. Mais, bien peu atteignent la limite de cette courte existence.

Malgré sa timidité si grande, sa poltronnerie légendaire, nous aurions peut être tort de retirer notre estime à ce malheureux deshérité, toujours entouré d'embûches, qui a pu dire :

« Je crois même qu'en bonne foi
« Les hommes ont peur comme moi. »

Si la nature a donné aux lièvres des sens moins bons qu'à beaucoup d'autres animaux, elle leur permet d'avoir des ruses qui donneraient de la jalousie au renard. Ils ne manquent ni d'instinct, pour leur propre conservation, ni de sagacité pour échapper à leurs ennemis.

Le lièvre se forme un gîte, et il sait choisir en hiver les lieux qui sont exposés au midi ; en été, au contraire ; il se loge au nord. En plein champ, il se cache entre des mottes qui sont de la couleur de son poil.

On en a vu qui, étant chassés, passaient les étangs à la nage, et allaient se cacher au milieu des joncs.

Il n'est pas un vieux chasseur qui n'ait poursuivi un lièvre extraordinaire, et qui n'aime à en raconter les prouesses. A Dieu ne plaise que je mette en doute la véracité des récits de ces fervents disciples de Saint-Hubert.

Qui ne connaît l'histoire de ce lièvre fameux qui, chaque jour, était lancé par les chiens et dont la piste se perdait chaque jour au bord d'un cours d'eau, toujours au même lieu ? Il n'était pourtant pas admissible qu'il eût traversé la rivière en cet endroit ; du reste, la voie était brusquement interrompue, trop loin de la rive pour admettre qu'il eût pu, de ce point, se jeter dans l'eau. On désespérait de trouver le mot de l'énigme lorsqu'un paysan qui avait éventé la ruse vint la faire connaître aux chasseurs : Après s'être laissé chasser, quelque temps, après avoir croisé et recroisé les voies pour ne pas inspirer de méfiance à ceux qui le poursuivaient, il se dirigeait vers la rivière ; et là, d'un bond rapide, véritable saut périlleux capable de déconcerter le meilleur acrobate, il disparaissait dans le tronc caverneux d'un vieux saule !.....

Un autre exécutait le même manège et allait se cacher dans les décombres d'une vieille muraille en ruines. On en a vu se blottir dans un terrier, d'autres se réfugier dans les bergeries et se mêler parmi le bétail, dans les champs.

« De tous les animaux qui vivent d'herbes, dit un vieil auteur, celui qui parait le plus stupide est, peut-être le lièvre. La nature lui

a donné des yeux faibles et un odorat obtus : Si ce n'est l'ouïe qu'il a
excellente, il paraît n'être pourvu d'aucun instrument d'industrie.
D'ailleurs, il n'a que la fuite pour moyen de défense; mais aussi
semble-t-il épuiser tout ce que la fuite peut comporter d'intentions
et de variétés. Je ne parle pas d'un lièvre que des lévriers forcent par
l'avantage d'une vitesse supérieure, mais de celui qui est attaqué par
des chiens courants. Un vieux lièvre, ainsi chassé, commence par
proportionner sa fuite à la vitesse de la poursuite. Il sait, par expérience, qu'une fuite rapide ne le mettrait pas hors de danger, que
la chasse peut être longue, et que ses forces ménagées le serviront
plus longtemps. Il a remarqué que la poursuite des chiens est plus
ardente et moins interrompue dans les bois fourrés, où le contact de
son corps leur donne un sentiment plus vif de son passage, que sur
la terre, où ses pieds ne font que poser; ainsi il évite les bois et
suit presque toujours les chemins (ce même lièvre, lorsqu'il est
poursuivi à vue par un lévrier, s'y dérobe en cherchant le bois). Il
ne peut pas douter qu'il ne soit suivi par les chiens courants, sans
être vu; il entend distinctement que la poursuite s'attache, avec
scrupule, à toutes les traces de ses pas. Que fait-il? Après avoir
parcouru un long espace en ligne droite, il revient exactement sur
ses mêmes voies. Après cette ruse, il se jette de côté, fait plusieurs
sauts consécutifs, et par là, dérobe aux chiens, au moins pour un
temps, le sentiment de la route qu'il a prise. Souvent, il va faire
partir du gîte un autre lièvre dont il prend la place. Il déroute ainsi
les chasseurs et les chiens par mille moyens qu'il serait trop long de
détailler. Ces moyens lui sont communs avec d'autres animaux,
qui, plus habiles que lui d'ailleurs, n'ont pas plus d'expérience à
cet égard. Les jeunes animaux ont beaucoup moins de ces ruses.
C'est à la science des faits que les vieux doivent les inductions justes
et promptes qui amènent ces actes multipliés. »

En général, tous les lièvres qui sont nés dans le lieu même où on
les chasse, ne s'en écartent guère; il reviennent au gîte, et si on les
chasse deux jours de suite, ils font le lendemain les mêmes tours et
détours qu'ils ont fait la veille. Lorsqu'un lièvre va droit et s'éloigne
beaucoup du lieu où il a été lancé, c'est une preuve qu'il est étranger
et qu'il n'était en ce lieu qu'en passant. Il arrive souvent en effet,
que des lièvres, surtout pendant les mois de janvier et de février
s'éloignent à plusieurs lieues de leur domicile habituel; mais,
lorsqu'ils sont lancés par les chiens, ils regagnent leur contrée et ne
reviennent plus.

La chasse du lièvre se fait sans appareil et sans dépense : Les

braconniers, peu scrupuleux, vont, le matin et le soir, au coin du
bois, attendre le lièvre à sa rentrée ou à sa sortie; c'est la chasse à
l'*affût*.

Pendant le jour, on le cherche dans les endroits où il se gite.
D'aucuns prétendent que lorsqu'il y a de la fraicheur dans l'air, par
un soleil brillant, et que le lièvre vient se gîter après avoir couru, la
vapeur de son corps forme une petite fumée que les chasseurs aperçoivent de fort loin, surtout si leurs yeux sont exercés à cette espèce
d'observation. Cette version rencontre beaucoup d'incrédules.....

Le lièvre se laisse ordinairement approcher de très près, surtout
si l'on ne fait pas semblant de le regarder; et si, au lieu d'aller
directement à lui, on tourne obliquement pour l'approcher.

Il se tient volontiers en été dans les champs, en automne dans les
vignes, en hiver dans les buissons et dans les bois; et l'on peut le
forcer à la course avec des chiens courants. Autrefois, on employait
pour s'en emparer, des oiseaux de proie dressés, mais cette chasse
est depuis longtemps abandonnée.

Le pauvre animal, répétons-le, est entouré d'ennemis de toutes
sortes : Les ducs, les buses, les aigles, les renards, les loups, les
hommes, lui font également la guerre. Il n'échappe que par hasard;
et, il est bien rare qu'il puisse jouir du petit nombre de jours que la
nature lui a compté.

C'est surtout le perfide *collet* du braconnier qui fait, parmi les
lièvres, de nombreuses victimes.

La chasse du lièvre au chien d'arrêt, dit Toussenel, ne vaut pas
une mention spéciale; ce n'est pas chasser que de tirer un lièvre
qu'un chien vous montre et qui vous part dans les jambes; la battue
devrait être prohibée, car c'est le massacre et la destruction. Le
spirituel écrivain donne la préférence à la chasse au chien courant; et
il paye aussi son tribut d'hommages aux ruses du lièvres :

« Le lièvre, dit-il, n'a pas étudié le code civil; mais nul
légiste ne connaît mieux que lui les entraves qu'apporte à la liberté
illimitée du droit de chasse, le droit de la propriété individuelle. Il
spécule sur ces entraves; il sait l'inviolabilité du domicile du citoyen
sous le régime constitutionnel; il en réclame le bénéfice pour lui,
toutes les fois que l'occasion s'en présente; il ne craint pas d'invo-
quer le droit d'asile du potager ou du parterre, quand la meute le
sert de trop près.

« J'ai connu un lièvre de Bresse dont le bonheur était de s'épanouir

et de s'étirer au soleil au pied d'un jeune épicéa isolé au milieu d'une
vaste pelouse, comme pour tenter la sensibilité du chasseur. J'ai
donné une fois dans le piège. La pelouse n'était séparée que par un
fossé en ruine, d'une forêt de dahlias, de rosiers et de chrysan-
thèmes, remplissant la presque totalité d'un parterre au-devant
d'une riche demeure, alors inhabitée par ses maîtres, et confiée à
la garde de quelques serviteurs hors d'âge. La pelouse semblait de
loin prolonger le parterre, et l'épicéa faisait point de vue. Il fallait
que l'animal fut parfaitement au courant de tous ces détails pour
affecter la tranquillité d'âme avec laquelle il attendait l'attaque de
mes chiens. J'ai observé par deux fois sa tactique. Il ne se levait du
gîte qu'après un long *rapprocher*, et lorsque le chien de tête n'était
plus qu'à deux pas de lui, afin d'entraîner tous les chiens sur sa voie
par un *à vue* furieux. Alors, notre bête endiablée traversait légèrement le fossé, pénétrait sous les voûtes sacrées des dahlias, y décrivait plusieurs circuits, gagnait le perron de la demeure, puis,
doucement, s'insinuait dans l'étroit soupirail de la cave, au fond
de laquelle il allait chercher un asile sous des tonneaux. Et alors les
chiens de faire vacarme au milieu du parterre et de saccager les
plates-bandes, et tous les gardiens du poste d'accourir; armés de
faux et de fourches, de jurer, de tempêter et d'arrêter les chiens;
bref, de me forcer à une capitulation déraisonnable en espèces pour
me tirer de là! Ce ne fut pas moi qui payai les dahlias cassés, la
seconde fois, mais un ami trop jeune, qui avait le tort de ne pas
croire aux perfidies du lièvre et qui exigeait une leçon : j'eus grand
soin de lui présenter le lièvre de l'épicéa, comme une rencontre de
de hasard, comme une connaissance de huit jours. »

La nature du terroir influe sur ces animaux plus sensiblement que
sur aucun autre. Les lièvres de montagne sont plus grands, plus
bruns sur le corps et plus blancs sous le cou que les lièvres de
plaine; ces derniers sont petits et presque rouges. Dans les hautes
montagnes et dans les rudes pays du nord, ils deviennent blanc
pendant l'hiver, et reprennent en été leur couleur ordinaire. Les
lièvres des pays chauds sont plus petits que ceux des pays tempérés
et septentrionaux.

CHAPITRE IX

Le soleil n'est pas encore à l'horizon ; le crépuscule du matin, commence à détacher la masse sombre des arbres sur le ciel éclairci. Nous arrivons à la lisière du bois, où, un petit sentier nous permet d'atteindre le bord d'une jolie clairière. Quelle est cette ombre aux formes indécises qui glisse sur le gazon ? Elle s'allonge et se raccourcit alternativement ; elle avance par saccades : C'est Jeannot Lapin qui vient « faire à l'aurore sa cour, parmi le thym et la rosée. »

Si vous troublez sa béatitude, vous le ferez fuir en décrivant sous bois, à travers les bruyères, les plus capricieux méandres. Il s'arrête, écoute pour fuir encore ; il ne s'arrête définitivement qu'au seuil de sa demeure souterraine où il ne se hâte cependant pas de rentrer : il gratte la terre, secoue la tête, se débarbouille, lustre son poil et disparaît enfin dans son terrier.

Si rien n'est venu troubler les ébats des lapins et que la journée promette d'être belle ; ils ne rentrent pas dans leurs trous ; vous ne les rencontrerez point, cependant, dans les endroits découverts.

Après qu'ils ont « brouté, trotté fait tous leurs tours », ces démons familiers de nos bois se tiennent blottis au soleil au milieu des herbes parfumées, ou sous le couvert des ronces entrelacées. Vous pourrez passer et repasser à côté d'eux, ils ne bougeront point ; ce n'est que si, par hasard, votre pied se lève pour les écraser qu'ils détaleront. Vous les verrez alors bondir en frappant la terre de leurs pattes de derrière qui se détendent comme des ressorts; c'est à peine si vous aurez eu le temps de les apercevoir; vous n'entendrez que le bruit de leur rapide passage à travers les herbes.

Le LAPIN DE GARENNE (*Lepus cuniculus*) a plus de sagacité et plus de ressources que le lièvre pour échapper à ses ennemis. Il se creuse un terrier où il habite en sûreté avec sa famille, où il élève ses petits et d'où il ne les fait sortir que lorsqu'ils sont assez forts pour se dérober par la fuite aux poursuites dont ils sont l'objet; tandis que les levrauts périssent en grand nombre dans le premier âge, et ont plus à souffrir alors que dans tout le reste de leur vie.

Cet instinct qui porte les lapins à se creuser un terrier est propre à l'individu sauvage; et, ce qui semble prouver que son industrie est le fruit de la nécessité, c'est que les lapins de *clapier* ou lapins domestiques qui n'ont pas les mêmes inconvénients à craindre et les mêmes dangers à courir s'épargnent ce travail pénible.

« Les lapins, dit l'auteur des *Lettres sur les animaux*, que nous avons plusieurs fois cité, vivent en société; mais si ces animaux, faibles et timides, acquièrent, quand à leur sûreté, toutes les connaissances qu'ils peuvent obtenir de leur organisation, ils sont dominés par une inquiétude continuelle, trop occupante pour laisser beaucoup de temps à la réflexion. Cependant, si nous pénétrons dans l'intérieur de leurs habitations, nous pouvons remarquer l'art de la distribution de leurs logements, et un ensemble de précautions qui les mettent à l'abri des accidents qui les menacent. Les terriers sont ordinairement placés de manière à n'être pas exposés aux innondations : l'entrée masque en partie l'intérieur du domicile; la multiplicité des chambres qui se communiquent, et les détours des corridors lassent et rebutent souvent le furet qui pénètre dans la demeure. Le lapin, assez instruit pour préférer de se laisser tourmenter dans son terrier au péril qu'il courrait à en sortir, trouve un asile presque assuré dans ce labyrinthe. Mais d'ailleurs ces animaux, forcés de brouter l'herbe où elle se trouve, ne peuvent être d'aucune utilité les uns aux autres quant à la recherche des besoins de la vie. »

Ce n'est pas dans ces grands terriers que la *Lapine* dépose ses petits : Quelques jours avant leur naissance, elle en dispose un nouveau, quelquefois dans un bois, plus souvent dans la campagne. Ce trou, de profondeur variable, est creusé en zig-zag, et se nomme *rabouillère;* c'est là qu'avec beaucoup d'industrie, la lapine prépare le berceau de ses enfants : Elle y accumule des feuilles, des brins d'herbes sèches, des menues branches pour garantir sa famille de l'humidité ; elle s'arrache sous le ventre une assez grande quantité de poil dont elle compose un chaud matelas pour recevoir ses nourrissons.

Pendant les deux premiers jours, elle ne quitte pas ses petits ; elle ne sort que quand les besoins la pressent, et revient dès qu'elle a pris de la nourriture. Dans ces premiers temps, elle mange beaucoup et fort vite ; c'est ainsi qu'elle soigne et allaite ses petits pendant plus de six semaines.

Jusqu'alors, le père ne les connaît point ; il n'entre pas dans ce terrier qu'à creusé la mère ; souvent même, quand elle en sort, elle en bouche l'entrée avec des feuilles, de l'herbe, des branches, de la terre détrempée de son urine.

Buffon prétend que lorsque les petits commencent à venir au bord du trou et à manger du séneçon et d'autres herbes, la mère les lui présente, et qu'alors le père semble les reconnaître, les prend dans ses pattes, leur lustre le poil, leur lèche les yeux, et que tous, les uns après les autres, ont également part à ses soins.

Beaucoup d'observateurs contestent l'opinion du grand naturaliste et prétendent que, même à cette époque de leur existence, les petits s'empressent de se réfugier dans la rabouillère, dès qu'un vieux mâle se dirige de leur côté.

La paternité, dit encore Buffon, paraît être fort respectée parmi les lapins, et l'on remarque beaucoup de déférence et de subordination de la part de toute la famille pour son chef. Voici ce que lui écrivait, à cet égard, un gentilhomme de son voisinage : « La paternité, chez ces animaux, est très respectée ; j'en juge ainsi par la déférence que tous mes lapins ont eue pour leur premier père, qu'il m'était facile de reconnaître, à cause de sa blancheur, et qui était le seul mâle que j'aie conservé de cette couleur. La famille avait beau s'augmenter, ceux qui devenaient pères à leur tour lui étaient toujours subordonnés ; dès qu'ils se battaient, soit parce qu'ils se disputaient la nourriture, soit pour toute autre cause, le grand-père, qui entendait du bruit, accourait de toute sa force, et dès qu'on l'apercevait, tout rentrait dans l'ordre ; et s'il en attrapait quelques-uns aux prises, il les séparait et en faisait sur-le-champ un exemple de punition. »

Je doute, dit un spirituel écrivain, que si notre grand-père

commun Adam revenait au monde, il trouvât en nous des petits-
enfants aussi soumis, et que sa seule présence suffit pour que tout
rentrât dans l'ordre.

Les lapins vivent de huit à neuf ans, et leur grosseur n'est pas
aussi variable que celle du lièvre. Ils se nourrissent d'herbes, de
racines, de grains, de légumes, de fruits, de baies, de feuilles et
d'écorces d'arbres ou d'arbrisseaux; ils consacrent la nuit entière à
chercher leur nourriture et broutent encore très souvent pendant
la journée. Ils sont moins difficiles que le lièvre sur le choix des
aliments. Lorsque la neige couvre la terre, les écorces étant à peu
près leur seule nourriture, ils causent de grands dégâts dans les
jeunes taillis et surtout dans les plantations d'arbres fruitiers.

Des lapins enfermés dans une île et se voyant sur le point d'être
submergés, au moment d'une inondation, ont eu l'instinct de
grimper ou de sauter sur les arbres; et là, pendant plusieurs
jours, ils ont vécu aux dépens des peupliers et des saules, jusqu'à
ce que, les eaux s'étant retirées, ils aient pu reprendre leur régime
habituel.

Tous les lapins sauvages sont gris; les lapins de clapier, comme
les autres animaux domestiques, varient pour la couleur : Il y en a
de blancs, de noirs, de gris; cette dernière couleur est cependant
encore la couleur dominante.

Ces animaux, originaires des pays chauds, ne se trouvaient
autrefois en Europe, que dans la Grèce et l'Espagne. Ils se sont,
depuis, naturalisés dans des climats plus tempérés, comme en Italie,
en France, en Allemagne; mais, dans les climats froids du nord, on
ne peut les élever que dans les maisons. Ils aiment, au contraire, une
chaleur excessive et ils se trouvent dans toutes les parties méridionales de l'Asie et de l'Afrique. On en trouve aussi dans les îles
d'Amérique, d'où ils ont été transportés d'Europe, et où ils ont parfaitement réussi.

Quelque pauvre et stérile que soit un sol sablonneux, quelques
faibles ressources alimentaires qu'il puisse fournir, les lapins s'y
multiplient avec une rapidité incroyable. C'est ainsi qu'on a utilisé,
pour les mettre en valeur, des terrains conquis sur la mer et que
leur aridité condamnait à rester toujours improductifs. Les lapins
peuplent et animent les dunes de l'Angleterre, de l'Irlande, de la
Hollande et même du Danemark. Leur chair et leur peau font l'objet
d'un important commerce. Ils réussissent si bien dans ces sables,

que l'évêque de Derry, en Irlande, retirait annuellement douze mille lapins de l'une de ses garennes.

En France, ils constituent également l'unique revenu de certaines landes. Depuis Boulogne-sur-Mer, jusqu'à l'embouchure de la Somme, sur une longueur de plus de quatre kilomètres, les dunes incultes abritent une multitude de lapins qui sont une précieuse ressource pour la contrée.

Parlons maintenant de l'étonnante rapidité avec laquelle se propage la race des lapins :

« La fécondité du lapin, dit Lage de Chaillou, est très grande; cependant, elle a été singulièrement exagérée par certains naturalistes. Wotten a prétendu que d'une seule paire, qui avait été mise dans une île, il s'en trouva six mille au bout d'un an. N'ayant pas d'île à notre disposition, nous n'avons pu renouveler l'expérience de Wotten autrement que sur le papier, et voici le résultat que nous avons obtenu : En supposant deux lapins qui seraient, eux et leur progéniture, à l'abri de toute cause de destruction; en admettant que ces lapins produisent régulièrement tous les mois une portée de quatre petits, que le nombre des femelles soit à celui des mâles comme deux est à un, qu'ils donnent des petits au commencement du quatrième mois de leur existence, nous obtenons une population totale de mille huit cent quarante-huit lapins, ce qui, au bout d'un an, est déjà une jolie postérité. »

Un naturaliste a calculé qu'en admettant pour chaque femelle sept portées par an, chacune de huit petits, en obtient en quatre ans le chiffre énorme de un million, deux cent soixante-quatorze mille, huit cent quarante individus!

Le lapin a, comme le lièvre, la lèvre supérieure fendue jusqu'aux narines, les oreilles allongées, les jambes de derrières plus longues que celles de devant, la queue courte. Il y a sur le lapin, comme sur le lièvre deux sortes de poils, l'un plus long et un peu plus ferme que l'autre qui est doux comme du duvet.

Les lapins passent la meilleure partie de la journée dans un état de demi-sommeil, le soir, ils sortent pour aller aux gagnages, et ils y restent une partie de la nuit. Ils s'écartent quelquefois jusqu'à un demi kilomètre pour chercher la nourriture qui leur convient. Ils sortent aussi, au moins une fois le jour, particulièrement lorsque le temps est serein, mais ils ne s'écartent pas beaucoup de leur retraite.

S'il doit arriver un orage pendant la nuit, il est pressenti par les lapins; ils l'annoncent par un empressement prématuré à sortir et à paître; ils mangent alors avec une activité qui les rend distraits sur le danger et on les approche aisément. Si quelque chose les oblige de rentrer dans leur terrier, ils ne tardent pas à ressortir.

Ordinairement, ils ne se laissent pas si facilement approcher; ils éprouvent l'inquiétude qui est la conséquence naturelle de leur faiblesse; cette inquiétude se manifeste par le soin qu'ils ont de de s'avertir réciproquement : le premier qui aperçoit un danger frappe la terre et fait, avec les pieds de derrière, un bruit dont les terriers retentissent au loin. Tout rentrent précipitamment; les vieilles mères restent derrières, sur le trou, et frappent du pied sans relâche, jusqu'à ce que toute la famille soit rentrée.

« Le lapin, dit Brehm, passe pour un type de couardise et de simplicité, pour ne pas dire de niaiserie. Cette opinion nous paraît beaucoup trop sévère. Il nous semble qu'il fait preuve de malice et d'une certaine hardiesse dans la conduite qu'il tient lorsqu'il est chassé. Plus défiant et plus rusé que le lièvre, il ne se laisse jamais à peu près jamais surprendre au pâturage, et sait presque toujours trouver un refuge. Au découvert, et en course droite, il serait bien vite atteint par les chiens. S'il est poursuivi par de grands chiens, dont le galop frénétique ne lui laisse pas un moment de répit, assurément, il ne s'amusera pas en route, il rentrera le plus vite possible au terrier. Mais s'il ne voit à ses trousses que de simples bassets, il prend volontiers son temps, et c'est à se demander s'il ne fait pas de la chasse une partie de plaisir. En quelques bonds, il a dépisté les chiens; alors il s'arrête, il écoute, il fait le tour d'un arbre ou d'un buisson; voici les chiens, il détale, et de nouveau les met en défaut; nouvelle pause : il s'assoit, prend ses aises, se caresse les oreilles et le museau avec ses pattes de devant, comme pour narguer meute et chasseurs. Il se fera battre ainsi sous bois pendant une grande heure dans un arpent de terrain, et presque toujours il s'en tirerait sans une égratignure, si l'homme n'était là, caché sous la feuillée avec un fusil. Et notez que ce jeu a pour accompagnement un tonnerre d'aboiements furieux, et qu'une fausse manœuvre aurait la mort pour résultat.

« Il sait à merveille faire des crochets; pour le chasser, il faut un chien très bien dressé et un excellent tireur. Sans doute nous ne prétendons pas que le lapin soit un foudre de guerre, ni même un docteur en rouerie; il ne viendra dans la pensée de personne de dire : « Maître lapin », comme on dit : « Maître renard »; mais enfin nous soutenons que le surnom de Jeannot conviendrait mieux à un autre qu'à lui. »

M. De Cherville dit que le lapin sauvage est susceptible d'éducation comme le lièvre, mais qu'il possède à un autre degré la faculté de s'attacher à celui qui l'élève et le soigne. Voici ce qu'une dame écrivait au naturaliste anglais Jesse :

« Un soir, au printemps dernier, mon chien aboya contre quelque chose caché derrière un pot de fleurs qui se trouvait dans mon vestibule. Je trouvai là un jeune lapin de l'espèce sauvage. La pauvre créature était dans un état d'épuisement, comme si elle eût été chassée ou si elle fût restée longtemps sans prendre de nourriture; ce lapereau se tint coi dans ma maison et souffrit que j'introduise un peu de lait dans sa bouche. Après avoir été enveloppé dans une flanelle et placé devant le feu dans une corbeille, il s'endormit. Je continuai à lui donner du lait à l'aide d'une cuiller, jusqu'à ce qu'il fût assez fort pour prendre lui-même ce breuvage dans une tasse. Il s'apprivoisa presque immédiatement, je le nommai Bunny; il apprit à entendre son nom, et je ne vis jamais un plus gai et plus heureux favori. Je le nourrissais de verdure qu'on plaçait sur le tapis, et tout en mangeant, il exécutait des gambades pleines de drôlerie. Satisfait et repu, il avait l'habitude de grimper sous ma robe et de s'établir sur mes genoux ou sous mon bras où il s'endormait. Si je le chassais, il sautait dans ma corbeille à ouvrage et y faisait son somme. Vers midi, il allait s'asseoir au soleil, sur le bord de la croisée. Là, il procédait à sa toilette, lissait sa fourrure et ses longues oreilles, les abaissant l'une après l'autre, et se tenant sur une patte tandis qu'il se servait de l'autre en guise de peigne et d'étrille. Ce qu'il y avait d'étrange, c'est que tout cela se passait le chien étant dans la chambre; ce qu'il y avait peut-être de plus extraordinaire encore, c'est que le lapin ne témoignait aucune crainte de ce chien. Au contraire, il s'amusait à sauter sur le dos de son camarade de chambre, et courait après sa queue souvent avec une persistance si taquine que j'étais forcé d'intervenir et de rappeler Bunny à l'ordre. J'avais toujours entendu dire que le lapin sauvage ne pouvait pas devenir complètement domestique, qu'il retournait aux bois aussitôt qu'il trouvait l'occasion de recouvrer sa liberté: Comme je désirais qu'il allât quelquefois dans le jardin pour y choisir les herbes qu'il préférait, je l'avais attaché avec un collier et une petite chaîne, et ainsi maintenu, je le conduisais çà et là. Un soir, malheureusement la chaîne se brisa et Bunny fut en liberté. Nous le vîmes courir de place en place avec un charme sauvage, et peu de temps après il disparut, nous le cherchâmes en vain sous les arbrisseaux en l'appelant par son nom; à la nuit je ne l'avais pas retrouvé, et j'étais fort triste de la perte de mon favori. Avant de me coucher, je jetai un dernier coup d'œil par la fenêtre. La lune brillait de tout son éclat, et à cette lumière tremblante je vis distinctement mon lapin qui se tenait à la porte, la tête et les oreilles droites, comme s'il eût écouté pour surprendre dans l'intérieur la voix de ses amis. Je me hâtai de descendre l'escalier pour le faire rentrer, mais au moment où j'ouvrais la porte un chat saisit le lapin par le cou et l'emporta malgré mes cris. Sans ce déplorable dénouement Bunny renonçait volontairement à l'indépendance pour revenir à nous.

« S'il ne vint pas lorsque je l'appelais, c'était sans doute un effet de la joie excessive qu'il trouvait dans les premières jouissances de la liberté. »

CHAPITRE X

L'Ecureuil. — Description. — Ses habitudes. — Sa prévoyance. — Son nid. — Les ennemis de l Ecureuil. — La marte. — Le repas de l'Ecureuil. — Son mets de prédilection. — Ecureuils apprivoisés. — L'écureuil d'après le poète Rückert.

Nous aimons tous, quand nous nous promenons dans les bois, à rencontrer un écureuil. Nous aimons le voir, continuellement en mouvement, courir, aller, venir, sur les grands arbres; descendre, remonter, disparaître dans un tronc caverneux ou sous la feuillée épaisse, cueillir la faîne ou la noisette, s'asseoir sur ses pattes de derrière et prendre gentiment son repas.

L'ÉCUREUIL COMMUN (*Sciurus vulgaris*) est, dit Buffon, un joli petit animal, qui n'est qu'à demi-sauvage, et qui par sa gentillesse, par sa docilité, par l'innocence même de ses mœurs, mériterait d'être épargné. Il n'est ni carnassier, ni nuisible, quoiqu'il saisisse quelquefois des oiseaux : sa nourriture ordinaire sont des fruits, des amandes, des noisettes, de la faine et du gland. Il est propre, leste, vif, très alerte, très éveillé, très industrieux, il a les yeux pleins de feu, la physionomie fine, le corps nerveux, les membres très dispos. Sa jolie figure est encore rehaussée, parée par une belle queue en forme de panache, qu'il relève jusqu'au dessus de sa tête, et sous laquelle il se met à l'ombre.

Il se tient ordinairement assis, presque debout, et se sert de ses pieds de devant, comme d'une main, pour porter à sa bouche. Au lieu de se cacher sous terre, il est toujours en l'air : Il a les ongles si pointus et les mouvements si prompts qu'il grimpe en un instant sur un hêtre dont l'écorce et fort lisse. Il approche des oiseaux par sa légèreté; il demeure comme eux sur la cime des arbres, parcourt les forêts en sautant de l'un à l'autre, y fait son nid, cueille les graines, boit la rosée, et ne descend à terre que quand les arbres sont agités par la violence des vents.

On ne le trouve point dans les champs, dans les lieux découverts dans les pays de plaine; il n'approche jamais des habitations; il ne reste point dans les taillis, mais dans les bois de hauteur sur les vieux arbres de très hautes futaies.

Il craint l'eau, dit encore Buffon, et l'on assure que lorsqu'il faut la passer, il se sert d'une écorce pour vaisseau, et de sa queue pour gouvernail; mais c'est là une de ces fables comme on en a tant racontées, pour ne pas se donner la peine de vérifier soi-même l'exactitude des faits. L'écureuil fait comme les autres rongeurs; quand la nécessité l'y oblige, il traverse l'eau en nageant.

Il ne s'engourdit pas comme le loir, pendant l'hiver; il est en tout temps très éveillé; et pour peu que l'on touche au pied de l'arbre sur lequel il repose, il sort de sa petite bauge, fuit sur un autre arbre, ou se cache à l'abri d'une branche.

L'écureuil est très prévoyant : Il ramasse des noisettes pendant l'été, en remplit les trous, les fentes des vieux arbres qu'il a choisis, et a recours en hiver à cette provision; il cherche aussi des aliments sous la neige qu'il détourne en grattant.

Il a la voix perçante, et de plus un murmure, à bouche fermée,

Dans les bois. 17

un petit grognement de mécontentement qu'il fait entendre toutes les
fois qu'on l'irrite. Trop léger pour marcher, il va par petits sauts et
quelquefois par bonds.

On entend les écureuils pendant les belles nuits d'été, crier ou
siffler, en courant sur les arbres les uns après les autres; ils semblent craindre l'ardeur du soleil : ils demeurent, pendant le jour,
à l'abri dans leur domicile, dont ils sortent le soir pour s'exercer,
jouer, folâtrer et manger. Ce domicile est chaud, propre et impénétrable à la pluie. C'est ordinairement sur l'enfourchure d'une branche
qu'ils l'établissent : ils commencent par transporter des bûchettes
qu'ils mêlent, qu'ils entrelacent avec de la mousse; ils la serrent
ensuite, ils la foulent et donnent assez de capacité et de solidité à
leur ouvrage pour y être à l'aise et en sûreté avec leurs petits; il n'y
a vers le haut qu'une ouverture étroite, et qui suffit à peine pour
passer. Au-dessus de l'ouverture est une espèce de couvert ou de
dôme en forme de cône, qui met le tout à l'abri, et fait que la pluie
découle par les côtés du toit et ne pénètre pas dans l'intérieur.

Quelquefois, l'écureuil s'établit dans un trou l'arbre; et, s'il
rencontre un vieux nid de pie, comme la besogne est en partie faite,
il l'adopte, et se borne seulement à faire les réparations nécessaires
pour l'approprier à ses besoins.

Les petits, au nombre de trois ou quatre, sont élevés avec tout le
soin possible. Ils muent au sortir de l'hiver; le poil nouveau est plus
roux que celui qui tombe. Ils sont propres, se peignent, lissent leur
poil et n'ont aucune mauvaise odeur.

« Avant la naissance des petits, et pendant qu'ils tètent, dit Lenz,
les parents jouent autour du nid. Lorsque les petits commencent à
sortir, ce sont par le beau temps, des jeux, des sauts, des agace-
ries, des chasses, des murmures, des sifflements; cela dure cinq
jours, puis, tout d'un coup la jeune famille disparaît, émigre dans
la forêt voisine. »

Lorsque la mère est troublée dans ses fonctions de nourrice,
elle porte ses petits dans un autre nid souvent très éloigné du
premier.

« Indépendamment de l'homme, dit Brehm, l'écureuil à bien d'autres ennemis, et la marte est parmi eux le plus redoutable. Souvent
aussi il devient la proie de quelques-uns de nos oiseaux rapaces
nocturnes. Il échappe plus facilement à la dent du renard,
en gagnant le haut d'un arbre, et aux serres du milan, de l'éper-

vier, en montant rapidement en spirale autour d'une branche; ou
bien encore il trouve son salut dans le premier trou qu'il rencontre.
Il en est autrement avec la marte : Celle-ci grimpe aussi bien que sa
victime ; elle la suit pas à pas, dans la cime des arbres aussi bien
qu'à terre, et pénètre dans les trous où elle cherche un refuge.
L'écureuil a beau fuir en poussant des sifflements d'angoisses, le
carnassier est toujours à ses trousses, rivalisant d'agilité avec lui.
La seule chance qui lui reste est de sauter du haut de l'arbre à terre,
de gagner un autre arbre et de recommencer le même jeu tant que
dure la poursuite. C'est aussi ce qu'il fait. On le voit, devançant de
bien peu la marte, gagner la cime d'un arbre, grimper avec une
rapidité incroyable, en décrivant des spirales, et, au moment
où son ennemi va le saisir, s'élancer dans l'air les quatre membres
étendus, franchir l'espace en décrivant une courbe, et, aussitôt
arrivé à terre, courir à la recherche d'une cachette inaccessible à
son ennemi. S'il ne peut en rencontrer, la marte le poursuit jusqu'à
ce qu'il succombe. »

« Les jeunes écureuils, moins rusés, moins expérimentés, moins
agiles que les vieux, sont bien plus que ceux-ci exposés au danger.
Un bon grimpeur peut attraper les jeunes écureuils. Lorsque j'étais
enfant, je me suis amusé avec mes camarades à les chasser. Nous
grimpions sur les arbres, et l'indifférence avec laquelle ils nous laissaient approcher causait leur perte. Quand nous pouvions atteindre
la branche où ils étaient assis, c'en était fait de leur liberté. Nous
agitions cette branche de toutes nos forces, et l'écureuil, qui ne
songeait qu'à se bien tenir, nous laissait approcher; toujours agitant
la branche et toujours avançant, nous finissions enfin par atteindre
l'animal et par nous en emparer. Nous ne regardions pas à un
coup de dent, nos écureuils apprivoisés nous en donnaient déjà
tant! »

Rien n'est gracieux comme l'écureuil, ce véritable petit singe,
prenant son repas. A-t-il détaché de sa tige un cône de pin, il
s'assied sur ses pattes de derrière, le porte à sa bouche avec ses
pattes de devant, le tourne, le retourne, coupe une à une les
écailles qui couvrent les amandes, retire celles-ci avec sa langue
à mesure qu'elles se présentent et les ouvre pour en dévorer le
contenu.

Mais le voilà aux prises avec son mets de prédilection : il visite les
buissons de coudriers et choisit les fruits les plus murs; il prend
une noisette, la détache, la saisit entre ses pattes de devant; quel-

ques coups de dents suffisent pour percer la dure coquille; alors, il la tourne très rapidement entre ses pattes jusqu'à ce qu'elle se fende en deux; il en retire l'amande et la broie avec une satisfaction visible.

Il mange encore des feuilles de myrtille, des airelles, des graines d'érable, de sureau, des champignons; et même des truffes dit Tschudi.

Des fruits, il ne recherche que les pepins et les noyaux, il se donne la peine d'enlever toute la chair d'une pomme ou d'une poire pour avoir le plaisir de manger les pepins.

Très friands d'œufs d'oiseaux, il pille les nids, dévore les petits et s'attaque même aux adultes. Cependant, il ne peut pas être considéré comme un animal très nuisible; les dégâts qu'il commet sont peu sensibles et ne s'apprécient très sérieusement que là où ces charmants animaux vivent en troupes nombreuses.

La propreté de l'écureuil en fait le rongeur le plus agréable en captivité; il se lèche et se nettoie sans cesse.

Lorsqu'on a pris les jeunes dans le nid, on peut les donner à allaiter à une chatte; ce traitement leur convient à merveille; et, en général, la chatte se prête de bonne grâce à ce rôle de nourrice. C'est un spectacle à la fois intéressant et bizarre que de voir deux espèces d'animaux si différents de caractère vivre dans une telle intimité.

Il n'est guère possible de les laisser libres dans la maison · Ils flairent tout, fouillent tout, rongent tout, volent tout.

Les écureuils libres sont susceptibles de se familiariser; mais, pour obtenir ce résultat, il est nécessaire d'employer beaucoup de temps et de patience. J'en ai vu qui venaient prendre leurs repas dans un petit pavillon situé au milieu d'un bois, pendant que plusieurs personnes étaient là tranquillement assises. Ils poussaient la confiance jusqu'à s'introduire dans les poches des vêtements où leurs pourvoyeurs avaient caché des amandes et des noisettes. Mais au moindre mouvement d'un étranger, ils fuyaient de toute leur vitesse et ne tardaient pas à disparaître dans les troncs creux des vieux châtaigniers.

M. Ch. Meaux Saint-Marc a traduit en vers français la belle description que le poète Rückert a faite de l'écureuil :

« Du naissant univers quand souriait l'aurore,
Sous les bosquets fleuris, écureuil, je vécus;
Si les beaux jours d'Éden, hélas! sont disparus,
Leur souvenir me charme et me console encore.

Fils de roi, si gentil sous ton fauve manteau,
Lestement tu parcours ton verdoyant domaine,
Ton trône est chancelant et le vent s'y promène,
Mais peut-il ébranler le chêne, ton château

Un diadème d'or ne pare point ta tête :
Ta grâce l'embellit d'un plus simple ornement;
Pour l'ombrager, ton art recourbe savamment
Le panache ondoyant de ta queue en trompette.

Sur l'espoir du printemps, sur le bourgeon nouveau
Caché dans son étui, ta dent lève une dîme,
Puis d'un bond tu franchis l'aérienne cime
Où dans son nid jaseur ton œil guette l'oiseau.

Tu n'as fait aucun bruit : pourtant toute la bande
Des chanteurs emplumés s'envole sur tes pas,
Et d'un concert flatteur approuvant tes ébats,
Ils égayent tes jeux avec leur sarabande.

L'automne si prodigue au loin répand ses dons;
Aux faînes, glands et noix tu fais joyeuse fête,
Puis, mollement couché tu laisses sur ta tête,
Du soleil déclinant glisser les doux rayons.

C'est le temps où la feuille au chêne est arrachée;
Tu la suis dans sa chute, et, ravissant aux bois
Cette dépouille chère, en tapisses tes toits,
Lieux charmants où fleurit sa jeunesse attachée

Ton nid, palais d'hiver, de la bise bercé
Se défend par tes soins contre vents et froidure;
D'ailleurs t'enveloppant d'une double fourrure,
Tu braves sans effort l'aquilon repoussé.

Les grands combats des vents sont prévus avant l'heure,
Et chaudement tapi dans un logis bien clos,
Tu ris de leurs courroux, plus tranquille et dispos
Qu'un monarque enfermé dans sa noble demeure.

Comme le tien, mon cœur, à l'automne est tenté
D'amasser au dehors et rentrer sous ma tente,
De mon foyer décent la flamme me contente,
Mais ai-je, comme toi, ma pleine liberté? »

CHAPITRE XI

Le Mulot. — Son habitation. — Ses ravages. — Les Campagnols. — Dommages qu'ils occasionnent. — Les Loirs. — Leur sommeil. — Leurs habitudes. — Le Lérot. — Le Muscardin. — Les carnassiers vermiformes. — La Belette. — L'Hermine. — Le Putois. — La Fouine. — La Marte.

L'écureuil n'est pas le seul rongeur habitant de nos bois.

Le MULOT ou RAT DES BOIS (*Mus sylvaticus*) plus petit que le rat, plus gros que la souris est remarquable par les yeux qu'il a gros et proéminents, par la couleur du poil qui est blanchâtre sous le ventre et d'un roux brun sur le dos; il diffère encore du rat et de la souris par la tête qu'il a, proportionnellement, beaucoup plus grosse et plus longue, par les oreilles qu'il a plus allongées et plus larges, par les jambes qu'il a plus hautes.

Le mulot se trouve en grande quantité, surtout dans les terres sèches et élevées, dans les bois et dans les champs qui en sont voisins. Il se retire dans des trous qu'il trouve tout faits, ou qu'il se pratique sous des buissons et des troncs d'arbres. Ces trous sont ordinairement de plus de trente centimètres sous terre, et souvent partagés en deux loges, l'une où il habite avec ses petits, l'autre où il fait son magasin. Il y amasse une quantité prodigieuse de glands, de noisettes, de faines, on en trouve quelquefois un double décalitre dans un seul trou.

De même que les campagnols, ces animaux causent de grands dommages aux plantations; ils font seuls plus de tort à un semis de bois que tous les oiseaux et tous les autres animaux réunis, surtout dans les années où le gland n'est pas très abondant.

On a contre eux la ressource des pièges dans les endroits où ils sont en grand nombre, ils se détruisent aussi entre eux quand, pendant l'hiver, les vivres viennent à leur manquer : les plus gros mangent les plus petits. Ils dévorent aussi les campagnols, les grives et autres oiseaux qu'ils trouvent pris aux lacets.

Les mulots se multiplient encore plus rapidement que les rats; ils font chaque année, plusieurs portées de chacune huit à dix petits.

Le CAMPAGNOL DES MONTAGNES, *(Arvicola monticola)* et le CAMPAGNOL ROUX *(Arvicola rufus* ou *mus rutilus)* appartiennent à des espèces plus répandues encore que les mulots.

On trouve le campagnol partout, dans les bois, dans les champs, dans les prés, et même dans les jardins, il est remarquable par la grosseur de sa tête, et aussi par sa queue courte et tronquée, qui n'a guère plus de trois centimètres de longueur.

Il se pratique, comme le mulot, des trous en terre; il les divise également en deux loges, mais ces trous sont moins spacieux et moins enfoncés en terre que ceux des mulots. Les campagnols y habitent quelquefois plusieurs ensemble, et ils y amassent du grain, des noisettes et des glands. Cependant, ils paraissent préférer le blé à toute autre nourriture.

Dans le mois de juillet, lorsque les blés sont murs, les campagnols arrivent de tous côtés, et causent souvent de grands dommages. Ils semblent suivre les moissonneurs; ils profitent de tous les grains tombés et des épis oubliés; lorsqu'ils ont tout glané, ils vont dans les terres nouvellement ensemencées et détruisent d'avance la récolte de l'année suivante. En automne et en hiver, la plupart se retirent dans les bois, où ils trouvent des faines, des noisettes et des glands.

Dans certaines années, ils paraissent en si grand nombre qu'ils détruiraient tout, s'ils subsistaient longtemps; mais heureusement, ils se détruisent eux-mêmes, et se mangent les uns les autres quand ils éprouvent disette de vivres; ils servent d'ailleurs, de pâture aux mulots et de gibier ordinaire aux renards, à la marte et à la belette.

Nous trouvons, dans nos bois, trois espèces de petits rongeurs qui, comme la marmotte, dorment pendant l'hiver : Ce sont les loirs, les lérots, et les muscadins.

Le LOIR *(Myoxus glis)* est le plus gros de ces animaux.

C'est improprement qu'on a dit qu'ils dorment; leur état n'est pas celui d'un sommeil naturel; c'est une sorte de torpeur, un engourdissement des membres et des sens, produit par le refroidissement du sang.

Ces animaux ont si peu de chaleur intérieure, qu'elle ne dépasse guère la température de l'air, au printemps; il n'est donc pas étonnant qu'ils tombent dans l'engourdissement dès que cette petite quantité de chaleur intérieure cesse d'être stimulée par la chaleur extérieure, ce qui arrive lorsque le thermomètre n'est plus qu'à dix ou onze degrés au-dessus de la congélation.

Lorsqu'ils sentent le froid, ils se serrent et se mettent en boule pour offrir moins de surface à l'air et se conserver un peu de chaleur. C'est ainsi qu'on les trouva en hiver dans les arbres creux, dans les trous des murs exposés au midi; ils sont là, sans aucun mouvement, étendus sur de la mousse ou des feuilles. On les prend, on les tient, on les roule sans qu'ils remuent, sans qu'ils s'étendent. Rien ne peut les faire sortir de leur engourdissement, si ce n'est une chaleur douce et graduée; ils meurent lorsqu'on les met tout à coup auprès du feu. Il faut, pour les dégourdir, les en approcher par degrés; et quoique dans cet état ils soient sans aucun mouvement, qu'ils aient les yeux fermés, qu'ils paraissent privés de l'usage des sens, ils sentent cependant la douleur lorsqu'elle est très vive, une blessure leur fait faire un mouvement de contraction, et pousser à plusieurs reprises un petit cri sourd.

Cet engourdissement dure autant que la cause se produit : il cesse avec le froid. Dès que le thermomètre marque plus de dix ou onze degrés; ces animaux se raniment; et, s'ils sont tenus pendant l'hiver, dans un endroit convenablement chaud, ils ne s'engourdissent pas du tout : ils vont, viennent, mangent et ne dorment que, de temps en temps, comme les autres animaux. Tout le monde connaît le proverbe : *Dormir comme un loir.*

Le *loir* est un peu moins grand que l'écureuil; il a la tête et le museau moins larges, les yeux moins saillants, les oreilles moins longues, plus minces et presque nues, les jambes et les pieds plus petits, les poils de la queue moins longs. S'il diffère de l'écureuil par sa conformation et par sa couleur, il s'en rapproche davantage par ses habitudes naturelles : Il habite comme lui les forêts, saute de branche en branche moins légèrement, il est vrai. Il vit, comme lui, de faines, de noisettes, de châtaignes et d'autres fruits sauvages; il mange aussi de petits oiseaux qu'il prend dans les nids.

Ces animaux ne se font point de bauges ou de nids au haut des branches, mais ils s'aménagent des lits de mousse dans le tronc des arbres creux, ils se gitent aussi dans les fentes des rochers élevés et toujours dans les lieux secs. Ils craignent l'humidité, boivent peu et descendent rarement à terre.

En Italie où l'on fait usage de leur chair, on pratique dans les bois des fosses tapissées de mousse que l'on recouvre de paille et où l'on jette des faines; on choisit un lieu sec, à l'abri d'un rocher exposé au midi. Les loirs s'y rendent en grand nombre, et on les y trouve engourdis vers la fin de l'automne.

Ils sont courageux et défendent leur vie jusqu'à la dernière extrémité : Ils ont les dents de devant très longues et très fortes et mordent violemment: ils ne craignent ni la belette, ni les petits oiseaux de proie; ils échappent aux renards. Leurs plus grands ennemis sont les chats sauvages et les martes.

Le Lérot (*Elyomis nitela*) n'est pas aussi gros que le rat domestique, il a la queue couverte de poils très courts avec un bouquet de poils longs à l'extrémité. Il habite les bois, les jardins et se trouve quelquefois dans les maisons. Il se niche dans les trous des murailles ou des arbres, court sur les arbres en espalier, choisit les meilleurs fruits et les entament tous quand ils commencent à murir.

Ces animaux grimpent sur les pêchers, les abricotiers, les pruniers, les poiriers; mais, si les fruits doux leur manquent, ils mangent des amandes, des noisettes, des faines, et en transportent de grandes quantité dans les retraites qu'ils se pratiquent en terre.

On les trouve souvent dans les vieux arbres creux où ils ont installé un lit d'herbes, de mousse et de feuilles. Le froid les engourdit et la chaleur les ranime.

On en rencontre quelquefois huit ou dix dans le même lieu, tous engourdis, tous resserrés en boule, au milieu de leurs provisions de noix et de noisettes.

Le Muscardin (*Muscardinus avellanarius*) est le plus gracieux, le plus vif, le plus animé de tous les petits rongeurs; il n'est pas plus gros que la souris. Il a les yeux brillants et la queue touffue.

Le muscardin n'habite jamais dans les maisons, rarement dans les jardins, et se trouve plus souvent dans les bois où ils se retire dans les vieux arbres creux. Il fait provisions de noisettes et autres fruits secs, et construit son nid sur les arbres, comme l'écureuil, mais le place plus bas, entre les branches d'un noisetier ou dans un buisson.

Ce nid est composé d'herbes entrelacées; il a environ seize centimètres de diamètre, et n'est ouvert que par le haut; il contient ordinairement trois ou quatre petits qui l'abandonnent dès qu'ils sont grands, et cherchent à se giter dans le creux ou sous le tronc des vieux arbres : on les trouve presque toujours seuls dans leur trou. Ils s'engourdissent par le froid, se mettent en boule comme le loir et le lérot, et se raniment comme eux quand la température devient plus douce.

Nous comptons parmi les animaux de nos forêts un certain nombre de *carnassiers vermiformes*. Ces animaux doivent cette dénomination à leur corps effilé qui leur permet de s'introduire par les plus étroites ouvertures. Ils sont très nuisibles, comme destructeurs de gibier, dans nos bois, et de volailles, dans nos basses-cours.

La BELETTE (*Putorius musteta*) est le plus petit, mais non le moins sanguinaire de ces animaux à marche rampante qui s'insinuent, dans les colombiers, dans les poulaillers; dans les volières, et y font les exécutions les plus sanglantes.

Quoique bien moins forte que la fouine et le putois, puisqu'elle n'a guère que vingt centimètres de longeur, la belette fait néanmoins la guerre aux volailles, aux pigeons, aux moineaux; mais, disons-le comme circonstances atténuantes, elle s'attaque aussi aux rats, aux souris, aux mulots dont elle fait un grand carnage.

Lorsque la belette entre dans un poulailler, elle n'attaque pas les coqs et les vieilles poules; elle choisit les petits poussins, les tue par une seule blessure faite à la tête et les emporte les uns après les autres; elle casse aussi les œufs et en suce le contenu avec une incroyable avidité.

En hiver, elle demeure ordinairement dans les greniers, dans les granges, souvent même elle y reste au printemps; en été, elle va a quelque distance des maisons, dans les bois, autour des moulins, le long des ruisseaux, des rivières, se cache dans les buissons pour mieux attraper les oiseaux, et souvent se cache dans le creux de quelque vieux saule pour y déposer ses petits. Elle leur prépare un lit avec de l'herbe, de la paille, des feuilles. Les petits, qui naissent les yeux fermés prennent en peu de temps assez de force et d'accroissement pour suivre leur mère à la chasse : Elle attaque les couleuvres, les rats d'eau, les taupes, les mulots, parcourt les prairies, dévore les cailles et les œufs.

Dans ses courses sanguinaires, elle ne marche jamais d'un pas

égal, ne va qu'en bondissant par petits sauts inégaux et précipités ;
et lorsqu'elle veut monter sur un arbre, elle fait un bond par lequel
elle s'élève tout d'un coup à plusieurs pieds de hauteur ; elle bondit
de même lorsqu'elle veut attraper un oiseau.

Ces petits animaux dorment les trois quarts du jour, et emploient
la plus grande partie de la nuit à manger ou à chercher leur proie.
Ils ont une odeur très forte et très caractéristique qui se manifeste
plus encore en été qu'en hiver et qui se répand au loin quand ils
sont irrités.

Les belettes marchent toujours en silence et ne donnent jamais de
voix que si on les frappe : Elles ont alors un cri aigre et enroué qui
exprime la colère et la douleur.

L'HERMINE (*Putorius erminea*) n'approche guère des habitations,
mais est très nuisible au gibier dans les bois des contrées rocail-
leuses. Elle paraît n'être qu'une espèce de belette blanche tant la
ressemblance de la conformation est grande entre ces deux animaux ;
mais l'hermine peut toujours se distinguer en ce qu'elle a, en tout
temps, le bout de la queue noir, avec le bout des oreilles et
l'extrémité des pieds blancs ; elle est aussi un peu plus grande. Tout
le reste de son corps est blanc en hiver ; pendant l'été la partie
supérieure de son pelage est fauve ou rousse tandis que la partie
inférieure demeure blanche.

Quoique moins commune que la belette, l'hermine ne laisse pas
de se rencontrer assez fréquemment dans les anciennes forêts,
et quelquefois, pendant l'hiver, dans les champs voisins des bois.

Le PUTOIS (*Putorius fœtidus* ou *Putorius communis*) ainsi nommé à
cause de la puanteur, de l'odeur infecte qu'il exhale, est un peu plus
petit que la fouine dont nous parlerons tout à l'heure ; il a la queue
plus courte, le museau plus pointu, le poil plus épais et plus noir ;
il a du blanc sur le front, aux côtés du nez et autour de la gueule ;
il a le cri plus couvert que la fouine, mais tous deux font entendre,
comme l'écureuil et la marte, un grognement d'un ton grave et
colère qu'ils répètent souvent lorsqu'on les irrite.

Le putois a aussi le tempérament, le naturel et les mœurs de la
fouine. Comme elle, il s'approche des habitations, monte sur les
toits, s'établit dans les greniers à foin et dans les granges, se
glisse dans les basses-cours et monte aux volières et aux colombiers
où, sans faire autant de bruit que la fouine, il fait plus de dégâts.
Il coupe ou perce la tête à toutes les volailles qu'il emporte une à

une dans sa retraite. Si, comme il arrive souvent, il ne peut les emporter entières, parce que le trou par lequel il est entré est trop étroit, il n'emporte que les têtes ou bien suce le sang sur place et mange la cervelle. Il est fort avide de miel, attaque les ruches en hiver, et force les abeilles à les abandonner; il ne s'éloigne guère des lieux habités.

A la ville et à la campagne ces animaux vivent de pillage, et de chasse : Ils passent l'été dans des terriers de lapins, dans des fentes de rochers, dans des trous d'arbres creux, d'où ils ne sortent guère que la nuit pour se répandre dans les champs, dans les bois; ils cherchent les nids des perdrix, des allouettes et des cailles, grimpent sur les arbres pour prendre ceux des autres oiseaux, épient les rats, les taupes, les mulots, et font une guerre continuelle aux lapins qui ne peuvent leur échapper, parce que les putois entrent aisément dans leurs trous.

C'est surtout quand il est échauffé, irrité que le putois exhale et répand au loin une odeur insupportable. Les chiens ne veulent point manger de sa chair, et sa peau ne perd jamais complétement cette odeur désagréable.

Cette odeur provient de deux vésicules que ces animaux portent auprès de l'anus et qui contiennent une matière onctueuse dont les émanations insupportables dans le putois, le furet, la belette, constituent, au contraire, un agréable parfum dans la civette et plusieurs autres animaux.

La FOUINE (*Mustela foina*) est de la grandeur du chat; elle a la tête petite, le corps allongé, les jambes très courtes une queue presque de la longueur de son corps, bien touffue et dont le poil a plus de cinq centimètres de longueur. Cet animal a la physionomie très fine, l'œil vif, le saut léger, les membres souples, le corps flexibles, tous les mouvements rapides : il saute et bondit plutôt qu'il ne marche; il grimpe aisément le long des murailles crépies, entre dans les colombiers, il se glisse aussi dans les poulaillers, mange les œufs, les pigeons, les poulets, en tue quelquefois un grand nombre et les porte à ses petits. La fouine prend aussi les souris, les taupes et les oiseaux dans leurs nids.

La fouine, prise jeune, s'apprivoise jusqu'à un certain point, mais elle ne s'attache pas et demeure toujours assez sauvage pour qu'on soit obligé de la tenir enchaînée.

Buffon en a élevé une qui s'est échappée plusieurs fois de sa chaîne : les premières fois, elle ne s'éloignait guère et revenait au bout de quelques heures, mais sans marquer de joie, sans attachement pour personne ; elle demandait cependant à manger comme le chat et le chien. Peu à peu elle fit des absences plus longues, et enfin ue revient plus : elle avait alors un an et demi.

Les fouines déposent leurs petits dans un trou de muraille, dans un grenier à foin, dans le tronc d'un arbre creux ; elles y transportent de la paille, de la mousse ou de l'herbe ; on trouve des jeunes depuis le printemps jusqu'en automne ; quand on les inquiète, la mère les transporte ailleurs ; au bout d'un an, ils ont acquis presque toute leur grandeur.

Les fouines ainsi que les martes rendent une matière onctueuses à odeur de musc : les vésicules de ces animaux contiennent une matière odorante semblable à celle de la civette. Leur chair en conctracte un peu l'odeur ; cependant, celle de la marte n'est pas mauvaise à manger tandis que celle de la fouine est fort désagréable.

Comme ces animaux sont de terribles destructeurs de volailles, on leur tend des pièges. On les attire en mettant pour appât un petit poulet, un œuf, un morceau de viande, et en semant sur le chemin qui conduit au piège des poires tapées dont elles sont très friande.

La MARTE (*Mustela martes*) plus grosse que la fouine a la tête plus courte, les jambes plus longues, et court plus aisément : elle se distingue particulièrement par la couleur de la gorge qui est jaune, tandis que la gorge de la fouine est blanche. Le poil de la marte est plus fin, plus abondant et moins sujet à tomber que celui de la fouine.

La marte, originaire du nord, s'y trouve en si grand nombre que l'on est étonné de la quantité de fourrures de cette espèce qu'on en retire. Au contraire, elle est rare dans les pays tempérés et ne se trouve jamais dans les pays chauds.

Cet animal fuit également les pays habités et les lieux découverts ; elle demeure au fond des forêts, ne se cache point dans les rochers, mais parcourt les bois et grimpe sur les arbres : Elle vit de chasse, et détruit une prodigieuse quantité d'oiseaux, dont elle cherche les nids pour en sucer les œufs ; elle prend les écureuils, les lérots, les mulots et mange aussi du miel comme la fouine et le putois.

Elle diffère beaucoup de la fouine par la manière dont elle se fait chasser : dès que celle-ci se sent poursuivi par un chien, elle s'enfuit promptement dans son grenier ou dans son trou. La marte, au contraire, se fait suivre longtemps par les chiens avant de grimper sur un arbre ; elle ne se donne pas la peine de monter jusqu'au-dessus des branches ; elle se tient sur la tige, et de là les regarde passer.

La trace qu'elle laisse sur la neige, paraît être celle d'une grande bête, parce qu'elle ne va qu'en sautant, et qu'elle marque toujours des deux pieds, à la fois.

La marte s'empare, pour y déposer ses petits, des nids que les écureuils font pour eux avec tant d'art, et dont elle se contente d'élargir l'ouverture. Elle se sert aussi des anciens nids de ducs, de buses, et des trous des vieux arbres dont elle déniche les pies et les autres oiseaux. Les petits grandissent en peu de temps : Elle leur apporte des oiseaux, des œufs et bientôt les mène, à la chasse avec elle. Les oiseaux connaissent si bien ce terrible ennemi, qu'ils font pour la marte, comme pour le renard, le même petit cri d'avertissement. Ce qui semble indiquer, dit Buffon, qu'ils sont excités par la haine encore plus que par la crainte, c'est qu'ils font entendre ce cri, de fort loin, contre les animaux voraces et carnassiers, tels que le loup, le renard, le chat sauvage, la belette, et jamais contre ceux dont ils n'ont rien à redouter, comme le cerf, le chevreuil et le lièvre.

CHAPITRE XII

Souris ou oiseau? — Curieux mammifère. — La Chauve-souris. — Son squelette.
Ses ailes. — Bizarre physionomie. — Le vol des Chauves-Souris. — Leur
attitude. — Leurs habitudes. — La grotte des Chauves-souris. — La nourriture
de ces animaux. — Chauve-souris captive. — Le fer-à-cheval. — La sérotine.
— La noctule. — La Pipistrelle. — La Barbastelle. — L'oreillard. — Erreurs
et préjugés. — Les Roussettes frugivores. — Les vampires.

Nous voilà en présence des individus les plus curieux du règne
animal :

> « N'êtes-vous pas souris? Parlez sans fiction.
> « Oui, vous l'êtes; ou bien, je ne suis pas belette.
> — « Pardonnez-moi, dit la pauvrette,
> « Ce n'est pas ma profession.
> « Moi, souris! des méchants vous ont dit ces nouvelles;
> « Grâce à l'auteur de l'univers,
> « Je suis oiseaux; voyez mes ailes.
> « Vive la gent qui fend les airs! »
>
> . . . .
>
> « Moi, oiseau!... Vous n'y regardez pas.
> « Qui fait l'oiseau, c'est le plumage
> « Je suis souris; vivent les rats! ».....

Quel est donc l'être bizarre que notre grand fabuliste a mis en
scène d'une façon si spirituelle; et qui, suivant les besoins de sa
cause, peut impunément se faire passer pour souris ou pour
oiseau? . . . .

Pendant les belles soirées d'été, un instant avant le coucher du
soleil, nous voyons sortir de toutes les fentes, de tous les trous, de
toutes les cavernes, les bandes lugubres des *chauves-souris* qui

s'étaient tenues cachées pendant le jour, comme si elles avaient peur
de se montrer à la lumière. A mesure que disparait le crépuscule le
nombre de ces habitans des ténèbres augmente, et lorsque la nuit
a enveloppé la terre de ses ombres ils sont tous en pleine activité.

Les particularités que présente leur structure ont longtemps égaré
les naturalistes et leur ont fait méconnaître la place que ces êtres si
curieux doivent occuper dans la série animale.

Aristote appelle les chauves-souris des *Oiseaux à ailes de peau*, et
Pline ne les a pas considérées autrement. Scaglier les regarde comme
les plus singuliers des oiseaux, et Linné, tombant dans un excès contraire, les réunit à l'homme et aux singes. L'erreur du célèbre
naturaliste provient de ce qu'il avait exclusivement considéré la
position de l'appareil mammaire; ces animaux étant les seuls, avec
l'homme et les singes, qui aient les mammelles pectorales. Les
chauves-souris, en effet, nourrissent leurs petits avec le lait de leurs
mammelles placées à la poitrine.

Ces mammifères CHÉIROPTÈRES (*c'est-à-dire à pattes ailées*) sont voraces
comme les souris dont ils partagent l'organisation dentaire.

Le squelette de ces animaux présente des caractères en rapport
avec leurs fonctions. Les os du bras et de l'avant-bras sont fort
allongés; les doigts sont longs, grêles, divergents en tous sens; ils
soutiennent et tendent la membrane cutanée qui les embrasse et les
relie, mais ils sont impropres à tout autre usage; le pouce seul
conserve ses formes et sa mobilité normales. Composé de deux
phalanges, il porte une griffe solide qui remplace toute la main
lorsque l'animal veut grimper ou se suspendre

Les os des membres postérieurs sont plus courts et plus faibles
que ceux des membres antérieurs. Les pieds, dont les doigts, au
nombre de cinq, sont munis de griffes, présentent cette particularité
que, du talon, s'élève une espèce d'éperon qui n'existe chez aucun
autre mammifère, et qui sert à tendre la membrane cutanée entre la
jambe et la queue.

Le caractère le plus remarquable des chauves-souris, est incons-
testablement celui que présente leur membrane aliforme qui n'est
qu'une continuation de la peau des flancs; elle consiste en deux
lames, l'une provenant du dos et l'autre du ventre. La face externe
de la membrane de l'aile est imprégnée d'un liquide gras, huileux,
d'une odeur pénétrante, secrété par des glandes placées entre les
narines et les yeux. Toutes les fois que l'animal se réveille ou qu'il

veut s'envoler, il se frotte l'aile de ce liquide, afin de l'entretenir toujours grasse et souple.

La membrane totale se divise en quatre parties comme on peut le voir en examinant une chauve-souris. Ce sont ces membranes qui permettent aux chéiroptères de se soutenir dans les airs; et elles leur donnent, en même temps, les formes si bizarres qui les caracté-risent; les expansions cutanées des oreilles et du nez contribuent également, dans une large mesure, à leur imprimer une physionomie particulière et souvent monstrueuse.

« Chez aucun autre animal, dit un savant naturaliste, on ne trouve ce développement extraordinaire de la peau, qui caractérise leurs oreilles et leur nez, et forme leurs ailes. Les oreilles sont très grandes chez toutes les espèces; chez quelques unes, elles sont même plus longues que le corps, et chez d'autres elles sont quelquefois très larges et se tendent en un haut pavillon fermé. Chez beaucoup d'espèces, le nez se couvre d'excroissances cutanées qui donnent à ces animaux leur physionomie si originale. La peau des ailes, celles des oreilles et du nez, présentent, chez les chauves-souris, des particularités qui les distinguent de tous les autres ordres et qui expliquent tous leurs mouvements et leurs habitudes.

« De la forme des ailes dépendent la force du vol et la physionomie de ses mouvements. Sous ce rapport, les chauves-souris offrent presque autant de différence que les oiseaux : les espèces à ailes longues et étroites ont le vol rapide et agile de l'hirondelle; celles qui ont des ailes courtes et larges rappellent les mouvements lourds de la poule. On peut déterminer assez rigoureusement la forme des ailes d'après les rapports qui existent entre la longueur du cinquième et du troisième doigt ou de toute l'aile. Le troisième doigt, le bras et l'avant-bras, donnent ensemble l'étendue de l'aile. La largeur de la membrane est à peu près égale à la longueur du cinquième doigt.

« Quiconque observera les chauves-souris à l'état libre, pourra se convaincre du rapport qui existe toujours entre la forme des ailes et la rapidité du vol. La noctule est, de nos chauves-souris, celle qui vole avec le plus de vitesse et de facilité. On la voit quelquefois avant le coucher du soleil tourner autour de nos clochers, et décrire, en compagnie des hirondelles, des cercles rapides et hardis. C'est elle aussi qui a les ailes les plus étroites et les plus allongées : elles sont à peu près trois fois plus longues que larges. Toutes les espèces dont

Dans les Bois. 18

les membranes aliformes répondent à ce type volent haut, rapidement, sans efforts et font des courbes avec une si grande sûreté,
qu'elles bravent la tempête et les orages. Leur aile décrit pendant le
vol un petit angle aigu, et n'agit avec énergie que dans les crochets,
les détours brusques que fait l'animal.

« Les vespertilions et les rhinolophes ont le vol plus lourd ; aussi
leurs ailes ont non-seulement peu d'étendue, mais sont plus larges
que longues, et décrivent pendant le vol un grand angle presque
toujours obtus, ce qui rend ce vol lent et incertain. Ordinairement
ces chauves-souris volent bas et en ligne droite, au-dessus des routes
et des allées, sans jamais dévier brusquement de leur direction ;
quelques espèces rasent presque le sol et la surface de l'eau. »

En général, le vol des chauves-souris n'est pas soutenu ; il n'est
que momentané : C'est moins un vol qu'un voltigement incertain
qu'elles semblent n'exécuter que par une sorte d'efforts et d'une
manière gauche. Elles ne s'élèvent de terre qu'avec peine, ne volent
jamais à une grande hauteur, et ne peuvent qu'imparfaitement précipiter, ralentir ou même diriger leurs mouvements. Ce vol n'est ni
très rapide, ni bien direct ; il se fait par des vibrations brusques
dans une direction oblique et tortueuse.

Elles ne laissent pourtant pas de saisir adroitement, en passant,
les moucherons, les cousins, les papillons, surtout les phalènes
dont elles font une destruction prodigieuse. Elles avalent en quelque
sorte les insectes tout entiers ; et, on trouve dans leurs excréments,
des débris d'ailes et des autres parties qui ne peuvent se digérer.

Pour étendre plus facilement la membrane qui leur sert d'ailes et
s'envoler sans obstacles, les chéiroptères se suspendent la tête en
bas, en se maintenant dans cette position par les griffes des pattes
postérieures. Avant de prendre leur essor, elles éloignent la tête de
la poitrine, lèvent les bras, écartent les doigts, dressent la queue et
l'éperon, abandonnent leur appui, et battent, sans discontinuer, l'air
au moyen de leur bras. Ils éprouvent plus de difficulté pour s'élever
du sol ; et pour y parvenir, ils commencent par étendre les bras et
les ailes, se soulèvent un peu sur les pattes de derrière, sautent en
l'air à plusieurs reprises, et enfin s'élèvent en battant de ailes.

Leurs mains ne servent pas seulement au vol ; elles les emploient
aussi à la marche qui est toujours pénible ; quand elles veulent
grimper, elles s'accrochent à l'aide des griffes aiguës du pouce et
font alternativement agir les deux pieds.

Les contrées du nord de l'Europe ne possèdent que quelques rares espèces de chauves-souris.

« A mesure, dit Brehm, que l'on s'approche des zones chaudes, le nombre et la variété des chéiroptères augmentent. Le sud est leur véritable patrie. En Italie, en Grèce, en Espagne, ils se trouvent déjà en très grand nombre. Dans ces pays, on en voit le soir, non pas des centaines, mais des milliers, sillonner l'air dans tous les sens. De chaque maison, de chaque ruine, de chaque fente, il en sort des quantités si considérables que, pendant le crépuscule, déjà tout l'horizon en est littéralement couvert ; on dirait une armée se disposant à envahir le pays. Dans les contrées chaudes, leur nombre est vraiment fabuleux. Rien n'est plus agréable et plus intéressant que de passer une soirée aux portes d'une des grandes villes de l'Orient ou des Indes : des bandes de chauves-souris, que le crépuscule vient animer, s'y montrent en telle quantité qu'il devient bientôt impossible d'évaluer leur nombre. On ne voit plus de toute part que des masses noires se mouvant dans l'air. Partout la vie, partout le mouvement : au milieu des arbres, des jardins et des bosquets, sur les champs, dans les rues, dans les cours, dans les chambres, partout on voit voler des chauves-souris. Elles arrivent par centaines et des centaines disparaissent d'un autre côté; on est continuellement entouré de leurs bandes voltigeantes. »

Les chauves-souris n'apparaissent que vers le moment du crépuscule et se retirent dans leurs trous bien avant le lever du soleil; quelques espèces, cependant, sortent dès trois ou quatre heures de l'après-midi, et voltigent dans tous les sens malgré la lumière éblouissante du soleil. Chaque espèce à ses préférences : aux unes il faut des bois et des forêts, et c'est de celles-là que nous nous occuperons particulièrement aux autres il faut des jardins entourés de grands murs, des allées, des routes, des rues; il en est qu'on ne rencontre qu'à la surface des lacs, des étangs, des eaux stagnantes, d'autres qui affectionnent le rivage des rivières paisibles. Quel que soit le lieu où on les rencontre, on peut être assuré qu'il y a là de nombreux insectes dont elle nous débarrassent. Il est rare de les voir en pleine campagne où elles ne trouveraient qu'une nourriture insuffisante.

Pendant le jour les chauves-souris se retirent dans tous les coins obscurs qui peuvent leur procurer un abri : Les troncs des arbres vermoulus, les maisons en ruines, les fentes des rochers, les carrières, les aqueducs, les arches des ponts, leur servent de retraite. Ce qui leur plaît, avant tout, c'est la tranquillité; elles sont heureuses quand elles ont la certitude de n'être pas souvent dérangées; et que la cachette présente un abri sec, chaud, couvert audessus; et, autant que possible, à parois verticales. On en voit se suspendre dans les cheminées : De cette habitude le vulgaire a émis l'opinion que les chauves-souris sont friandes de viandes et de lards fumés ce qui est absolument faux.

C'est surtout dans ces grottes naturelles vastes et profondes, dont l'homme a fait ses premières habitations que les petites e pèces de chéiroptères aiment à se réfugier. Une des plus remarquables de ces retraites est la *Grotte des chauves-souris* de Château double, dans le département du Var. Cette grotte située à mi-côte d'une colline surmontée d'immenses rochers à pic est d'un accès difficile; on y rencontre des débris de stalactites qui descendaient de la voûte et qui ont été brisées par les visiteurs. Quelques unes descendant jusqu'au sol, formaient de brillantes colonnes qui semblaient supporter un édifice gothique. La couche de guano résultant des excréments des chauves-souris forme, sur le sol de la grotte, une épaisseur de plus de deux mètres.

« Les parois de la grotte sont littéralement tapissées de milliers de chauves-souris, dont quelques unes ont une taille assez grande; ni les cris, ni le bruit ne les font détacher; mais, le soir venu, elles en sortent pour aller chercher leur nourriture dans les campagnes. Dans cette grotte se trouvent, l'un à droite, l'autre à gauche, deux grands enfoncements qui peuvent avoir trois mètres de profondeur et quatre de hauteur; leurs parois sont tapissées, ainsi que celles de toute la grotte, de concrétions stalagmitiques. Il tombe constamment çà et là, même par les temps les plus secs, des gouttes d'eau qui rendent le sol très humide, et détrempent le guano qui se trouve dans les points les plus bas du sol. Depuis combien d'années cette grotte sert-elle de refuge aux chauves-souris? Il est, certes, difficile de le dire, mais la couche profonde d'excréments qui s'y est produite, laisse à penser qu'elles ont dû en prendre possession peu de temps après que l'homme en eut fait l'abandon pour se créer d'autres demeures. »

Parmi les chéiroptères, les chauves-souris proprement dites ne vivent que d'insectes et principalement de phalènes, de scarabées, de mouches, de cousins, etc. Leur faim est insatiable; une chauve-souris, de grosseur ordinaire consomme, pour un seul repas, une douzaine de hannetons, une soixantaine de mouches. Lorsqu'elles ont saisi un insecte trop gros pour être avalé tout d'une pièce, elles l'appuient contre leur poitrine et le mangent lentement. Elles sont pour l'homme des animaux excessivement utiles et méritent sa protection. On a remarqué que les chauves-souris suivent les troupeaux au pâturage, parce que, dans leur voisinage, elles sont toujours assurées de trouver un grand nombre d'insectes.

Il faut aux chauves-souris de la chaleur; le vent et la pluie suffisent po r les contraindre à rester dans leurs trous; si quelques unes se hasarden à sortir de leur cachet e, par une soirée un peu fraîche, elles s'empressent d'y revenir le plus promptement possible. En été, les chauves-souris retournent régulièrement dans le même trou.

Lorsque l'hiver arrive, elles tombent dans un sommeil léthargique, et on les rencontre quelquefois en quantité considérable, suspendues par les pattes de derrières, dans les grottes, dans les caves, sous les toits, contre les poutres, partout en un mot, où elles trouvent un abri commode contre les intempéries de la saison.

L'époque de leur apparition, au printemps, est très variable; ce sont toujours les espèces de petite taille qui se montrent les premières.

Les petits des chauves-souris naissent le corps entièrement nu, les oreilles closes et les yeux fermés; ils s'accrochent à leur mère et s'attachent immédiatement au sein : Quelques jours suffisent pour que leur corps se couvre de poils, pour que leurs oreilles s'ouvrent; leurs yeux restent fermés jusqu'au dixième jour. Les mères, pendant assez longtemps, volent en emportant leurs petits avec elles; ces derniers atteignent tout leur développement en cinq ou six semaines.

Nous avons dit que les chauves-souris, lorsqu'elles trouvent un endroit qui leur plait, s'y réunissent en bandes considérables. Voici un exemple de ces agglomérations extraordinaires :

« Etant allé avec mon fils à Aigues-Mortes, dit Crespon, pour y chercher des vespertilions, car je savais depuis longtemps qu'il s'en trouvait beaucoup dans les vieux édifice, M. le Maire de cette ville et M. Naud, négociant, voulurent bien me servir de guides pour explorer la tour *Constance*. Nous nous étions munis d'une lanterne et de bonnes cordes en cas de besoin. Après avoir cherché dans plusieurs endroits sans qu'il nous fut possible d'en découvrir, bien que le sol fut couvert de leurs ordures noires, nous montâmes jusqu'au milieu de la tour, où bientôt nous entendîmes leurs cris; ils partaient d'une espèce de puits que les habitants d'Aigues-Mortes prétendent être d'anciennes oubliettes; à la lueur de la lanterne nous reconnûmes une masse de chauves-souris qui s'y trouvaient à une petite profondeur. Cette découverte me rendit joyeux. M. Naud qui tenait un filet que j'avais arrangé au bout d'un bâton, le leur appliqua dessus et en prit une grande quantité, mais le poids de ces animaux et leurs mouvements le firent échapper du bâton et tomber au fond du puits. J'avoue que j'étais au désespoir de ce malencontreux évènement, qui allait peut-être me priver de quelque nouveauté. Voyant mon désappointement, mon fils me pria de le laisser descendre en se laissant glisser par la corde que nous avions emportée. Après avoir hésité un instant, je le lui accordai. Mais à peine fut-il en bas (environ dix mètres), il heurta une si grande quantité de chauves-souris, réunies en masse, que bientôt la lanterne que nous avions descendue, pour l'éclairer au moyen d'une ficelle, se trouva éteinte par le vent que produisaient les ailes de ces animaux; mon fils s'était empressé de ramasser le filet qu'il avait trouvé au bord d'un grand trou: il l'avait placé entre ses dents, encore à moitié pleins de chauves-souris, et grimpait à la corde au milieu d'un tourbillon de ces animaux, et c'est à peine si nous pouvions nous-mêmes rester au bord du puits pour l'attendre, tant il en sortait à la fois : elles nous battaient la figure avec leurs ailes, ce qui devenait très importun. Lorsque nous le reçûmes, plusieurs chauves-souris se trouvaient attachées sur sa blouse, d'autres lui avaient blessé les mains.

« Nous ne crûmes pas nous tromper en évaluant à plus de trois mille le nombre des chauves-souris qui sortaient de cet endroit; elles s'étaient répandues partout dans la tour, de sorte qu'on entendait un bruit semblable à celui que produit le vent à travers les arbres. »

Les chéiroptères, malgré leurs formes bizarres, ne sont point des animaux stupides. Beaucoup de personnes ont acquis la certitude que certaines espèces sont susceptibles de s'apprivoiser, et même de montrer à leur maître de l'attachement et de l'affection.

« Je m'amusai beaucoup, raconte White, des faits et gestes d'une chauve-souris apprivoisée, qui enlevait les mouches sur la main qui les lui présentait. Lorsqu'on lui donnait quelque chose à manger, elle ramenait ses ailes devant sa bouche, planant et voletant la tête

cachée, à la façon des oiseaux de proie qui se repaissent. Son adresse
à raser les ailes de mouches qu'elles rejetait constamment était digne
d'observation et me divertissait fort. Tandis que je regardais ce
merveilleux quadrupède, plusieurs fois il se posa sur le plancher et
réfuta, en s'enlevant avec aisance, l'opinion qui veut que la chauve-
souris tombée sur une surface plane soit incapable de prendre l'essor.
Celle-ci courait plus vite que je ne l'aurais supposé, mais de la
façon la plus grotesque et la plus ridicule. »

Parmi les espèces des chauves-souris commune dans nos contrées
nous citerons le GRAND FER-A-CHEVAL (*Rhinolphus unihastatus*) et le
PETIT FER-A-CHEVAL (*Rhinolphus bihastatus*) qui hivernent particulièrement dans les caves, les grottes, sous les toits des vieux édifices,
mais que l'on rencontre aussi quelquefois dans les bois, cachés
pendant le jour dans les arbres creux, sous l'écorce des vieux
troncs, plus rarement au milieu des feuilles épaisses.

Ces chauves-souris s'éveillent avec le crépuscule, chassent souvent
toute la nuit, et croquent des quantités considérables d'insectes de
toutes espèces, particulièrement des cousins.

La SÉROTINE (*verpertilio serotinus*) est par excellence la chauve-
souris des bois. On la rencontre isolée ou par paire à la lisière des
forêts ; c'est une de nos plus grandes chauves-souris ; elle a les
oreilles courtes et larges, le poil roussâtre, la voix aigre, assez
semblable au son d'un timbre de fer. Elle ne sort qu'à la nuit close
pour dévorer les phalènes et les autres insectes si nombreux, le soir,
dans les bois ; elle se plait surtout dans les endroits où il y a de
l'eau.

La NOCTULE (*Vespertilio noctula*) vit également dans les bois et se
rencontre dans toute l'Europe ; elle sort plus tôt que la sérotine, et
on la voit, luttant de vitesse avec les oiseaux de proie qui la poursuivent et auxquels elle échappe presque toujours par ses brusques
changements de direction ; elle sait se soustraire aux serres du
hobereau que ne peuvent pas toujours éviter les hirondelles. Cette
espèce exhale une odeur des plus désagréable. Les noctules, moins
solitaires que les sérotines se réunissent par petites troupes.

La PIPISTRELLE (*Vespertilio pipistrellus*) plus petite que les précédentes
espèces, se cache dans les creux des murs, sous les toits, dans
les greniers, et ne se rencontre que rarement dans les bois ; elle est
la plus petite, mais peut-être la moins laide de toutes les chauves-

souris, quoiqu'elle ait la lèvre supérieure fort renflée, les yeux très petits et très enfoncés et le front couvert de poils.

La BARBASTELLE (*Synotus barbastellus*) à peu près de la grosseur de l'oreillard dont nous parlerons bientôt, a les oreilles aussi larges, mais bien moins longues, le museau court, le nez aplati et les yeux presque dans les oreilles. Son nom de barbastelle lui convient d'autant mieux, qu'elle paraît avoir une grosse moustache, ce qui, cependant, n'est qu'une apparence occasionnée par le renflement des joues qui forment un bourrelet au-dessus des lèvres; elle surpasse l'oreillard par la vitesse et la durée de son vol qui est plus sinueux; elle résiste assez bien à l'intempérie des saisons, et ne craint ni la pluie, ni les orages. On la rencontre quelquefois sous le toit des habitations rustiques disséminées dans les bois.

L'OREILLARD (*Plecotus auritus*) vulgairement *chauve-souris à grandes oreilles*, aime à se rapprocher des habitations de l'homme, mais se rencontre très fréquemment dans les clairières, les avenues des forêts, les vergers, les promenades plantées de grands arbres. Cette espèce, qui doit son nom à la longueur démesurée de ses oreilles a environ dix centimètres de longueur, et vingt-quatre centimètres d'envergure. L'oreillard est assez difficile à observer parce qu'il sort tard de sa retraite, et vole avec une rapidité telle qu'on a peine à l'apercevoir dans l'obscurité. Dans son vol capricieux, il monte, descend, tourne à droite, tourne à gauche, va, revient, et tout cela avec des transitions si brusques et des mouvements si anguleux qu'il est à peu près impossible de le suivre de l'œil.

Ses oreilles monstrueuses ne lui ont pas été données inutilement par la nature; le sens de l'ouïe, prodigieusement développé chez cette chauve-souris, remplace jusqu'à un certain point le sens de la vue. En effet les yeux de l'oreillard sont très petits et se trouvent presque cachés dans les poils du front; il ne lui est donc guère possible, quand la nuit est noire, d'apercevoir à une certaine distance les insectes dont il se nourrit; mais, s'il ne les voit pas, il les entend bourdonner et se précipite avec sûreté sur sa proie.

De toutes les chauves-souris, l'oreillard est celle qui supporte le mieux la captivité. Un naturaliste qui a observé un oreillard pendant plusieurs semaines dit qu'il était très éveillé, surtout le soir; il lui arrivait bien de s'envoler pendant le jour, mais il se reposait régulièrement vers le milieu de la nuit. Son vol était facile; quand il voulait éviter un obstacle, il décrivait un arc; il courait assez rapidement sur le sol, et s'élevait dans l'air, sans trop de difficulté.

Il grimpait très bien sur les murs; au moindre bruit, il dressait ses longues oreilles. Il n'avait, dans sa prison, rien perdu de sa voracité naturelle : Lorsqu'on plaçait des mouches à sa portée, il leur faisait la chasse, et il ne lui en fallait pas moins d'une soixantaine pour apaiser sa faim. Dès que les mouches bourdonnaient dans son voisinage, il devenait inquiet, voltigeait en flairant dans tous les sens, dressait les oreilles, s'arrêtait devant un des insectes, se précipitait sur lui en le couvrant de ses ailes étendues et le prenait ensuite entre ses dents. Si la mouche était de trop forte taille, il courbait la tête presque sous la poitrine pour la mieux saisir. Ce n'est que pressé par la faim qu'il touchait aux mouches mortes, tandis qu'il se précipitait avec avidité sur celles qui étaient en mouvement.

Il est temps de faire justice de tous les préjugés ridicules, de toutes les fables absurdes dont les chauves-souris ont été l'objet, et nous devons considérer l'ordre des chéiroptères comme l'un des plus utiles de la grande famille des être animés.

Deux espèces de chéiroptères, les roussettes et les vampires ont particulièrement contribué à la propagation de nombreuses erreurs; et, bien que ces animaux n'appartiennent pas à notre pays, nous croyons qu'il est utile de les faire connaître. Ce sera peut-être le meilleur moyen de rendre nos jeunes lecteurs favorables aux chauves-souris.

Les Roussettes ressemblent aux chauves-souris par les membranes qui leur servent d'ailes, mais leur taille est beaucoup plus considérable. Leur tête les en distingue également; elle ressemble, dit un observateur « à la bonne et douce tête du chien ou du renard, de là les noms de *Chiens-Volants* ou de *Renards-Volants*, que l'on a donnés à ces animaux. »

Les Roussettes habitent les forêts épaisses des contrées les plus chaudes de l'ancien continent; elles se retirent peu dans les trous. Le plus ordinairement, elles se suspendent aux branches des arbres et s'enveloppent de leurs ailes. Au milieu des sombres forêts vierges, où les rayons du soleil ne pénètrent qu'avec peine, elles volent quelquefois pendant le jour; mais, le plus souvent, elles ne se montrent qu'au moment du crépuscule. Leur vue perçante, leur odorat très fin leur font découvrir de loin les arbres couverts de fruits savoureux; elles y accourent en bandes innombrables et ont promptement dévalisé un arbre; elles ne s'attaquent qu'aux fruits les plus mûrs; elles les sucent et rejettent la pulpe.

Le jour elles sont très craintives et l'apparence du moindre danger les met en grand émoi ; elles tombent sur le sol où elles se démènent follement, et cherchent à grimper sur tous les objets élevés, arbres, chevaux ou hommes. Ne pouvant prendre leur essor que d'un point culminant, elles montent en grimpant pour s'envoler ensuite dans un abri plus sûr. Lorsqu'elles sont au repos, elles font entendre une espèce de glapissement et de sifflement, et, quelquefois, imitent les clameurs de l'oie.

En captivité, elles s'apprivoisent facilement, et s'attachent au bout de quelques jours aux personnes qui les soignent ; elles leur prennent la nourriture de la main sans chercher à les mordre ou à les griffer.

La ROUSSETTE ÉDULE (*Pteropus edulis*) vit dans les grandes forêts de l'Archipel indien ; elle atteint 0^{m}45 de largeur et 1^{m}35 d'envergure. L'aspect de cet étrange animal déployant ses ailes dans toute leur envergure est presque effrayant ; cependant il se présente quelquefois sous des dehors plus agréables :

« Perchée à un arbre, écrivait le correspondant de Buffon à l'île Bourbon, la roussette s'y tient la tête en bas, les ailes pliés et exactement plaquées contre le corps ; ainsi sa voilure qui fait sa difformité, de même que ses pattes de derrière qui la soutiennent à l'aide des griffes dont elles sont armées, ne paraissent point. On ne voit en pendant qu'un corps rond, potelé, vêtu d'une robe d'un brun foncé, très propre et bien colorié, auquel tient une tête dont la physionomie a quelque chose de vif et de fin. Voilà l'attitude de repos des roussettes ; elles n'ont que celle-là, et c'est celle dans laquelle elles se tiennent le plus longtemps pendant le jour... Qu'on se représente la tête d'un grand arbre garni dans son pourtour et dans son milieu de cent, cent cinquante et peut être deux cent girandoles pareilles, n'ayant de mouvements que celui que le vent donne aux branches, et l'on se fera l'idée d'un tableau qui m'a toujours paru curieux. »

Le soir, des milliers de ces animaux s'abattent sur les arbres fruitiers qui seraient complètement dévastés si l'on n'avait la précaution de les entourer de filets. Il est facile de les tuer pendant leur vol car le plus petit grain de plomb brisant la phalange d'un doigt leur fait perdre l'équilibre. Lorsqu'on tire sur elles pendant le jour, elles sont tellement bouleversées qu'elles se gênent mutuellement dans leur fuite ; celles qui sont blessées s'accrochent si fortement aux branches qu'elles ne tombent pas même après la mort. Cependant la chasse aux roussettes est un exercice auquel il ne fait pas bon se livrer partout : Les Hindous les considèrent comme des êtres sacrés et ont pour elles le plus grand respect. Un soir, un naturaliste, tira, dans les rues de Nurpur, sur un animal qui volait au-dessus de sa tête : Une chauve-souris de la grandeur d'une fouine tomba à ses pieds. Aussitôt la foule s'amasse en poussant des cris de fureur, et en montrant avec des gestes d'indignation l'animal blessé. Le naturaliste dut s'appuyer contre un mur et maintenir en respect, en la menaçant de son fusil, la populace exaspérée. Cette scène, qui aurait pu se terminer d'une façon tragique, prit fin après quelques explications et quand l'imprudent chasseur eut déclaré qu'il avait cru tirer sur un hibou.

Les roussettes captives sont très faciles à nourrir ; la nuit elles sont animées et font des efforts pour sortir de leur cage ; mais, pendant le jour, elles demeurent tranquillement suspendues par les pattes la tête et le corps enveloppé dans leur membranes.

Elles s'habituent vite aux personnes qui les soignent, les reconnaissent et leur permettent de les toucher sans jamais chercher à les mordre ; elles deviennent de plus en plus familières, caressent leur maître et lui lèchent les mains à la manière des chiens.

Il n'en est que plus ridicule de voir comment les superstitions les plus exagérées se sont données libre cours pour accuser ces mammifères qui n'ont d'autres désavantage que leur forme originale. Il n'est pas rare de voir les directeurs de ménageries ambulantes, attribuer à ces êtres inoffensifs des actes sanguinaires dont ils sont absolument incapables ; et il est infiniment regrettable de voir les journaux, sous le spécieux prétexte d'une causerie scientifique, se faire les complices des réclames mensongères de ces charlatans.

Voyons maintenant ce qu'il faut penser des *Vampires* dont les nombreuses espèces habitent l'Amérique du Sud, et la partie la plus méridionale de l'Amérique du Nord.

Caractérisés par une grosse tête, un nez camus, une langue épaisse et charnue, des oreilles de moyenne grandeur assez éloignées l'une de l'autre, de grandes ailes, les vampires vivent dans les forêts où ils mènent une existence solitaire, ils se nourrissent de fruits juteux, d'insectes et du sang qu'ils sucent aux animaux.

Nous ne parlerons que du Vampire spectre (*Phyllostoma spectrum*) le plus grand de tous les vampires brésiliens, à qui son museau saillant et ses grandes oreilles donnent une physionomie hideuse.

Dans les vastes forêts vierges, les vampires volent, pendant la nuit, autour des huttes des indigènes ; pendant le jour, ils se tiennent cachés dans les cimes touffues des palmiers. Ils font la chasse aux insectes qui forment le fonds de leur nourriture, ils mangent aussi des fruits; et, quand ils sont très affamés, ils s'attaquent aux oiseaux et aux mammifères.

« Quelquefois, dit d'Azara, ils mordent les crêtes et les barbes des volailles qui sont endormies, et en sucent le sang; d'où il résulte que ces volailles meurent, parce que la gangrène s'engendre dans les plaies. Ils mordent aussi les chevaux, les mulets, les ânes et les bêtes à cornes, d'ordinaire aux fesses, aux épaules ou au cou parce qu'ils trouvent dans ces parties la facilité de s'attacher à la crinière ou à la queue.

« Enfin, l'homme n'est point à l'abri de leurs attaques, et, à cet égard; je puis donner un témoignage certain, parce qu'ils m'ont mordu quatre fois le gros du bout de mes doigts de pied, tandis que je dormais en pleine campagne, dans les cases. Les blessures qu'elles me firent, sans que je les eusse senties, étaient circulaires ou elliptiques et avaient deux à trois centimètres de diamètres, mais, si peu profondes qu'elles ne percèrent pas entièrement ma peau, et l'on reconnaissait qu'elles avaient été faites en arrachant une petite bouchée, et non pas en piquant, comme on pourrait le croire. Outre le sang qu'ils sucèrent, je juge que celui qui coula, pouvait être d'environ quinze grammes lorsque leur attaque m'en tira le plus; mais comme l'épanchement pour les chevaux et les bœufs est de près de quatre-vingt douze grammes et que le cuir de ces animaux est très épais, il est à croire que les blessures sont plus grandes et plus profondes..... Quoique mes plaies aient été douloureuses pendant plusieurs jours, elles furent de si peu d'importance, que je n'y appliquai aucun remède.

« À cause de cela, à cause que ces blessures sont sans danger, et parce que les chauves-souris ne les font que dans les nuits où elles éprouvent une disette d'autres aliments, nul ne craint ici ces animaux et personne ne s'en occupe, quoiqu'on dise d'eux que, pour endormir le sentiment chez leur victime, ils caressent et rafraîchissent en battant leurs ailes, la partie qu'ils vont mordre et sucer. »

D'Azara a réfuté toutes les autres croyances populaires relatives au vampire.

« Il y a quelques années, raconte Waterton, j'arrivais sur les bords du fleuve Paumaron, avec un Écossais, Tarbot. Nous suspendîmes nos hamacs sur le sol couvert de paille de la maison d'un planteur. Le lendemain matin j'entendis mon Écossais murmurer dans son hamac, et lancer de temps en temps un juron. — Qu'avez-vous, Monsieur? lui dis-je à voix basse, vous manque-t-il quelque chose? — Ce que j'ai? répondit-il d'un air mécontent, ce que j'ai? C'est que les chauves-souris m'ont sucé la vie!

« Dès qu'il fit jour, je m'approchai de mon homme qui était réellement couvert de sang. — Voyez, me dit-il, en me montrant ses pieds, ces vampires du diable ont sucé le sang de ma vie.

» J'examinai ses pieds et je vis que le vampire avait percé son gros orteil; la blessure était un peu plus petite que celle d'une sangsue. Le sang coulait toujours, et je suppose qu'il en a perdu 350 grammes. »

Un voyageur, pour examiner l'animal tout à son aise, se fit tirer du sang par un vampire.

Ce voyageur, couché dans une grande chambre, se tenait éveillé et admirait les rayons de la lune pénétrant par les fenêtres ouvertes, quand, tout à coup un grand vampire entra dans la chambre. Demeurant absolument immobile, il vit l'animal voltiger silencieusement; et, après avoir tournoyé plusieurs fois de suite dans le même sens, arriver sous le ciel du lit en décrivant des cercles de plus en plus petits; il s'approcha, en mouvant rapidement ses ailes, sans faire le moindre bruit; enfin, il s'abattit sur sa victime.

L'observateur assure qu'il lui fut impossible de déterminer le moment précis où le vampire mordit sa poitrine; tellement la morsure était peu douloureuse. Cependant, il ressentit peu à peu un léger sentiment de douleur, qui rappelait la morsure d'une sangsue. Saisissant alors le vampire, il l'étrangla.

Ces différents exemples prouvent que les morsures des vampires, et les hémorrhagies qui en résultent sont sans danger. Jamais un homme ou un animal ne sont morts de la perte de sang occasionnée par de pareilles blessures.

Toutes les relations des voyageurs sur les vampires prouvent que les peintures hideuses qu'on a faites de ces animaux sont fausses ou tout au moins empreintes de la plus grande exagération.

CHAPITRE XIII

Les Reptiles. — Généralités. — Le Lézard gris. — Description. — Ses habitudes — Ses mœurs. — Son régime. — Le Lézard ami de l'homme. — Le Lézard vert. — Le Lézard ocellé. — L'Orvet. — Les Couleuvres. — La Couleuvre verte et jaune. — La Couleuvre à quatre raies. — La Couleuvre à collier. — La Couleuvre vipérine. — La Vipère.

Lorsque l'épais feuillage des belles futaies tamise les rayons ardents d'un brûlant soleil, nous aimons à nous promener sous ces voûtes de verdure animées par le concert retentissant des oiseaux chanteurs. C'est le moment où la nature offre dans l'harmonie des trois règnes le tableau le plus varié, le plus riche et le plus magnifique. Nous marchons sur un moelleux tapis de mousse et d'herbes sur lequel les fleurs éclatantes tracent de capricieuses arabesques, et nous nous perdons dans une contemplation sublime, dans une admiration sans bornes pour les merveilles de la création.

Pourquoi faut-il qu'une étrange sensation de terreur nous rappelle à la réalité en nous faisant descendre du ciel sur la terre? Ce n'est pourtant qu'un bruit de feuilles froissées produit par le passage d'un être qui glisse dans les herbes; mais ce bruit qui nous est familier, éveille notre vigilance et nous met en garde contre un danger. Sous un rameau de chêne, entre les fleurs éparses des jacinthes et des œillets, apparaît un reptile. Replié sur lui-même, il forme maintenant un cercle concentrique dont la tête est le centre; on dirait qu'il se livre aux douceurs du repos; mais à notre aspect, il lève la tête et se redresse : Ses yeux étincelants, ses sifflements aigus expriment son courroux; on le dirait prêt à s'élancer. Il n'en est rien cependant; il glisse de nouveau à travers les herbes; il disparait à nos regards; mais cette rencontre a produit sur nous un singulier effet, et désormais notre promenade est dépourvue de charmes.

Rejeton abject d'une race maudite, le serpent semble porter dans sa conformation et dans sa marche basse et rampante, le caractère de sa réprobation. Sa seule présence inspire toujours la frayeur, parce que nous savons que la moindre des morsures de certaines espèces peut causer la mort.

Rassurons-nous cependant; les serpents n'attaquent pas l'homme; ils fuient et se cachent au moindre bruit; et presque tous ces bruits mystérieux dans les herbes sont produits par de gracieux lézards qui sont des êtres absolument inoffensifs.

Le Lézard gris (*lacerta agilis*) est commun partout et notamment dans les climats chauds; il dépose ses œufs dans de vieilles masures exposées au midi, sous de vieilles souches où la chaleur de l'air suffit pour les faire éclore, et où pendant l'hiver, il se retire lui-même. Ils se nourrit de mouches, de fourmis, de grillons, de sauterelles, de vers de terre; il aime à se montrer aux rayons du soleil. Plus le temps est chaud, plus il est vif et alerte; il court quelquefois avec tant de rapidité qu'il disparaît avant qu'on ait eu le temps de l'apercevoir.

Pendant l'hiver, il ne se montre point; il reste engourdi dans sa retraite sans prendre de nourriture; il paraît aimer l'homme; il s'arrête à le regarder avec une sorte de complaisance : Les anciens prétendaient qu'il veillait à sa sûreté, et qu'il le défendait contre les serpents; ils le qualifiaient d'*ami de l'homme*, et *ennemi des serpents*. C'est au lézard vert que Gesner et Erasme attribuaient particulièrement ces qualités.

Le lézard gris varie par la grandeur du corps et les teintes de sa couleur. Il est communément long de seize à dix-huit centimètres; il a la tête triangulaire, aplatie, couverte en dessus de seize écailles de figure irrégulière; son museau ovale présente un contour gracieux; les yeux sont vifs, garnis de paupières, les oreilles rondes, bien ouvertes, placées derrière la tête. On voit au-dessus de ces organes, un espace couvert de petits tubercules et comme chagriné. Les deux mâchoires, d'une longueur égale, son revêtues à l'extérieur de larges écailles, et armées intérieurement de petites dents fines, un peu crochues, tournées vers le gosier. La langue est rougeâtre, assez longue, aplatie et fendue en deux vers son extrémité. La surface inférieure du croc est ornée d'une espèce de collier composé ordinairement de sept écailles un peu plus grandes que les autres, et qui réunissent très souvent l'éclat et la couleur de l'or; le tronc est cylindrique, un peu plus épais que le cou, et d'une forme presque quadrangulaire.

Les pattes de devant sont plus courtes que celles de derrière; elles se terminent en forme de mains à cinq doigts, très déliés et de longueur inégale; le plus long est celui qui tient la place de l'index; le quatrième doigt extérieur des pieds de derrière est le plus long : les uns et les autres sont munis à leur extrémité de petits ongles pointus et recourbés. La plante des pieds est garnie en dessous d'une espèce de rugosité, qui, conjointement avec les ongles, donne à ce reptile la facilité de grimper sur les arbres et le long des murs. La queue, qui est ronde, et un peu plus longue que le corps, diminue insensiblement de grosseur; elle est revêtue d'écailles pointues, relevées en carène, et disposées par bandes circulaires.

Tout le dessus du corps est d'un gris cendré ou olivâtre, parsemé très souvent de quelques taches irrégulières; on observe encore sur ce fond, une bandelette brune liserée de jaune, qui parcourt, de chaque côté, toute la longueur du dos; le ventre est tantôt rougeâtre tantôt d'un blanc tirant sur le jaune, tantôt d'un vert bleuâtre, et couvert de plusieurs rangées de petites écailles carrées, beaucoup plus grandes que celles qui garnissent le dessus du corps. Du reste, la teinte et la distribution de ses couleurs varie selon l'âge, le sexe et le pays; on peut observer un assez grand nombre d'individus sans en trouver deux dont la ressemblance soit parfaite.

Le lézard gris est doux, paisible; on peut le manier impunément; il sert de jouet aux enfants qui le mutilent impitoyablement, il suce avec avidité leur salive. Si l'on met dans sa gueule un peu de tabac en poudre, il entre aussitôt en convulsion et ne tarde pas à mourir.

Il change deux fois de peau dans le cours de l'année, au printemps et à l'automne, comme le font les serpents.

La langue du lézard gris est fourchue, il la darde avec vitesse, elle est dentelée comme une fine soie et cette configuration sert à l'animal pour mieux retenir les insectes ailés dont il se nourrit et qui lui échapperaient facilement.

Sa queue est très fragile et se casse facilement; elle repousse presque toujours, et suivant qu'elle a été divisée dans la longueur en deux ou trois parties, elle est souvent remplacée par deux ou trois queues plus ou moins parfaites, dont une seule renferme des vertèbres; les autres ne contiennent qu'un tendon.

Dans certaines campagnes, on croit que la rencontre d'un de ces lézards à deux ou trois queues est un signe de fortune prochaine.

Le LÉZARD VERT (*lacerta viridis*) est semblable au lézard gris par la forme extérieure ; aussi Linné l'avait-il considérée comme n'en étant qu'une variété.

Cependant, sa grandeur qui surpasse de beaucoup celle du lézard gris, et sa couleur verte, ont suffi à la plupart des naturalistes pour en faire une espèce distincte.

C'est surtout au printemps, lorsqu'il a changé de peau, que la couleur verte de ce lézard paraît dans toute sa vivacité et dans tout son éclat ; car, l'animal est quelquefois d'un vert pâle. Cette couleur s'étend sur tout le corps, excepté sur le ventre qui est blanchâtre.

Le lézard vert est un peu bas sur ses jambes, ce qui ne l'empêche pas d'avoir beaucoup d'agilité. C'est lui qui, souvent effraie les passants en courant rapidement sur les feuilles sèches ; il se dissimule dans les broussailles, les buissons, les bruyères. Tout à coup il s'arrête, regarde fixement l'homme avec ses yeux à la fois doux, expressifs et intelligents. Si on le poursuit, il fuit, puis s'arrête encore ; on dirait qu'il veut jouer à cache-cache. Quand on veut le frapper, il bondit assez haut pour se soustraire au coup qui lui a été lancé.

Quelques chasseurs prétendent que sa morsure est venimeuse, et qu'on a vu des chiens qui en avaient été très malade ; mais il est probable que ces chiens avaient été mordus par quelque vipère ; car il est bien établi qu'il n'a pas de venin.

Cependant il est très irritable, très colère ; il mord ferme, et ne lâche pas facilement ce qu'il tient, mais cette morsure et absolument inoffensive. Quand il est attaqué par un chien et qu'il peut le saisir au nez, il se laisse emporter au loin, malgré les violentes secousses que donne le patient, en s'efforçant avec ses pattes de lui faire lâcher prise. Quelquefois il se laisse tuer plutôt que d'abandonner son ennemi ; mais on ne voit pas que sa morsure soit jamais suivie d'accidents fâcheux. Il se bat contre les serpents dont il devient communément la proie.

Le LÉZARD OCELLÉ (*lacerta ocellata*) qui ne se trouve en France que dans les départements du midi est la plus belle espèce du genre ; sa taille atteint jusqu'à quarante centimètres de longueur.

Nous avons souvent rencontré sous la mousse L'ORVET COMMUN (*Anguis fragilis*), serpent de verre, serpent de haie, anguille fragile, dont le corps fragile se rompt comme le verre dès qu'on cherche à le saisir et dont l'aspect cause à certaines personnes une terreur tout à fait ridicule. Il résulte de cet effroi qu'on tue, sans réflexion, un animal, absolument inoffensif et très utile. L'orvet devrait être spécialement protégé et son introduction dans les jardins serait très avantageuse.

Le nom d'*Anguis* que porte l'*Orvet*, et qui avait été imposé par Cuvier, s'applique à la première famille de l'ordre des ophidiens qui ne comprend que ce seul genre.

Ces reptiles, à corps cylindriques, font en réalité le passage des sauriens aux ophidiens proprement dit : Ils se rapprochent des seps par la structure osseuse de leur tête, par leur langue charnue et peu extensible, par la présence de paupières ; on retrouve au-dessous de leur peau des vestiges d'épaules, etc... D'autre part, ils ressemblent aux vrais serpents par la forme générale de leur corps, qui est arrondi, dépourvu de membres extérieurs, et par la petitesse de l'un de leurs poumons. Ils se caractérisent à l'extérieur par des écailles imbriquées.

L'orvet commun vit de mollusque et de petits insectes ; il se creuse des trous souterrains où il passe l'hiver.

Plusieurs variétés de Couleuvres (*Coluber*) fréquentent nos forêts et nos bois ; quelques espèces préfèrent le voisinage des eaux. Ce sont des reptiles non venimeux qui rendent de sérieux services en détruisant des mulots ; mais elles mangent aussi des grenouilles et des crapauds.

La Couleuvre verte et jaune (*Coluber viridiflavus*) est longue de un mètre à un mètre trente centimètres ; elle est tachetée de noir et de jaune en dessus ; le dessous du corps est d'un jaune verdâtre avec des écailles lisses. Elle est particulièrement répandue dans nos départements du midi ; on la trouve dans la forêt de Fontainebleau.

La Couleuvre a quatre raies (*Coluber quadrilineatus*) est fauve en dessus, avec quatre lignes brunes ou noires sur le dos ; le ventre est d'un jaune de soufre : C'est le plus grand de nos serpents d'Europe ; elle atteint quelquefois plus de deux mètres de longueur.

La Couleuvre a collier (*Tropidonatus torquatus*) est très répandue partout en France : Elle habite les prairies voisines des eaux douces, et les pièces d'eau stagnantes au milieu des bois ; elle est très bonne nageuse. Ce serpent et de couleur cendrée, avec des taches noires le long des flancs, et trois taches blanches formant un collier sur la nuque; les écailles sont carénées, c'est à dire relevée d'une arête. La couleuvre à collier ne dépasse guère un mètre trente centimètre de longueur.

La Couleuvre vipérine (*Tropidonatus viperinus*) est une espèce indigène du même genre. Sa couleur est gris brun, avec une suite de taches noires formant zigzag le long du dos, et une autre de taches plus petites et œillées le long des côtés, ce qui la fait ressembler à la vipère. Le dessous est tacheté en damier de noir et de grisâtre. Les écailles sont également carénées. Ce serpent, plus petit que les précédents, ne dépasse jamais un mètre de longueur.

La Vipère commune (*Vipera berus*) est le seul reptile dangereux de nos contrées; elle se distingue facilement de la couleuvre. Sa tête plate a une espèce de rebord formé par la peau qui est comme retroussée autour de la mâchoire; la partie supérieure du corps est marquée de deux lignes en zigzag, qui partent du sommet de la tête et se continuent jusqu'à l'extrémité de la queue, formant, par leur rencontre, une série de petits carrés très caractéristiques. Ainsi, la robe brune du reptile porte une double rangée de taches transversales sur le dos, et une rangée de taches noirâtres sur les flancs; la queue n'est pas effilée insensiblement comme celle de la couleuvre; prise à l'endroit de sa naissance, elle est à peu près de la grosseur du cou, et se termine ensuite brusquement en pointe. Les grandes écailles qui garnissent le ventre ont une couleur d'acier dans toute leur étendue; elles diffèrent de celles de la couleuvre, qui sont ordinairement mouchetées de jaune. Le cou est bien distinct du corps dont la longueur ne dépasse guère soixante dix à quatre vingt centimètres.

Le fond, toujours parsemé de taches diffère, de couleur suivant les individus. On trouve des vipères de couleur blanchâtre, d'autres de couleur rougeâtre; les unes sont grises, d'autres jaunâtres, d'autres simplement brunes.

Les yeux de la vipère sont très vifs : l'iris couleur d'or, leur donne un éclat flamboyant; le regard est fixe et menaçant. La langue est composée de deux corps ronds et charnus qui adhèrent l'un à l'autre jusque vers les deux tiers de leur longueur, et qui se terminent en pointes très flexibles et très aiguës. La vipère irritée la darde et la retire par des mouvements successifs, si rapides, qu'elle paraît comme un brandon de feu. Mais cette langue ne pique point comme on le croit vulgairement.

Les mâchoires de la vipère sont armées de trois sortes de dents;

c'est dans les canines que se trouve le venin, et ces armes fatales sont attachées à l'os de la mâchoire supérieure; elles ont environ six millimètres de longueur sur un peu plus d'un millimètre de largeur à la base. Très dures et très aiguës, elles pénètrent facilement dans la peau; de plus, elles sont courbées en crochets comme les dents canines de la plupart des animaux carnassiers, et traversées dans leur longueur par un petit canal où passe le venin qui sort à l'extrémité par une fente presque imperceptible. Chacune de ces dents meurtrières est environnée, à peu près jusqu'aux deux tiers de sa hauteur, d'une vésicule assez épaisse, remplie d'un suc jaunâtre, transparent et médiocrement liquide.

Les dents à venin sont mobiles dans tous les sens; à l'état de repos, l'animal les tient couchées dans un repli de gencive qui forme une espèce de gaîne.

Elles se redressent lorsque la vipère ouvre largement la gueule; c'est ce qui se produit lorsqu'elle veut mordre; alors, elle enfonce ces dents jusqu'à la racine; les glandes à venin étant fortement comprimées, le liquide s'infiltre dans la dent et pénètre dans la petite place formée par la morsure. L'absorption du venin est d'une rapidité extrême et détermine promptement des symptômes qui sont ainsi décrits par le professeur Richard :

« Quelquefois la douleur causée par la morsure est faible ou nulle, au moment même où elle vient d'être faite; souvent, au contraire, elle est vive et très aiguë. La piqûre produite par l'un des crochets venimeux de l'animal ou par les deux ensemble, ne se découvre pas d'abord facilement; mais bientôt ce point se trahit par la rougeur, et le gonflement qui l'environne. La douleur devient plus cuisante; les parties voisines enflent et prennent une teinte jaune et rouge livide Cependant, le malaise du blessé augmente, il éprouve des maux de cœur suivis de vomissements bilieux, une douleur de tête insupportable; ses yeux se gonflent et rougissent; des larmes abondantes s'en échappent. D'autre part, le gonflement d'abord circonscrit autour de la plaie, gagne de proche en proche et envahit la totalité du membre attaqué. Dès lors le mal a acquis sa plus grande intensité; la fièvre s'empare du malade; il a des sueurs froides, comme visqueuses, et présente tous les phénomènes qui caractérisent l'état adynamique; l'haleine devient fétide, les muscles se relâchent; enfin, la mort termine bientôt ses souffrances si une médication énergique ne parvient pas à arrêter le progrès du mal. »

Il est cependant assez rare que, dans nos climats la morsure, de la vipère ait une issue fatale; les cas de mort s'observent surtout chez les enfants. Le plus souvent, les effets du poison se bornent à de l'enflure, des nausées, des vertiges, des vomissements et des défaillances.

Malheureusement, les conséquences des morsures des vipères sont quelquefois terribles. Voici une de ces scènes tragiques rapportée par Hœfer, d'après Lenz :

« Un certain M^r Hœrselmann se vantait de connaître un remède infaillible contre la morsure des vipères. Il vint un jour trouver Lenz pour le prier de lui montrer les vipères vivantes qui servaient aux observations du naturaliste.

« — Je connais toutes ces vipères, s'écria-t-il, et pour vous montrer que je ne les crains guère, je vais en prendre une avec la main. »

Lenz l'en dissuada; mais à peine le naturaliste eut-il cessé de parler, que le présomptueux conjureur de serpents plongea, à la dérobée, la main dans la caisse aux reptiles et y saisit une vipère; la tenant par le milieu du corps, il prononça quelques inintelligibles paroles magiques. Le serpent, irrité au plus haut degré, fixa sur lui ses yeux courroucés en même temps qu'il faisait vivement sortir la langue de sa bouche. En dépit de ces indices de fureur, Hœrselmann introduisit promptement dans sa bouche la tête même du reptile et fit semblant de la mâcher. Mais il ne tarda pas à retirer la vipère de sa bouche et à la rejeter dans la caisse. Il cracha trois fois du sang, sa face devint rouge et ses yeux étincelèrent comme ceux d'un fou furieux.

« Ma science est vaine, mon livre m'a trompé, » s'écria-t-il.

« Incertain sur l'issue de cette scène, le docteur Lenz invita Hœrselmann à lui montrer la langue. Hœrselmann s'y refusa, se plaignit de vives douleurs, indiqua du doigt l'endroit de la morsure vers la base de la langue, et demanda à s'en aller, disant qu'il possédait à la maison assez de remèdes pour se guérir. Il ne voulut pas prendre l'huile qu'on lui offrait, et il s'avança d'un pas encore assez ferme pour prendre son chapeau : mais bientôt il chancela sur ses pieds et tomba; puis il se releva pour retomber. Il pouvait encore parler distinctement mais d'une voix faible. Sa face se colora de plus en plus, ses yeux perdaient leur éclat, et il se plaignait de pesanteur de tête et demandait un appui. On le porta sur une chaise à dossier. Il y resta tranquillement assis.

« — J'ai faim, dit-il d'une voix dolente, je n'ai encore rien mangé de la journée; donnez-moi de l'eau.

« Le malheureux but une go gée d'eau, inclina la tête, poussa un râle et expira.

« Cette scène avait duré en tout cinq minutes; dix minutes après, le corps était froid. »

Depuis les expériences de Redi et de Fontana, on considère comme l'un des moyens les plus efficaces de combattre les effets du venin, la succion de la blessure.

Ce procédé est sans danger, pourvu que les lèvres ne présentent aucune gerçure, car le venin n'est pas absorbé par les surfaces qui ne sont ni dénudées, ni entamées, et il peut être introduit impunément dans l'estomac.

Pour aider l'action de ce moyen, on pratique, entre la plaie et le cœur, une ligature convenablement serrée, et qui, en empêchant la circulation, s'oppose également à l'absorption. On peut encore poser une ventouse sur la piqûre, après avoir agrandi la plaie, ou pratiquer la cautérisation avec un fer rouge, un charbon ardent, la pierre infernale, une goutte d'acide sulfurique ou d'acide nitrique.

Les chasseurs font habituellement usage d'ammoniaque liquide ou alcali volatil dont ils introduisent quelques gouttes dans la plaie.

Quelques uns préfèrent à l'ammoniaque, une solution de 125 centigrammes d'iode avec 4 grammes d'iodure de potassium, dans 50 grammes d'eau. On peut, en même temps, administrer à l'intérieur 5 ou six gouttes d'amoniaque dans de l'eau chaude.

Les charlatans et les prétendus charmeurs de serpents avaient recours à une foule de procédés pour laisser croire qu'ils pouvaient inpunément se faire mordre par les vipères.

Galien décrit assez bien la structure des dents et raconte que les charlatans, avant de se faire mordre, avaient eu soin de boucher, avec de la pâte ou de la cire, les ouvertures qui donnent passage au venin.

D'autres appuyaient l'extrémité d'un bâton sur le cou du reptile; et, pendant qu'il avait la gueule béante, ils lui coupaient les dents venim uses avec des ciseaux, ou les faisaient tomber à l'aide d'une lame de canif.

D'autres, encore plus hardis, saisissaient brusquement les vipères au cou, avec la main nue, ou les enlevaient en les prenant par la queue. Ainsi prises, elles ne peuvent plus se dresser pour se jeter sur la main qui les tient suspendues ; et, pour conjurer tout danger, il suffit que le bras de l'opérateur reste tendu horizontalement.

Laurenti, après de nombreuses expériences, a observé que sur plusieurs morsures faites par une vipère, il n'y avait que la première qui fût absolument dangereuse. Le venin s'épuise peu à peu, devient de moins en moins nuisible, en sorte qu'il faut laisser quelques jours d'intervalle pour que le liquide agisse avec sa première activité.

Ce fait était depuis longtemps connu : Gesner rapporte que certains individus qui se vantaient d'avoir un spécifique assuré contre la morsure des vipères, n'employaient d'autre secret que celui de les forcer à mordre fréquemment de la chair qu'ils leur présentaient, jusqu'à ce que le venin fut épuisé. Ils pouvaient ensuite eux-mêmes se faire mordre en public sans qu'il en résultât aucun accident fâcheux.

L'ancienne thérapeutique tirait de la vipère une foule de composés pharmaceutiques qui, depuis longtemps, sont, avec raison abandonnés.

On avait fait du corps de cette terrible bête, le remède souverain, la panacée universelle. La médecine moderne a heureusement fait justice de toutes ces erreurs.

On se servait de la vipère pour résister au venin, pour purifier le sang, pour guérir la gale, la lèpre, les écrouelles, les dartres rebelles. On faisait manger aux malades, en guise de poisson, des vipères rôties sur le gril ; on ordonnait des vins de vipères, des bouillons de vipère, des gelées, des sirops, des poudres de vipère.

Le cœur, le foie, la tête jouissaient des propriétés spéciales.

On administrait l'eau distillée de vipère, l'esprit, le sel volatil, l'huile de vipère ; la graisse de vipère constituait « un remède admirable » contre les affections nerveuses, les contusions, les plaies, les piqûres, les maladies des yeux « et autres accidents. »

Mais cette graisse avait encore une propriété plus appréciée : « Elle entrait dans la composition d'un cosmétique propre à effacer les rides du visage et a embellir le teint. »

Les vipères restent engourdies pendant l'hiver, dans des
trous profonds, pour ne se réveiller qu'au retour du printemps;
elles changent de peau tous les ans à cette époque, et quelquefois
en automne. Sous la peau écailleuse qu'elles quittent, il s'en
trouve une autre qui est formée et qui paraît d'abord bien plus
belle et d'une couleur plus éclatante. Toutes ces peaux, quoique
garnies d'écailles, sont transparentes lorsqu'on les présente à la
lumière.

Les vipères vivent d'insectes, de vers, de grenouilles, de
crapauds, de petits mammifères, mulots, taupes; et quand il
est possible, de petits oiseaux. Comme tous les autres reptiles,
elles peuvent supporter un jeûne de plusieurs mois.

FIN.

TABLE.

—

PREMIÈRE PARTIE.

—

CHAPITRE X

CHAPITRE XI

CAAPITRE XII

DEUXIÈME PARTIE.

—

CHAPITRE PREMIER

CHAPITRE XII

TROISIÈME PARTIE.

—

CHAPITRE PREMIER.

CHAPITRE II

CHAPITRE III

CHAPITRE IV

CHAPITRE V

CHAPITRE VI

CHAPITRE VII

CHAPITRE VIII

CHAPITRE IX

CHAPITRE X

CHAPITRE XI

CHAPITRE XII

CHAPITRE XIII

FIN DE LA TABLE.

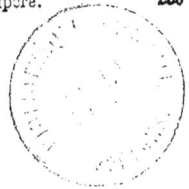

Limoges. — Typ. Eugène Ardant et Cⁱᵉ.

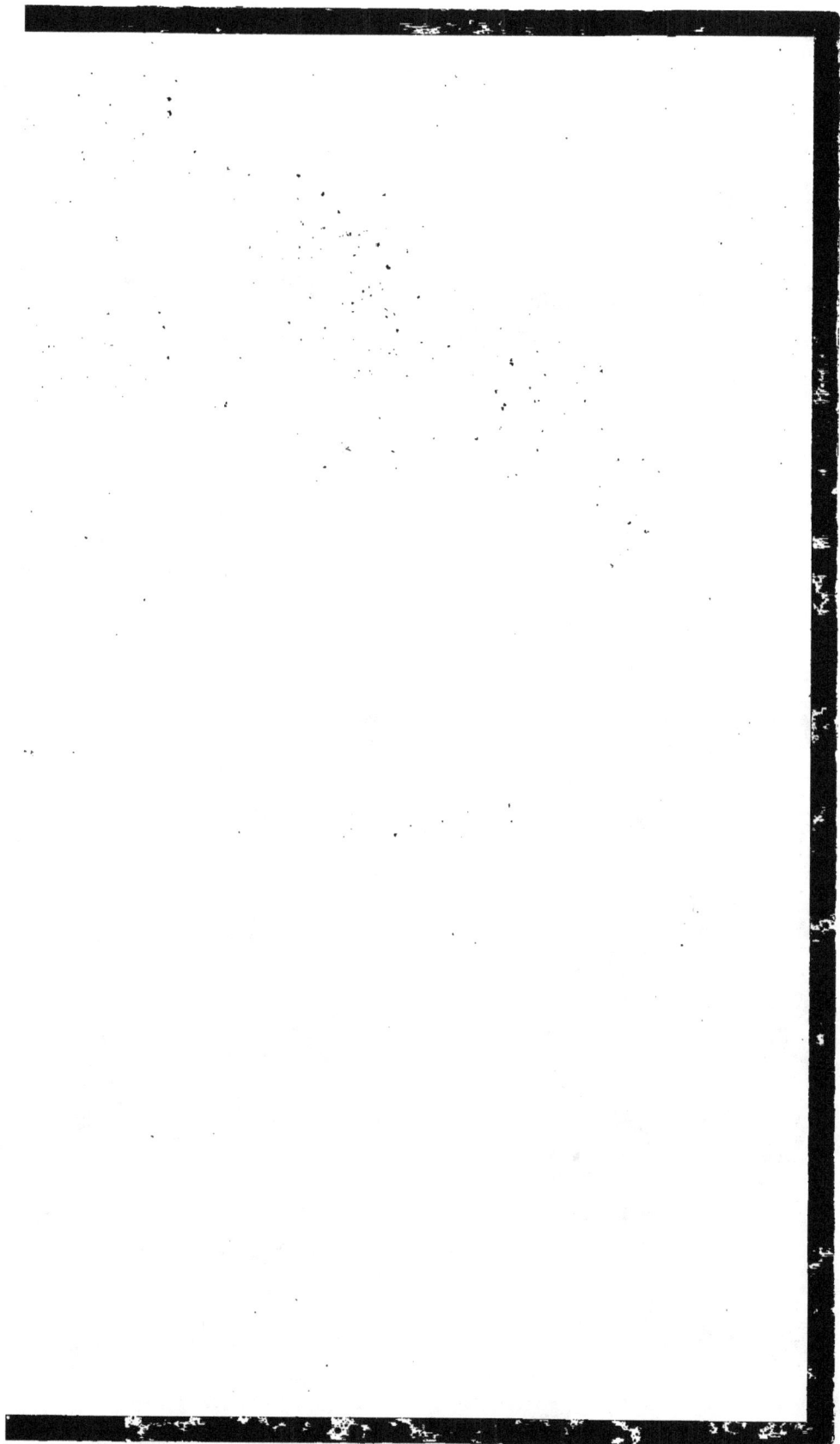

www.ingramcontent.com/pod-product-compliance
Lightning Source LLC
Chambersburg PA
CBHW060423200326
41518CB00009B/1467